Augie Hansen

Programmieren lernen mit C

Für QuickC und C

PROGRAMMIEREN LERNEN MIT C

AUGIE HANSEN

Für C und QuickC

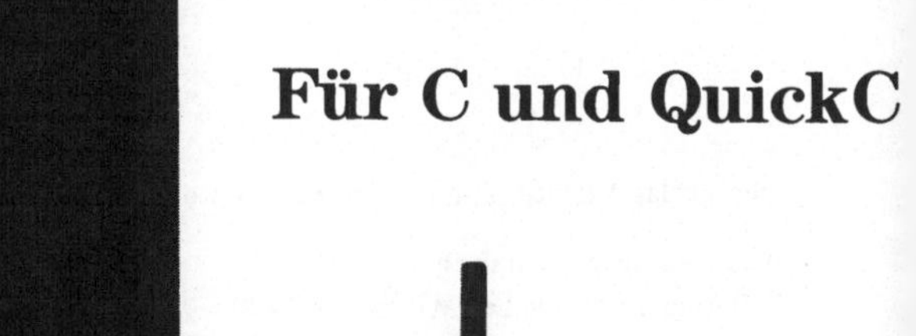

VIEWEG

Springer Fachmedien Wiesbaden GmbH

ISBN 978-3-663-11168-9   ISBN 978-3-663-11167-2 (eBook)
DOI 10.1007/978-3-663-11167-2

Inhaltsverzeichnis

This is dedicated to the ones I love.
Family and friends become more important to me
with each passing year. May that trend continue unabated.

Vorwort

Das Programmieren in einer nicht menügesteuerten Umgebung kann sehr langwierig sein, da die Fehlersuche durch Tippfehler und andere fehlerhafte Eingaben beträchtlich verlängert wird. Durch Quick C mit seinen Menüs, Editier- und Fehlersuchhilfen können langwierige Debugging-Prozesse auf ein Mindestmaß reduziert werden. Der Lernende kann sich so auf das Konzept der Fehlersuche konzentrieren.

Durch den Einsatz von Quick C stehen Ihnen als Programmierer eine Reihe von Editiertasten und abgekürzten Aufrufprozeduren (Tastenkombinationen) zur Verfügung, mit denen Programme schnell kompiliert und ausgeführt werden können, ohne das hierzu eine umfangreiche Befehlszeile eingegeben werden muß. Mit der Maus ist die Bedienung (Wahl von Optionen) sogar noch komfortabler als beim alleinigen Einsatz einer Tastatur.

Bei der Programmierung in Quick C kann man sich auf einen Teil der bereitgestellten Leistungsmerkmale beschränken, so daß Anfänger in der C-Programmierung nicht durch die verfügbare Vielfalt der Anweisungen und Möglichkeiten verwirrt werden.

Die im Buch dargestellten ausführbaren Programme sind auf einer Begleitdiskette erhältlich; ein mühsames und fehlerträchtiges Abtippen bleibt dem interessierten Leser erspart. Die Programme müssen lediglich in Quick C geladen und ausgeführt werden. Neben der Entwicklung eigener Programme sollten Sie die Programme in diesem Buch modifizieren, was ebenfalls sehr lehrreich sein kann.

Vorwort

Kapitel 1

C-Umgebung, Installation und Programmstart

Beim Lesen dieses Buches werden Sie mit allen wesentlichen Aspekten der C-Programmierung vertraut gemacht. Dabei werden Sie eine starke Konzentrierung auf die grundlegenden Konzepte der Programmiersprache C feststellen, wodurch Ihnen ein weitgehendes Verständnis vermittelt wird.

Einführung in C

Programme, die für Quick C geschrieben wurden, sind zum Microsoft C 5.0 Optimizing Compiler vollständig kompatibel. Welches der Systeme Sie verwenden, bleibt Ihnen überlassen. Falls Ihre Wahl auf Quick C fällt, sollten Sie sich vor dem Programmieren mit dessen Leistungsmerkmalen vertraut machen.

Installation und Initialisierung

Installieren Sie Quick C oder den Microsoft C-Compiler gemäß den Vorgaben des Handbuches. Um mit C zu arbeiten, benötigen Sie MS-DOS oder PC-DOS ab Version 2.0. Für die Verwendung mit den Programmen in diesem Buch ist es egal, ob Sie PC- oder MS-DOS als Betriebssystem einsetzen. Im folgenden wird durchgängig der Begriff MS-DOS benutzt.

Die Einzelheiten der Installation und der Initialisierung hängen stark von Ihrer Systemkonfiguration ab. Ihr Computer sollte eine der folgenden Konfigurationen bei der Benutzung von Quick C besitzen:

- Zwei Standarddiskettenlaufwerke (360 Kbyte).

- Ein einzelnes Diskettenlaufwerk mit hoher Kapazität (1,2 Mbyte, AT-kompatibel)

- Eine Festplatte und mindestens ein Diskettenlaufwerk.

Beim Einsatz des Microsoft C Compilers 5.0 sind eine Festplatte und mindestens ein Diskettenlaufwerk notwendig.

Hinweis: Unabhängig von Ihrem System, auf dem Sie C installieren, sollten Sie bei der täglichen Arbeit nicht die Originaldisketten einsetzen. Bewahren Sie statt dessen die Originale an einem sicheren Ort auf, um sie vor Schaden zu bewahren.

Diskettenprozedur beim Einsatz von Quick C

Als erstes müssen Sie eine Reihe von Arbeitsdisketten erstellen. Wenn Sie doppelseitige Standarddiskettenlaufwerke mit doppelter Dichte (360 Kbyte) benutzen, müssen Sie drei Disketten vorbereiten: eine Compilerdiskette, eine Diskette mit den Overlay- und Header-Dateien (Include-Dateien) des Compilers und eine Diskette für die Arbeitsprogramme. Um die Disketten zu erstellen, gehen Sie wie folgt vor:

1. Starten Sie Ihr System wie gewohnt.

2. Formatieren Sie vier neue Disketten.

3. Benutzen Sie den Befehl DISKCOPY, um die Dateien von den Originaldisketten auf die formatierten Disketten zu kopieren.

4. Beschriften Sie die Disketten.

    Um Diskettenfehler aufgrund zu geringer Kapazität zu vermeiden, benutzen Sie die vierte Diskette in Laufwerk B (falls Sie ein zweites Laufwerk besitzen), um Programme zu speichern, die Sie modifizieren oder geschrieben haben.

5. Nun müssen Sie die Datei AUTOEXEC.BAT auf der Startdiskette erzeugen oder - falls die Datei bereits existiert - anpassen. Es müssen die folgenden Konfigurationen eingestellt werden, die dem Compiler anzeigen, an welcher Stelle bestimmte Dateien zu finden sind:

```
PATH A:\
SET INCLUDE=A:\INCLUDE
```

    Jeder Eintrag kann noch andere Verzeichnispfadnamen enthalten. Entnehmen Sie Ihrer MS-DOS-Dokumentation weitere Informationen zur Datei AUTOEXEC.BAT und den Befehlen PATH und SET.

<u>Hinweis:</u> Diskettenlaufwerke, wie die des IBM PS/2 und vieler Laptop-Computer haben ein Format von 3 1/2 Zoll und können 720 Kbyte Daten aufnehmen. Sie können die Dateien des Betriebssystems und des Quick C-Compilers auf einer dieser Disketten unterbringen, mit der Sie sowohl das Betriebssystem als auch Quick C starten. Auf einer zweiten Diskette können die Overlay-Dateien des Compilers sowie die Bibliotheksdateien, Header-Dateien, Beispielprogramme und Ihre eigenen Programme enthalten sein. Ändern Sie die im folgenden abgedruckte Prozedur, um sie der Speicherkapazität Ihrer Diskette anzupassen.

Festplattenprozedur beim Einsatz von Quick C

Verfügen Sie über ein Festplattensystem, können alle Programm- und Datendateien installiert und mögliche Probleme mit der Speicherauslagerung auf Platte vermieden werden. Sie können die Prozedur der Festplatteninstallation auch auf Disketten mit hoher Kapazität anwenden. Dazu müssen die Disketten vor der Installation allerdings entsprechend formatiert werden.

Installieren Sie mit der Prozedur die Quick C-Dateien auf einer Festplatte. Es wird davon ausgegangen, daß die Festplatte als Laufwerk C bezeichnet wird und Unterverzeichnisse mit den im folgenden vorgegebenen Namen enthält. Wenn die Festplatte eine andere Laufwerkskennzeichnung trägt oder Sie andere Unterverzeichnisnamen vergeben wollen, ändern Sie die Prozedur entsprechend ab.

1.	Legen Sie Verzeichnisse an, in die die Header- und Programmdateien gespeichert werden können:

```
C:\INCLUDE
C:\INCLUDE\SYS
```

Sie können ein weiteres Verzeichnis erstellen, um eigene Programme zu speichern.

2.	Kopieren Sie die Quick C-Dateien auf die Festplatte in Ihr Arbeitsverzeichnis.

3.	Anschließend müssen Sie in die Datei AUTOEXEC.BAT auf der Festplatte folgenden beiden Zeilen aufnehmen, sofern noch nicht enthalten (für *xxx* wird der Name Ihres Arbeitsverzeichnisses eingesetzt):

```
PATH C:\xxx
SET INCLUDE=C\INCLUDE
```

Jeder Eintrag kann zusätzlich weitere Verzeichnispfadnamen enthalten. Bei der Installation von Quick C auf einer Diskette mit hoher Kapazität ersetzen Sie einfach C: durch A: (die hochkapazitive Diskette muß in Laufwerk A: eingelegt werden).

Sie können die Variablen PATH und INCLUDE auch definieren, indem Sie sie hinter der MS-DOS-Eingabeaufforderung eingeben oder eine Stapelverarbeitungsdatei ausführen, die die Variablen setzt (vor dem Start des Compilers).

Einsatz von Microsoft C 5.0

Beim Einsatz des Microsoft C-Compilers 5.0 müssen die PATH- und IN-CLUDE-Festlegungen ebenfalls getroffen werden. Die Vorgehensweise entspricht weitgehend der bei der Festplatteninstallation von Quick C. Ziehen Sie das Compilerhandbuch zu Rate.

Quick C starten

Nach dem Setzen der Variablen PATH und INCLUDE ist das Starten des Quick C-Compilers einfach. Springen Sie in das Verzeichnis, das die C-Quellprogrammdateien enthält; dieses kann an beliebiger Stelle der Festplatte vorliegen. Bei der Benutzung eines Standarddiskettensystems legen Sie die Arbeitsdiskette #1 in Laufwerk A ein und geben zum Starten die Zeichenfolge *qcl* ein. Nachdem der Compiler geladen ist, nehmen Sie die Arbeitsdiskette #1 heraus und legen Diskette #2 in Laufwerk A ein; darauf sind die Overlay- und Header-Dateien enthalten.

Auf einem Festplattensystem oder einem System mit Disketten hoher Kapazität starten Sie Quick C durch die Eingabe von *qcl* hinter der MS-DOS-Eingabeaufforderung. Dabei kann der Name einer zu ladenden Datei angegeben werden:

```
qcl [Dateiname.erw]
```

<u>Hinweis</u>: Beim Erhalt der Meldung "Bad command or filename" sind die Umgebungsvariablen PATH und INCLUDE nicht korrekt gesetzt.

Microsoft C starten

Zur Kompilierung eines C-Quellprogramms mit dem Microsoft C-Compiler 5.0 wird eine Befehlszeile in der folgenden Art eingegeben:

```
CL -c name.c
```

Dadurch erfolgt lediglich die Kompilation, nicht aber das Linken. Durch Weglassen der Option *-c* wird der Bindevorgang nach dem Kompilieren direkt eingeleitet. Mehrere Dateien werden wie folgt kompiliert und gebunden:

```
CL [BIBL1.LIB BIBL2.LIB ...][D1.OBJ D2.OBJ ...] name.c
```

Microsoft C 5.0 erzeugt - im Gegensatz zu Quick C unter MS-DOS ausführbare Dateien. Dazu müssen die Objektdateien (Ergebnis des Kompilierens) aber erst gebunden (linken) werden. Hierzu ist ein Linker notwendig, der entweder direkt oder durch CL aufgerufen werden muß. Weitere Informationen entnehmen Sie dem Handbuch zum Compiler.

Kapitel 2

Einführung in die Programmiersprache C

Im folgenden werden die Grundlagen der Programmierung in C behandelt. Falls Sie keine Programmiersprache beherrschen, sollten sie dieses Kapitel sorgfältig durcharbeiten. Kennen Sie bereits eine Programmiersprache - beispielsweise BASIC oder Pascal -, dient das Kapitel der Wiederholung der grundlegenden Begriffe des Programmierens. Die restlichen Kapitel stellen die Programmiersprache C detailliert vor.

Aus einer Vielzahl von Gründen ist C eine weitverbreitete Programmiersprache. So haben viele Softwarehäuser C als "die" Sprache zur Entwicklung der Programme gewählt. Auch geläufige Standardsoftware wurde in C entwickelt.

Programmierkonzepte

Unabhängig von der zu erlernenden Programmiersprache müssen Sie mit einigen grundlegenden Konzepten der Programmierung vertraut werden. Ein Programm ist für den Computer eine Reihe von Anweisungen, die die Ausführung einer sinnvollen Aufgabe beschreiben. Wie Sie diese Anweisungen ausdrücken, hängt von der Programmiersprache ab: Um das gewünschte Ergebnis zu erzielen, müssen Sie die der Programmiersprache eigenen Schlüsselwörter benutzen und den Syntaxregeln der Sprache folgen.

Bei vielen Programmiersprachen (das gilt auch für C) schreiben Sie Ihr Programm mit einem Texteditor oder Textverarbeitungsprogramm. Beim Einsatz eines Textverarbeitungsprogramms muß das Programm als unformatierte Textdatei - *ASCII-Datei* genannt - gesichert werden. Das fertige Produkt heißt *Quelldatei*.

Nach dem Schreiben des Programms muß bei den meisten Programmiersprachen die Quelldatei durch einen Übersetzer verarbeitet werden, der die Programmiersprache in eine Version übersetzt, die der Computer verstehen kann. Im Falle von C ist dieser Übersetzer der C-Compiler. Der Quick C-Compiler erfüllt eine weitere Aufgabe, nämlich das Linken. Dieses paßt die übersetzte Quelldatei so an die Umgebung an, daß das Programm ablauffähig ist. Das Linken (Binden) wird auf einem MS-DOS-Computer gewöhnlich unabhängig vom Kompilieren durch einen Linker (LINK) ausgeführt.

Ein Programm besteht aus Daten und aus den Anweisungen für die Datenverarbeitung. Das Programm strukturiert die Daten durch die Ausführung von Anweisungsfolgen - *Algorithmen* genannt.

Daten

Der Umgang mit Daten ist jedem in dieser oder ähnlicher Form geläufig:

- Wie spät ist es?

- Wie viel Benzin ist noch im Tank?

- Wie finanziere ich mein Auto, wenn ich den Kauf ein weiteres Jahr hinauszögere?

- Welchen Umsatz hat ein Unternehmen im letzten Quartal gemacht?

Das Sammeln, Interpretieren und Verbreiten von Daten ist zeitintensiv. Mit der Entwicklung eines Computerprogramms für eine dieser Aufgaben kann viel Zeit eingespart werden. In einem Programm werden verschiedene Arten von Daten (wie Namen, Zinssätze und Telefonnummern) verarbeitet. Diese Daten können beispielsweise zur Erstellung von Kurzberichten herangezogen oder in unterschiedlicher Form präsentiert werden.

Algorithmen

Ein Computerprogramm ist wie ein Rezept oder eine Bedienungsanleitung - eine Reihe einzelner Schritte, die zu einem sinnvollen Ergebnis führen. Jeder Schritt bestimmt Objekte (Daten) oder beschreibt die Art ihrer Verarbeitung und Verknüpfung (Algorithmus) für das Endprodukt. Ein Algorithmus ist eine Reihe von Anweisungen mit einer bestimmten Aufgabe. Einfache Beispiele von Algorithmen in Programmen sind Anweisungsfolgen, um alle Klein- in Großbuchstaben umzuwandeln oder alle Primzahlen in einem vorgegebenen Bereich zu berechnen.

Ein ausgereifter Algorithmus ist effizient programmiert und optimiert. Dies führt automatisch zu ebensolchen Programmen. Sie können eigene Algorithmen entwickeln und verfeinern oder die Algorithmen in fremden Programmen untersuchen. Wichtig ist aber, daß ein Programm überhaupt erst funktioniert. Sind Sie mit der Programmierung weniger vertraut, sollten Sie sich in erster Linie um die Funktionalität sorgen: Ein Algorithmus, der die gewünschte Aufgabe erfüllt, kann zu einem späteren Zeitpunkt optimiert werden. Algorithmen werden aus Anweisungen gebildet, die Daten verarbeiten oder eine Abarbeitungsreihenfolge festlegen.

Reihenfolge

Alle Programme basieren auf der sequentiellen Ausführung von Anweisungen. Wenn Sie den Folgeprozeß nicht modifizieren, führt der Computer bis zum Programmende eine Anweisung nach der anderen aus.

Ein Beispiel einer einfachen Reihenfolge sind die Schritte, die zum Starten eines Programmes nötig sind:

1. Die Diskette mit dem Betriebssystem wird eingelegt.

2. Der Computer wird eingeschaltet.

3. Die Programmdiskette wird eingelegt.

4. Das Programm wird durch die Angabe eines Namens gestartet.

Entscheidung

Eine *Entscheidung* bietet eine Möglichkeit zur Änderung der linearen Anweisungsfolge. Die Entscheidungsanweisung läßt die Ausführung in verschiedenen Richtungen verlaufen - dies in Abhängigkeit von einer Abfrage. Bei Programmen wird dies als *Verzweigung* bezeichnet.

Aus unserem Beispiel kann eine Situation abgeleitet werden, in der eine Entscheidung zu treffen ist: Soll ein Programm gestartet werden? Ist dies nicht der Fall, können Sie sich einer anderen Aufgabe zuwenden. Ansonsten wird bei Schritt 1 fortgefahren.

Bei Programmen ist die Entscheidungsfindung von Abfrageergebnissen abhängig. Die Abfragen können logischer (zum Beispiel: Ist eine Bedingung wahr oder falsch?) oder numerischer Natur (Vergleiche) sein. So legt das Ergebnis der Abfrage fest, an welcher Stelle das Programm nach einem Entscheidungsschritt weiter abgearbeitet wird.

Iteration

Die Iteration wird oft auch als *Schleife* bezeichnet. Sie bewirkt, daß eine Anweisung oder eine Reihe von Anweisungen wiederholt ausgeführt werden. Die Schleife wird beendet, wenn eine Bedingung erfüllt ist. Es gibt auch *Endlosschleifen*, bei denen eine Beendigung aufgrund einer Bedingung nicht implementiert ist.

Ein Beispiel für eine Iteration ist ein automatisches Radioempfangsteil. Dieses durchläuft einen Frequenzbereich (verschiedene Kanäle) und stellt eine Frequenz optimal ein.

Analysieren einer Aufgabe

An einer Werbekampagne soll beispielhaft die Entwicklung eines Programmierkonzepts gezeigt werden. Die Kampagne soll für ein Unternehmen entwickelt werden, das Software durch Kundenwerbung im Direktvertrieb vermarktet. Die Analyse der Aufgabe liefert folgendes Ergebnis:

1. Das Anschreiben wird vorbereitet.

2. Die Adreßetiketten werden gedruckt.

3. Umschläge und Briefmarken werden gekauft.

4. Die Anschreiben werden gefaltet, so daß sie in die Umschläge passen.

5. Es wird ein Umschlag genommen.

6. Das Anschreiben wird in den Umschlag gesteckt.

7. Der Umschlag wird verschlossen.

8. Eine Briefmarke wird auf den Umschlag geklebt.

9. Ein Adreßetikett wird auf den Umschlag geklebt.

10. Ist dies mit dem letzten Brief geschehen, wird bei Schritt 12 fortgefahren.

11. Es wird bei Schritt 5 fortgefahren.

12. Die Briefe werden nach Postleitzahl sortiert.

13. Die Briefe werden zum Postamt gebracht.

Dies ist der Ablauf. Natürlich können einige Schritte verfeinert und speziell gegliedert werden, um Einzelheiten aufzuzeigen. Zum Beispiel betreffen die Schritte 1 und 2 die Textverarbeitung und den Ausdruck. Jeder Schritt schließt die Iteration ein (wie bei einer mehrmaligen Revision eines Entwurfs). Die Schritte 3 und 8 können geändert werden, wenn Sie eine Frankiermaschine besitzen.

In dieser Folge von Anweisungen finden Sie ein Beispiel für eine Entscheidung in Schritt 10 und einen absoluten Sprung, der eine Schleife darstellt, in Schritt 11. Die Schleife wird beendet, wenn die in Schritt 10 abgefragte Bedingung erfüllt ist.

Ein Überblick über C

Sie können die Vorgehensweise zum Problemlösen im vorherigen Beispiel auf eine unbegrenzte Reihe von Aufgaben anwenden. Viele der Aufgaben (wie die Vorbereitung eines Versandverfahrens) werfen Probleme auf, die computerisierte Lösungen verlangen. Aus diesem Grund ist das Erlernen einer Programmiersprache wie C empfehlenswert.

Leistungsmerkmale von C

Die Sprache C zeichnet sich durch Kompaktheit und Präzision aus und ist für das Programmieren vielfältiger Aufgabenbereiche geeignet. Zu nennen sind Systemverwaltungsprogramme (wie Betriebssysteme) oder Anwendungsprogramme (wie Textverarbeitung, Datenbankverwaltung und Tabellenkalkulation).

Kompaktheit

C verfügt nur über 32 Standardschlüsselwörter. Die Hersteller von C-Compilern können zusätzliche Schlüsselwörter implementieren. So besitzen die C-Compiler von Microsoft sechs zusätzliche Schlüsselwörter (Anhang A). Außerdem sind 40 Standardoperatoren in C implementiert, die alle als Symbole dargestellt werden (Beispiele: + oder !=). Eine Ausnahme bildet der Operator *sizeof*. In Anhang B finden Sie eine Liste der Operatoren.

Strukturierung

C erlaubt sowohl den lokalen als auch den globalen Zugriff auf Daten. Es gibt in der strukturierten Programmierung eine Reihe von Entscheidungsanweisungen (*if*, *switch*) und Schleifen (*for*, *while* und *do-while*), mit denen strukturierte, verständliche Programme entwickelt werden können. Die strukturierte Programmierung hält Sie davon ab, "Spaghetticode" (ein unverständliches Programm) zu programmieren.

Portabilität

Der Zugriff auf Peripherieeinheiten (wie Diskettenlaufwerke oder Bildschirm) kann mit Standard-Bibliotheksaufrufen durchgeführt werden, die nicht Teil von C sind. Sorgfältiges Vorbereiten des Programmierens und die Benutzung der Standardbibliotheken erleichtern das Schreiben von übertragbaren - das heißt auf vielen Rechner verwendbaren - Programmen. Die Portierung auf andere Computersysteme und die Unterstützung neuer Peripheriegeräte wird so wesentlich vereinfacht.

Flexibilität

C ist wegen der flexiblen Datenverwaltung für eine Vielzahl von Programmieraufgaben geeignet. Mit C läßt sich nahezu jede Datenkonvertierung realisieren. So kann ein Zeichen (z.B. '5') beispielsweise in seine numerische Entsprechung (den Wert 5) umgewandelt werden. Andere Sprachen (wie Pascal) sind nicht so flexibel. C wurde so entwickelt, daß der Programmierer - bei Bedarf - Einschränkungen definieren kann (nicht aber muß).

Sprachelemente

Die restlichen Kapitel dieses Buches erläutern ausführlich die Elemente von C. Begonnen wird mit den Daten und Operatoren, danach werden dann Ausdrücke, C-Anweisungen, Programmflußmechanismen und Funktionen behandelt. Die wichtigen und komplexen Themen *Datenfelder* und *Zeiger* werden ebenfalls beschrieben. Nach der Behandlung der Datenein-/-ausgabe wird im letzten Kapitel die Entwicklung von Graphikprogrammen beschrieben.

Aufgrund der Struktur von C sind Verweise auf noch nicht behandelte Themen nicht zu vermeiden. Beispielsweise werden Standardbibliotheksfunktionen eingesetzt, bevor die Entwicklung und der Umgang mit Funktionen behandelt wird. Nehmen Sie die Angaben in diesen Fällen als gegeben hin, bis Sie zur eigentlichen Erläuterung kommen.

Die Hauptfunktion main()

Die wichtigste Funktion in der Programmiersprache C ist *main( )*. In C, wie in den meisten modernen Programmiersprachen, ist eine Funktion eine Ansammlung von Anweisungen und Daten. In BASIC ist die Entsprechung einer C-Funktion die Unterroutine, obwohl einige neue BASIC-Versionen auch echte Funktionen bearbeiten können.

Alle C-Programme führen als erstes die Funktion *main( )* aus, wobei jedes C-Programm immer eine *main( )*-Funktion besitzen muß. Die Anweisungen sind entweder in *main( )* selbst oder in anderen Funktionen enthalten, die direkt oder indirekt (durch andere Funktionen) von *main( )* aufgerufen werden. Die C-Funktionen werden genauer in Kapitel 7 behandelt.

Gliederung eines C-Programms

Das Programm WELCOME.C in Kapitel 1, mit dessen Hilfe Quick C vorgestellt wurde, ist ein einfaches C-Programm. Anhand des Programms soll
der Aufbau einer C-Quelldatei untersucht werden.

```
/*
 * W E L C O M E
 *
 * Ein einfaches C-Programm
 */

main()
{
        puts("Willkommen zur C-Programmierung!");
}
```

Listing 2.1   Das Programm WELCOME.C

Die ersten fünf Zeilen bilden einen Kommentar. Kommentare sind An-
merkungen, mit denen Sie den Sinn des Programms beschreiben können.
In diesem Beispiel enthält der Kommentar den Programmnamen und eine
Beschreibung der Aufgabe des Programms. Obwohl der C-Compiler alle
Kommentare ignoriert, sind diese für andere Programmierer wichtig, die
den Quellcode zur Überarbeitung oder Pflege erhalten. Setzen Sie Kom-
mentare möglichst von Anfang an ein, da sie die Verständlichkeit Ihres
Programms fördern.

Die Zeichenfolge /* zeigt den Beginn eines Kommentars an, während die
Zeichenfolge */ das Kommentarende kennzeichnet. Kommentare können
sich in der Quelldatei über mehrere Zeilen erstrecken. Wenn der Compiler
die Zeichenfolge /* findet, interpretiert er alle folgenden Zeichen bis zur
Zeichenfolge */ als Kommentar.

Dann folgt die in jedem Fall erforderliche Funktion *main( )*, die den tatsächlichen Beginn des Programms WELCOME darstellt. Die Klammern
hinter dem Funktionsnamen müssen angegeben werden. Sie umschließen
die Argumente der Funktion. Die öffnende geschweifte Klammer (eine
Zeile unterhalb des Funktionsnamens) zeigt, wo die Anweisungen der
Funktion beginnen; durch die schließende geschweifte Klammer wird die
Funktion beendet.

Die Klammern müssen immer paarweise erscheinen (und zwar zuerst die
öffnende und dann die schließende). Ist dies nicht der Fall, wird vom C-
Compiler eine Fehlermeldung ausgegeben. Der von den Klammern be-
grenzte Bereich umfaßt die Daten und Anweisungen, die vom C-Compiler
so umgewandelt werden, daß der Computer diese ausführen kann. In
unserem ersten Beispiel besteht die Funktion *main( )* aus einer einzigen
Anweisung.

Die Funktion *puts( )* ist das Kernstück des Programms. Sie schreibt die Zeichenkette *Willkommen zur C-Programmierung!* auf den Bildschirm und positioniert den Cursor an den Anfang der nächsten Zeile.

Bei der Betrachtung des Programms WELCOME (sowie andere Programm-listings) werden Sie feststellen, daß einige Zeilen eingerückt sind. Die Sprache C kennt keine festen Regeln für die Einrückung von Programm-zeilen. Durch das Einrücken wird lediglich die Verständlichkeit eines Programms erhöht.

Sie sollten eine Zeile einrücken, um damit die Unterordnung zu einer an-deren Funktion oder Programmzeile hervorzuheben. Die Größe der Ein-rückung macht für den Compiler keinen Unterschied. Empfehlenswert ist aber die Benutzung gleich großer Einrückungen für alle Zeilen der glei-chen logischen Ebene in einem Programm. Im Programm WELCOME.C ist die einzelne Anweisung das untergeordnete Element zur Funktion *main( )* - daher um eine Ebene eingerückt. Zur Erleichterung einer durchgängig gleichmäßigen Einrückung ist die Benutzung der Tabulatortaste (gegen-über der Leertaste) ratsam.

Sie kennen nun die grundlegende Struktur eines C-Programms. In den folgenden Kapiteln werden Sie Einzelheiten zum Entwurf von C-Pro-grammen erfahren. Bevor Sie sich eingehender mit der Programmierung beschäftigen, lernen Sie in den beiden nächsten Kapiteln den Aufbau von C-Programmblöcken kennen: Daten, Datentypen, C-Operatoren, Aus-drücke und Anweisungen.

Kapitel 3

Daten und Ein-/Ausgabe

Die Anwendungen für PCs werden immer vielfältiger: Tabellenkalkulation, Textverarbeitung, Datenbanken, DFÜ-Pakete, Graphikprodukte für den Entwurf und die Präsentation sowie Hilfsprogramme. Alle diese Programme haben ein gemeinsames Merkmal: sie bearbeiten (lesen, schreiben, interpretieren oder modifizieren) Daten.

In diesem Kapitel lernen Sie, verschiedene Arten von Daten zu unterscheiden und zu benutzen. Speziell werden Sie die wichtigsten C-Datentypen (Zeichen, Integerwerte und Fließkommazahlen) einschließlich der möglichen Modifikationen (Vorzeichen) kennenlernen. In diesem Zusammenhang wird auch gezeigt, wie C-Programme Konstanten und Variablen behandeln.

Die Beschreibungen der Datentypen in diesem Kapitel ist nicht vollständig. Einzelheiten werden in späteren Kapiteln behandelt.

Speicher und Objekte

Die Organisation des Speichers und die Datentypen sind eng miteinander verknüpft. Ein Datentyp zeigt dem C-Compiler die Menge des Speicherplatzes an, den der Computer bereitstellen muß, um ein gegebenes Objekt aufzunehmen. Zusätzlich spezifiziert der Datentyp die Struktur der Speichereinheiten, die einem Objekt zugewiesen werden.

<u>Hinweis:</u> Die folgenden Erläuterungen gelten für die Rechnerarchitektur des IBM PC, und sind nicht zu verallgemeinern. Der ANSI-Standardisierungsvorschlag für C erlaubt viele implementationsspezifische Festlegungen. Dies bedeutet, daß ein C-Compiler an eine bestimmte Systemumgebung angepaßt werden muß.

Bits

Das grundlegende logische Element des Computers ist ein *Bit*. Ein Bit ist ein binäres Zeichen und nimmt immer einen von zwei Werten an: 0 oder 1. Mit nur zwei möglichen Werten enthält ein einzelnes Bit einen stark begrenzten Bereich von Informationen. Wenn man jedoch mehrere Bits zusammen als einen Wert benutzt, vergrößert man den möglichen Wertebereich. Jedes weitere Bit verdoppelt den Wertebereich, der mit der Summe der Bits beschrieben werden kann. Mit zwei Bits zum Beispiel kann man einen Bereich von vier Werten beschreiben:

```
Muster              Dezimalwert
(2 Bit)
00                      0
01                      1
10                      2
11                      3
```

Jedes Bitmuster entspricht einer Zahl im Dezimalsystem. Wie beim Dezimalsystem haben die Ziffern auf der linken Seite einer Zahl einen größeren Stellenwert als solche auf der rechten Seite. Im Dezimalsystem entspricht die Zahl 26 tatsächlich zwei Zehnereinheiten (2 x 10) und sechs Einereinheiten (6 x 1). In diesem System ist die Gewichtung der am weitesten rechts liegenden Ziffer Eins; das danebenliegende linke Zeichen hat die Gewichtung Zehn, die dritte Ziffer von rechts muß mit 100 multipliziert werden usw.

Um binäre Zahlen anzuzeigen (das sind die Zahlen, mit denen Computer arbeiten), benutzen wir ein ähnliches Schema: das rechte Zeichen hat die Gewichtung 1, das nächste Zeichen besitzt eine Gewichtung von 2 usw. Hier wird die Gewichtung nicht bei jeder Stelle verzehnfacht, sondern lediglich verdoppelt. In der obigen Tabelle, die alle aus zwei Bits zusammenstellbaren Muster zeigt, setzt sich das binäre Muster 11 aus einer mit 2 und einer mit 1 gewichteten Ziffer zusammen (1 * 2 + 1 * 1 = 3).

Der Exponent 2

Um ein Gefühl dafür zu bekommen, wie schnell der Wert einer binären Zahl steigt, wenn diese nur jeweils um ein Bit verlängert wird, soll ein bekanntes Beispiel herangezogen werden. Stellen Sie sich ein einfaches Schachbrett und einen Stapel Pfennige vor. Die Quadrate des Schachbretts stellen die Bitpositionen dar, während die Anzahl der Pfennige auf jedem Quadrat dem binären Wert der Bitposition entspricht. Setzen Sie zunächst einen einzelnen Pfennig auf ein Eckquadrat; in das nächste Quadrat werden zwei Pfennige gelegt. Im dritten Quadrat wird die Anzahl der Pfennige des letzten Quadrates wiederum verdoppelt: Legen Sie vier Pfennige hinein. Verfahren Sie auf diese Weise mit den restlichen Quadraten des Schachbrettes.

Bereits vor dem Erreichen des Endes der ersten Reihe ergeben sich Probleme. Sicherlich werden Sie die nötige Anzahl Pfennige nicht auf dieser Fläche unterbringen können. Und auch mit der Unterstützung einer Bank (um genügend Pfennige bereitzustellen) wird Ihnen das Auffüllen des Schachbrettes kaum gelingen.

Sie können einen erstaunlich großen Wert durch relativ wenige Bits beschreiben. Es bleibt jedoch zu bemerken, daß Binärzahlen nicht so kompakt sind wie ihre dezimale Entsprechung. Zur Beschreibung der Dezimalzahl 824 zum Beispiel wird eine binäre Zahl von zehn Bit Länge benötigt: 1100111000. Die Dezimalzahl 65535 wird durch eine binäre Zahl von 16 Bit dargestellt: 1111111111111111.

Obwohl auch einzelne Bits eine Bedeutung haben können, ist es äußerst ineffizient, auf der Bitebene auf Speicherplatz zuzugreifen. So greifen Computer auf "Bitserien" zu, die - je nach Länge - *Byte* oder *Wort* genannt werden.

In Bild 3.1 wird eine Speicherbelegung gezeigt, wie sie im IBM PC und kompatiblen Computern vorgenommen wird. Das Bild zeigt die Beziehungen zwischen Bits, Bytes und Worten.

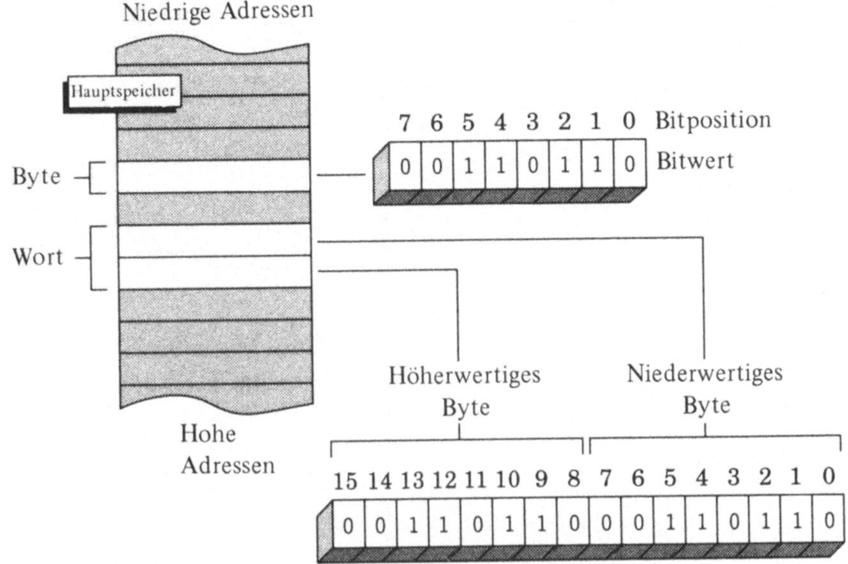

Bild 3.1   Ein PC-Wort setzt sich aus zwei Bytes zusammen, die im Speicher in umgekehrter Reihenfolge vorliegen

Bytes

Die kleinste Bitserie, auf die man direkt zugreifen kann, wird *Byte* genannt. Ein Byte setzt sich aus acht Bits zusammen und kann so einen Bereich von 256 Werten darstellen.

Obwohl Computer mit binären Zahlen arbeiten, ist der Benutzer üblicherweise mehr mit Dezimalzahlen vertraut. Ist Ihnen beispielsweise geläufig, daß die Binärzahl 10010011 den Dezimalwert 147 darstellt? Hexadezimale Zahlen (zur Basis 16) sind ein Kompromiß, den man zur vereinfachten Darstellung binärer Zahlen eingegangen ist; ihre Wertigkeit ist nicht sofort erkennbar wie die von Dezimalwerten; die Notation ist aber kompakter (und damit übersichtlicher) als die von Binärzahlen.

Die Basis eines Zahlensystems wird von der Anzahl der Zeichen abgeleitet, die benutzt werden, bevor der Wert der nächsten linken Stelle erhöht werden muß. Das Dezimalsystem enthält zum Beispiel zehn Zeichen, die Ziffern 0 bis 9. Um einen größeren Wert als 9 darzustellen, müssen Sie ein Zeichen in der Zehnerspalte einsetzen. In der folgenden Tabelle erkennen Sie, daß bereits nach nur zwei Binärzeichen (0 und 1) ein Übertrag vorgenommen werden muß - daher die Basis 2. Das Dezimal- und

Hexadezimalsystem haben die Ziffern 0 bis 9 gemeinsam, das Hexadezimalsystem (auch kurz *Hexsystem* genannt) benutzt zusätzlich aber die Buchstaben A bis F, um die Zahlen zwischen 10 und 15 darzustellen.

Binär (Basis 2)	Dezimal (Basis 10)	Hexadezimal (Basis 16)
0000	0	0
0001	1	1
0010	2	2
0011	3	3
0100	4	4
0101	5	5
0110	6	6
0111	7	7
1000	8	8
1001	9	9
1010	10	A
1011	11	B
1100	12	C
1101	13	D
1110	14	E
1111	15	F

Der Vorteil von hexadezimalen Zahlen besteht darin, daß ein einziges hexadezimales Zeichen vier binäre Zeichen beschreibt. Ein Byte (acht Bits) läßt sich daher durch zwei hexadezimale Zeichen darstellen. Diese Korrelation macht die Umwandlung zwischen diesen beiden Zahlensystemen recht einfach.

Umwandlung zu verschiedenen Basen

Zuerst soll die Umwandlung Binär-Hexadezimal erläutert werden. Betrachten Sie die Binärzahl 10100110. Beginnend bei der rechten Ziffer werden die Zeichen in Vierergruppen unterteilt: 1010 0110. Durch den Vergleich dieser Binärmuster in der obigen Tabelle erkennen Sie, daß 1010 dem Hexadezimalwert A entspricht, 0110 entspricht der Hexziffer 6. So entspricht der Binärwert 10100110 folglich dem Hexwert A6. Zur Konvertierung vom Hexadezimal- in das Binärsystem werden die Schritte einfach umgekehrt: Beginnen Sie mit der rechten Zahl, und wandeln Sie jedes hexadezimale Zeichen in seine binäre Entsprechung um. Die Vierergruppen werden anschließend verknüpft.

Hinweis: Eine vereinfachende Schreibweise für Binär- und Hexadezimalzahlen besteht im Anhängen eines Zeichens, das das verwendete Zahlensystem beschreibt. So kann statt der Binärzahl 10100110 auch 10100110B geschrieben werden, und statt hex A6 kann auch A6H verwendet werden. Zahlen, die nicht mit den Buchstaben B oder H enden, sind gemäß den allgemein gültigen Konventionen Dezimalzahlen.

Das Umwandeln einer hexadezimalen Zahl in ihre dezimale Entsprechung
ist schwieriger. Dazu müssen Sie die Gewichtung jedes Zeichens berücksichtigen. Es soll das vertraute Dezimalsystem als Beispiel herangezogen
werden: Das Zeichen in der rechten Spalte einer ganzen Zahl, die Einer-
spalte, hat eine Gewichtung von 10^0, das heißt 1 (jede Zahl hoch dem
Wert 0 nimmt den Wert 1 an). Die nächste Spalte, die Zehnerspalte, hat
die Gewichtung 10^1 oder 10. Die drittletzte Spalte besitzt die Gewichtung
10^2 oder 100 usw. Der Dezimalwert 452 setzt sich demnach wie folgt zusammen:

```
4 mal 100 plus 5 mal 10 plus 2 mal 1
4 mal 10² plus 5 mal 10¹ plus 2 mal 10⁰
```

Die Umwandlung von Hexadezimalzahlen erfolgt analog. Allerdings wird
dabei die Basis 16 eingesetzt: Die erste Spalte nimmt den Wert 16^0 (1) an,
die nächste Spalte errechnet sich zu 16^1 (Multiplikator 16), die dritte zu
16^2 (Multiplikator 256) usw. Um eine Hexadezimalzahl in ihre dezimale
Entsprechung umzuwandeln, ist jede Stelle mit ihrer Spaltengewichtung
zu multiplizieren. Verwenden Sie dabei die dezimale Entsprechung der
Hexzeichen A, B, C, D, E und F. Das Ergebnis erhalten Sie durch die
Addition der Produkte. Als Beispiel soll der hexadezimale Wert AB9 herangezogen werden. Multiplizieren Sie jeden Wert mit seiner Spaltengewichtung (10 - für A - mal 256 (2560) plus 11 - für B - mal 16 (176)
plus 9 mal 1 (9)). Danach werden die resultierenden Werte addiert (2560 +
176 + 9). Das Ergebnis, 2745, ist die dezimale Entsprechung des Hexwer-
tes AB9.

Die beschriebene Methode bezieht sich auch auf Umwandlungen zwischen
den Zahlensystemen Binär und Dezimal. Bei Binärzahlen ist die Spaltengewichtung jeweils $2^{Stellenwert}$.

Um eine Dezimalzahl in ihre hexadezimale Entsprechung umzuwandeln,
müssen Sie eine Reihe von Divisionen vornehmen. Das Ergebnis jeder
Teilung liefert eine Ziffer des resultierenden hexadezimalen Wertes. Teilen Sie zuerst die Dezimalzahl durch den höchsten hexadezimalen Spaltenwert, der niedriger als der gegebene Dezimalwert ist. Beispielhaft soll der
Dezimalwert 2766 umgewandelt werden. Der vierte hexadezimale Spaltenwert (16^3 = 4096) ist immer noch größer als die Dezimalzahl; die Gewichtung der nächsten Spaltenwert (16^2 gleich 256) liegt jedoch unterhalb des
umzuwandelnden Dezimalwertes. Bei der Division von 2766 durch 256 erhalten Sie den Wert 10 als Ergebnis; es verbleibt ein Rest von 206. Das
Ergebnis 10 liefert als erste Hexadezimalziffer den Buchstaben A. Der
Rest, 206, wird bei der nächsten Division eingesetzt. Hierin ist der
nächstkleinere Spaltenwert (16^1 oder 16) enthalten. 16 ist 12 mal in 206
enthalten; es verbleibt ein Rest von 14. Der Wert 12 liefert das nächste
Zeichen der hexadezimalen Zahl: C. Der Rest 14 ist wird dann wiederum
bei einer Division eingesetzt. Die Gewichtung der nächsten Spalte - 16^0
oder 1 - wird als Teiler verwendet. Da jede Zahl durch 1 dividiert sie

selbst ist, hat das letzte Zeichen der resultierenden Hexadezimalzahl den Wert 14, die hexadezimale Ziffer E. Verknüpft man die Werte, so ergibt sich für den Dezimalwert 2766 eine Hexwert von ACE.

Die Methode kann auch zur Umwandlung von Dezimal- in Binärzahlen verwendet werden. In diesem Fall empfiehlt sich zuerst eine Konvertierung in einen Hexadezimalwert, der anschließend mit Hilfe einer Tabelle relativ einfach in eine Binärzahl umgewandelt werden kann.

Hexadezimalnotation

In C müssen Sie ein Präfix benutzen, um eine Hexadezimalzahl von einer Dezimalzahl zu unterscheiden. Das Präfix \x identifiziert Zahlen, die in der Hexadezimalnotation angegeben sind. So ist die Zahl \xF die hexazimale Bezeichnung für 1111B oder 15 (dezimal). Die C-Compiler von Microsoft erkennen sowohl \x als auch 0x als hexadezimales Präfix. Dieses Buch verwendet gemäß dem neuen ANSI-Standard \x als Präfix; die Groß-/Kleinschreibung des Buchstabens x ist dabei nicht von Belang.

Zwei hexadezimale Zeichen repräsentieren die acht Bits eines Byte. Zum Beispiel entspricht 11101111B der Hexzahl \xEF. Die offensichtlichen Vorteile der hexadezimalen Betrachtungsweise liegen in der Kompaktheit und Einheitlichkeit.

Hinweis: Sie können Werte auch in der Oktalnotation (zur Basis 8) darstellen, was bis vor kurzem ebenfalls recht üblich war. Das Präfix 0 (Null) oder der umgekehrte Schrägstrich \ leiten eine Oktalzahl ein. Die Dezimalzahl 27 entspricht dem oktalen Wert 033 oder \33.

Wörter

Ein *Wort* ist - nach dem Byte - die nächstgrößere Einheit, auf die Sie direkt zugreifen können. Bei den IBM-Computern (IBM PC/XT/AT sowie PS/2 bis zum Modell 60) besteht ein Wort aus 16 Bits, was zwei Bytes entspricht. Neuere Modelle von Personal Computern wie das PS/2 Modell 80 von IBM und andere Computer auf der Basis des Intel-Prozessors 80386 benutzen eine Wortgröße von 32 Bits (entsprechend vier Bytes).

Ein 16-bit-Wort kann 65536, ein 32-bit-Wort bereits 4.294.967.296 Werte darstellen. Dies ist übrigens die Anzahl der Pfennige, die Sie benötigen, um die Quadrate bis zur Mitte des Schachbretts gemäß der Funktion $2^{Quadratzahl}$ zu füllen. Das nächste Quadrat umfaßt dann doppelt so viele Pfennige!

Adressen

Eine Adresse beschreibt die Lage eines Objekts im Hauptspeicher. Tatsächlich ist eine Speicheradresse eine relative Adresse in einer Reihe von Speicherplätzen, vergleichbar mit der Hausnummer in einer Straße. Ein Byte ist das kleinste Speicherelement, auf das man direkt zugreifen kann. So kann man sagen, daß der Speicher des PCs byte-adressierbar ist. Jedes

Byte hat eine eigene Adresse, und man kann darauf im Speicher - unabhängig von anderen Bytes - lesend und schreibend zugreifen.

In Bild 3.1 wird die Aufteilung eines Speicherbereiches gezeigt. Beachten Sie, daß niedrige Adressen oberhalb der hohen Adressen liegen. Trotz der vielleicht seltsam erscheinenden Logik ist dies die übliche Aufteilung. Die Erhöhung der Speicheradressen beim Lesen von Speicherbereichen entspricht dem Lesen eines Textes - von oben nach unten.

Beim IBM PC besteht ein Speicherwort - kurz Wort - aus zwei Bytes. Wie bei den Bits besteht auch eine Wertigkeit der Bytes innerhalb des Wortes. Das Byte mit der niedrigsten Adresse ist das Byte, das auch die niedrigste Gewichtung besitzt (LSB, *least significant byte*). Bytes an höheren Adressen haben entsprechend höhere Gewichtungen (MSB, *most significant byte*).

Die Adresse eines Wortes ist die Adresse seines ersten Bytes im Hauptspeicher. Da Worte im PC in umgekehrter Reihenfolge gespeichert werden, entspricht dies der Adresse des Bytes mit der niedrigsten Gewichtung.

Worte sind auf dem IBM PC in umgekehrter Byte-Reihenfolge abgelegt; für unsere Zwecke ist dies aber nicht weiter von Bedeutung. Bekannt sein sollte lediglich, daß einige Objekte als Bytes und andere als Folge von Bytes - Worte - gespeichert sind.

Bezeichner

Es ist nicht üblich, Objekte im Speicher über die physikalische Adresse anzusprechen. Statt dessen benutzt man Namen zur Bezeichnung von Objekten, und läßt den Computer den Speicherplatz für die Variablen zuweisen. Namen, die man Funktionen, Variablen und anderen Objekten in C gibt, werden *Bezeichner* genannt.

Man erzeugt Bezeichner aus einer Kombinationen von Groß- und Kleinbuchstaben, Ziffern und dem Unterstrich. Ein Bezeichner muß entweder mit einem Buchstaben oder dem Unterstrich beginnen.

Folgende Bezeichner sind gültig:

- ZahlderAntworten

- meldung

- _antwort

Folgende Bezeichner sind ungültig:

- 12total

- total%

- ein$weg

Der Bezeichner *12total* beginnt mit einer Ziffer statt einem Buchstaben oder Unterstrich; *total%* und *ein$weg* enthalten beide jeweils ein ungültiges Zeichen (% bzw. $).

Der Quick C-Compiler unterscheidet zwischen Groß- und Kleinschreibung. Dabei werden bis zu 31 Zeichen geprüft (beginnend mit dem ersten), um zwei Bezeichner voneinander zu unterscheiden. Man kann jedoch auch längere Namen benutzen. In diesem Buch werden ausführliche Bezeichnernamen für das bessere Verständnis der Programme verwendet.

In C sind bestimmte Bezeichner als *Schlüsselwörter* reserviert; diese dürfen nicht als *benutzerdefinierte Bezeichner* eingesetzt werden. Die meisten der 32 Schlüsselworte der Programmiersprache C spezifizieren einen Datentyp, manche dienen der Programmflußsteuerung und ein Schlüsselwort schließlich ist ein Operator. Learn C unterstützt sechs zusätzliche Schlüsselworte; eine vollständige Liste entnehmen Sie Anhang A.

Grundlagen der Datenausgabe

Im letzten Kapitel wurde die Funktion *puts( )* verwendet, um eine Meldung auf dem Bildschirm anzuzeigen. *puts( )* ist eine Standardbibliotheksfunktion, die der Ausgabe dient. Sie eignet sich insbesondere zur Ausgabe feststehender Meldungen (wie im Programm WELCOME.C). Zur Anzeige variabler Meldungen muß eine andere Standardfunktion eingesetzt werden.

Bei der Entwicklung eines Programmes, das eine Datei von Diskette/Platte liest und die Anzahl der Zeichen in der Datei zählt, könnte eine Meldung angezeigt werden, die als veränderbare Information den Dateinamen und die Dateigröße beinhaltet:

```
Datei SAMPLE.TXT enthält 3250 Zeichen
```

Bei der Bearbeitung einer anderen Datei durch das Programm wird die gleiche Meldung - mit einem anderen Dateinamen - ausgegeben; die Anzahl der Bytes in der Datei wird ebenfalls angepaßt.

Ausgabe mit printf( )

Die Funktion *printf( )* ist die Standardbibliotheksfunktion, die Meldungen mit veränderbarem Text ausgibt. Im folgenden wird gezeigt, wie mit *printf( )* Daten verschiedenen Typs angezeigt werden.

Wie andere Funktionen in C kann *printf( )* Argumente übernehmen. Ein Argument ist eine Information oder eine Reihe von Daten, die Sie hinter einem Funktionsnamen in Klammern angeben. Mit Argumenten übergeben Sie einer Funktion Werte, die die Funktion bearbeiten soll. In einigen Fällen können Argumente auch eingesetzt werden, um Werte von einer Funktion zu übernehmen.

Die Funktion *printf( )* übernimmt keine feste Anzahl von Argumenten, fordert aber die Angabe von mindestens einem Argument: dem *Steuerstring* (der als Parameter in Anführungszeichen und Klammern eingegeben wird). Enthält der Steuerstring nur normale Zeichen, gibt die Funktion *printf( )* die darin enthaltene Zeichenfolge ohne Modifizierung aus.

Das folgende kurze Programm zeigt eine Zeichenkette auf dem Bildschirm an:

```
main()
{
        printf("Der Fuchs ist hungrig. Vorsicht!");
}
```

Um veränderbare Informationen in einen Steuerstring einzubringen, muß man eine Formatspezifikation an der Stelle einfügen, an der die Variable angezeigt werden soll. Außerdem muß ein weiteres Argument für jede Variable angegeben werden. Eine Formatspezifikation besteht aus einem Prozentzeichen gefolgt von einem oder mehreren Zeichen. Diese beschreiben die Art der Information, die das zusätzliche Argument darstellt. Bei der Ausführung eines Programms ersetzt *printf( )* die Formatspezifikation im Steuerstring durch den Wert des korrespondierenden Arguments.

In Bild 3.2 wird gezeigt, wie *printf( )* die Formatspezifikation im Steuerstring nutzt, um die zusätzlichen Argumente in den Steuerstring einzutragen. Das Beispiel zeigt einen Steuerstring mit zwei Formatspezifikationen, gefolgt von zwei weiteren Argumenten: einem String, durch *%s* im Steuerstring vertreten, und einen Integerwert, spezifiziert durch *%d* (für die Angabe im Dezimalformat).

Das Ergebnis der Programmausführung mit den Angaben aus Bild 3.2 sehen Sie im folgenden:

```
Dieser Text enthält 2 Substitutionen!
```

Werden für das zweite oder dritte Argument (oder beide) andere Werte eingesetzt, erhalten Sie eine entsprechend veränderte Ausgabe. Der Ergebnisstring ändert sich bei der Modifizierung des Arguments *Text* in *Absatz* zu:

```
Dieser Absatz enthält 2 Substitutionen!
```

Wie Sie noch sehen werden, sind %s und %d nur zwei von einer Vielzahl von Formatspezifikationen, die im *printf( )*-Steuerstring eingesetzt werden können.

```
printf("Dieser %s enthält %d Substitutionen!", "Text", 2)
```

Bild 3.2   Die printf( )-Parameterliste muß einen Steuerstring und ein Argument für jede Formatspezifikation im Steuerstring enthalten

Escape-Sequenzen

Eine Escape-Sequenz ist eine Gruppe von Zeichen mit einer besonderen Bedeutung, üblicherweise eine symbolische Darstellung von Zeichen, die nicht über die Tastatur eingegeben werden können oder auf dem Bildschirm nicht darstellbar sind. Escape-Sequenzen beginnen mit einem umgekehrten Schrägstrich \, der die Bedeutung des nachfolgenden Zeichens modifiziert. Das Zeichen erhält so eine andere Bedeutung.

Ein Beispiel einer Escape-Sequenz ist \n, die für das Neue-Zeile-Zeichen steht. Sie bewirkt, daß der Cursor bzw. Druckkopf vor der Fortführung der Ausgabe an den Beginn der nächsten Ausgabezeile springt. Sie können \n und andere Escape-Sequenzen in Strings und auch aufeinanderfolgend benutzen:

```
main()
{
 printf("Dies ist eine Textzeile.\n");
 printf("Und noch eine Textzeile.\n\n");
 printf("Die dritte Zeile ist leer; dies ist Zeile 4.");

}
```

Die Tabelle in Bild 3.3 enthält die verfügbaren Escape-Sequenzen mit den entsprechenden Bedeutungen.

\a	Glocke	\v	Vertikaltabulator
\b	Rückschritt	\'	Hochkomma
\f	Seitenvorschub	\"	Anführungszeichen
\n	Neue Zeile	\	Schrägstrich (umgekehrt)
\r	Wagenrücklauf	\ddd	ASCII-Zeichen (Oktalnotation)
\t	Horizontaltabulator	\xdd	ASCII-Zeichen (Hexnotation)

Bild 3.3   Escape-Sequenzen

Beachten Sie, daß Escape-Sequenzen auch benutzt werden müssen, um Zeichen mit einer besonderen Bedeutung durch *printf( )* ausgeben zu lassen. Um zum Beispiel ein Anführungszeichen im Steuerstring auszugeben, müssen Sie den umgekehrten Schrägstrich setzen, so daß der C-Compiler die Anführungszeichen nicht als Begrenzung des Steuerstrings interpretiert.

```
Dies ist von "Anführungszeichen" umschlossener Text
```

Die Escape-Sequenz \" wird wie folgt verwendet, um die Meldung auszugeben:

```
printf("Dies ist von \"Anführungszeichen\" umschlossener Text");
```

Die ASCII-Werte von Zeichen können in oktaler und hexadezimaler Schreibweise angegeben werden, indem Escape-Sequenzen wie *\ddd* bzw. *\xddd* benutzt werden. *ddd* ist dabei der ASCII-Wert des darzustellenden Zeichens. Diese Escape-Sequenzen eignen sich besonders für den Einsatz der ASCII-Zeichen 0 bis 31. Das sind Sonderzeichen oder Zeichen, die zur Bildschirmsteuerung eingesetzt werden.

Das folgende Programm läßt das Klingelzeichen ertönen:

```
main()
{
        printf("\007");
}
```

Variieren Sie dieses Programm. Zum Beispiel ist \01 der Hexadezimalwert für das ASCII-Zeichen, das der Tastenkombination Ctrl-A entspricht; angezeigt wird auf IBM PCs und Kompatiblen ein "Smiley".

Datentypen

Zur Darstellung von Daten werden Konstanten und Variablen eingesetzt. Jede Konstante oder Variable hat einen Datentyp, der dem C-Compiler mitteilt, wie viel Speicherplatz zur Aufnahme der Information benötigt wird, und wie die Speicherung vorzunehmen ist.

Eine Konstante ist ein fester Wert, der sich während des Programmablaufs nicht ändert. In einem C-Programm kann man eine Konstante literal oder symbolisch einsetzen; die Zahl 21 zum Beispiel ist eine literale Konstante, *Willkommen zur C-Programmierung!* ist eine String-Konstante. In Kapitel 6 erfahren Sie mehr über symbolische Konstanten.

Eine Variable ist ein Objekt, dessen Wert sich während des Ablaufs eines Programmes ändern kann. Bevor man eine Variable benutzt, muß man sie deklarieren - das heißt, ihren Datentyp bestimmen und ihr einen gültigen Namen geben. In den meisten Fällen muß eine Variable auch explizit initialisiert werden, das heißt, ihr muß ein Wert zugewiesen werden.

In C gibt es drei Basisdatentypen (Ganzzahl, Dezimalzahl und die Struktur); in diesem Kapitel werden die Ganz- und Dezimalzahldatentypen behandelt. Strukturen wie Felder und *structures* (eine Art der Struktur in C), in denen Daten verschiedenen Datentyps enthalten sein können, werden später behandelt.

Ein Ganzzahlwert ist eine Zahl ohne Nachkommateil. Man benutzt Ganzzahl- oder Integerwerte ständig: es gibt 7 Tage in einer Woche, ein Dutzend ist 12, und 100 Pfennige entsprechen 1 Mark.

Zahlen mit Nachkommateil werden in C als Fließkommazahlen bezeichnet; solche Zahlen nennt man auch *real*-Zahlen. Sie werden häufig verwendet, um Maße (Längen, Flächen und dergleichen) und Durchschnittsmengen anzugeben. Zum Beispiel entspricht ein Zoll 2,54 Zentimeter. Die Ankathete eines gleichseitigen Dreiecks, dessen Hypotenuse einen Meter mißt, ist circa 1,414 Meter lang.

Ein passender Vergleich von Ganzzahl- und Fließkommazahlen findet sich bei Volkszählungen. Die Anzahl der Personen in einem Haushalt ist immer ein Ganzzahlwert, die durchschnittliche Anzahl der Kinder in allen Familien ist jedoch meist eine Dezimal- oder Fließkommazahl.

Ganzzahl-Datentypen

Obwohl eine Programmiersprache grundsätzlich mit einem Ganzzahldatentyp auskommt, bietet C verschiedene Arten, um eine effiziente Ausnutzung des Speichers zu gewährleisten. Bei dem Versuch, eine Zahl in einem zu kleinen Speicherbereich abzulegen, treten Probleme auf; durch den auftretenden Überlauf wird ein inkorrekter Wert abgelegt. Umgekehrt ist das Speichern einer kleinen Zahl in einem großen Bereich ineffizient.

C bietet vier Datentypen, von denen jeder eine bestimmte Menge von Speicherplatz benötigt, die in einer definierten Weise eingesetzt wird. Um einen Datentyp zu spezifizieren, verwenden Sie ein C-Schlüsselwort der folgenden Tabelle.

Typ	Beschreibung
char	Zeichen
int	Integer (Ganzzahl)
short int	short-Ganzzahl (short-Integer)
long int	long-Ganzzahl (long-Integer)

Zusätzlich können den Datentypen Typmodifikationen (*signed* und *unsigned*) hinzugefügt werden. In Quick C sind alle integralen Datentypen standardmäßig mit einem Vorzeichen versehen - das heißt, sie können entweder positive oder negative Zahlen enthalten. Eine vorzeichenbehaftete Zahl hat einen Wertebereich, der gleichermaßen zwischen negativen und positiven Zahlen aufgeteilt ist. Ein Wert vom Typ *int* zum Beispiel kann im Bereich von -128 bis 127 (0 wird hier als positiver Wert verstanden) liegen. Eine Zahl eines vorzeichenlosen Datentyps kann genau so viele verschiedene Werte wie ihr vorzeichenbehaftetes Gegenstück annehmen, ist jedoch immer positiv. Ein vorzeichenloser Wert vom Typ *int* kann im Bereich von 0 bis 255 liegen.

Zeichen

Ein Zeichen hat die Länge eines Bytes. In der folgenden Deklaration teilt
der Typname *char* dem Compiler mit, daß die Variable *ch* vom Typ *Zeichen* (also ein Zeichen) ist:

```
char ch;
```

Zeichen werden - wie alle anderen Objekte - im Hauptspeicher als Zahlen dargestellt. Der in einer Zeichenvariable gespeicherte Wert entspricht
einem Code im ASCII-Zeichensatz. Eine vollständige Zusammenfassung
der ASCII-Zeichencodes und Symbole entnehmen Sie Anhang E dieses
Buches. Die Zahl 113 zum Beispiel entspricht dem Kleinbuchstaben *q*.
Durch Setzen eines Zeichens in Hochkommata erhalten Sie eine Zeichenkonstante mit dem Wert, der dem Zeichen entspricht. So ist *'q'* für den
Computer mit der Ganzzahl 113 identisch. In Quellprogrammen jedoch
hat der Ausdruck *'q'* für den Leser eine Bedeutung, die der numerische
Wert selber nicht hat (Bild 3.4).

Die Formatspezifikation für ein Zeichen in einem *printf( )*-Steuerstring ist
%c. Um das in der Variablen *ch* enthaltene Zeichen auszugeben, können
Sie folgende Deklarationen benutzen (zugegebenermaßen ein umständliches Verfahren zur Ausgabe eines Zeichens):

```
main()
{
    char ch;              /* Variable deklarieren */
    ch = 'N';             /* ch einen Wert zuweisen */
    printf("%c",ch);      /* Wert von ch ausgeben */
}
```

<u>Hinweis:</u> Einige Computer haben mehrere Tasten zur Erzeugung von Hochkommata. Falls Sie
eine solche Tastatur benutzen, drücken Sie nur die Taste mit dem Hochkomma, die als Apostroph benutzt wird.

Integerwerte

Das Schlüsselwort *int* zeigt an, daß ein Objekt einen Integerwert aufnehmen kann. Die folgende Deklaration definiert die Variable *num* als Integer-Variable:

```
int num;
```

Integerwerte sind standardmäßig mit einem Vorzeichen behaftet, und
umfassen in einer 16-bit-Umgebung den Wertebereich von -32.768 bis
32.767.

Bei einer vorzeichenlosen *int*-Variable liegt der Wertebereich zwischen 0
und 65.535:

```
unsigned int num;
```

Eine größere Anzahl von Bits pro Wort (beispielsweise in einer 32-bit-Umgebung) erlaubt einen entsprechend größeren Wertebereich.

Die folgenden Dezimalzahlen sind gültige Integerwerte: 12, 0, 1024 und auch -102. Die Zahl 18.620 ist in einem C-Programm kein gültiger Integerwert - der Compiler erlaubt keine Leerzeichen, Punkte, Kommata oder andere nicht-numerische Zeichen in Zahlen. Da der Punkt in englischsprachigen Umgebungen als Dezimaltrennzeichen dient, kann dieser in C-Programmen verwendet werden (allerdings nicht bei Integerwerten).

Hinweis: Beachten Sie, daß der Punkt im deutschsprachigen Raum üblicherweise der Tausendertrennung dient, in C aber als Dezimaltrennzeichen eingesetzt wird (das heißt, Tausendertrennungen dürfen nicht in Zahlen vorkommen, die in Programmen genutzt werden).

Obwohl in diesem Buch im Text Punkte zur Erleichterung des Lesens langer Zahlen vorkommen, verlangt der Compiler, daß Sie in einem Programm die Zahl 1.234.567 als 1234567 schreiben.

Die Typmodifikationen *short* und *long* können in Verbindung mit Integerwerten verwendet werden, die relativ zur ursprünglichen Integergröße (Größe eines Wortes, wie von der Hardware vorgeschrieben) kleiner oder größer sind. In einer 16-bit-Umgebung zum Beispiel werden ein *int*- und ein *short int*-Wert in 2-byte-Worten gespeichert. Ein *long int*-Wert (-2.147.483.648 bis 2.147.483.647) belegt vier Bytes Speicherkapazität und umfaßt so einen bedeutend größeren Wertebereich als ein einfacher *int*-Wert. In einer 32-bit-Umgebung besitzen *int*- und *long int*-Werte die gleiche Größe (vier Bytes). Die Länge eines *int*- bzw. *long int*-Wertes kann ohne Kenntnisse über das System, auf dem das Programm ausgeführt wird, nicht vorhergesagt werden. Garantiert ist lediglich die relative Größe der Datentypen untereinander:

```
short int <= int <= long int
```

Wenn die Typmodifikationen *long* oder *short* in einer Deklaration erscheinen, wird die Typspezifikation *int* automatisch hinzugefügt. So haben die folgenden Deklarationen die gleiche Bedeutung:

```
long int bignum;
long bignum;
```

Dies trifft auch auf die Typmodifikationen *signed* und *unsigned* zu. Ohne weitere Angaben wird ein vorzeichenbehafteter bzw. vorzeichenloser *int*-Wert deklariert.

Im Programm NUMBERS (Listing 3.1) wird gezeigt, wie eine Meldung ausgegeben wird, die aus Text und Zahlen besteht. *n1* und *n2* können in einer *int*-Anweisung deklariert werden; dabei sind die beiden Variablennamen durch ein Komma zu trennen. Die Zahlen erscheinen im Steuerstring durch die Formatspezifikation *%d*. Bei der Ausführung des Programms wird das erste *%d* durch den Wert der Variable *n1* ersetzt und das zweite durch den Wert von *n2*.

```
/*
 * N U M B E R S
 *
 * Ausgabe von Strings, die sowohl Text als
 * auch Zahlen enthalten.
 */

main()
{
        int n1, n2;

        n1 = 10;
        n2 = 3;
        printf("Der Wert %d ist größer als %d.\n", n1, n2);
}
```

Listing 3.1   Quellcode von NUMBERS.C

Als Übung modifizieren Sie das Programm so, daß *n1* und *n2* entweder
vom Typ *long int* oder *short int* sind. Um das korrekte Ergebnis zu erhalten, müssen Sie die Formatspezifikationen verändern. Verwenden Sie *%hd*
für den *short int*-Wert und *%ld* für den *long int*-Wert.

long-Konstanten

Ist eine Konstante eines integralen Datentyps zu groß für einen Speicherplatz von der Größe des Integerwertes, wird sie vom Compiler als vom
Typ *long* gespeichert. Soll der Compiler einen Integerwert normaler Größe
als *long*-Integer ablegen, müssen Sie den Buchstaben *L* an die Konstante
anhängen. Zur Speicherung des Wertes 100 als *long*-Wert ist die Angabe
100L zu verwenden. Sie können mit dem Wert auch eine *cast*-Operation
(*Typenumwandlung*) ausführen; der Zieldatentyp wird dabei in Klammern
direkt vor der zu bearbeitenden Zahl angegeben. Eine Einsatzmöglichkeit
dieser beiden Methoden finden Sie in den folgenden Anweisungen:

```
printf("Wert = %ld", 100L);
printf("Wert = %ld", (long)100);
```

Jede Darstellungsmethode als *long*-Konstante stellt sicher, daß der Compiler die korrekte Anzahl von Bits zur Aufnahme des Wertes verwendet.

Ausgabeanweisungen können in der folgenden Art nicht verwendet werden:

```
printf("Wert = %ld", 100);
```

Der auszugebende Wert 100 ist in den zwei niederwertigen Bytes zwar
enthalten, die zwei höherwertigen Bytes enthalten aber willkürliche Werte,
da sie nicht explizit gesetzt wurden. Um dies zu demonstrieren, geben Sie

das folgende Programm ein und lassen es ausführen. Die Ausgabe wird
Sie überraschen.

```c
main()
{
        printf("Wert = %ld\n", 100L);
        printf("Wert = %ld\n", 100);
}
```

Zeichen als Zahlen

Im nächsten Beispielprogramm, CHARS, wird gezeigt, wie Zeichen in C
als Zahlen behandelt werden. Wie in Listing 3.2 dargestellt, wird der Zeichenvariablen *ch* das Zeichen *A* zugewiesen und der Integervariablen *code*
der Wert 48 (dezimal). Es wird *printf( )* benutzt, um zu zeigen, daß *ch* sowohl als Zeichen, nämlich A, als auch als damit verbundener numerischer
Code, nämlich 65, ausgegeben werden kann.

Der numerische Code 48 wird als Zahl ausgegeben, wenn die Formatspe-
zifikation *%d* lautet. Er wird als Zeichen betrachtet, nämlich 0, wenn die
Formatspezifikation *%c* ist (der ASCII-Code 48 stellt die Ziffer 0 dar).
Verwechseln Sie das Zeichen '0' nicht mit dem numerischen Wert 0. Die
beiden identisch erscheinenden Objekte sind in der ASCII-Tabelle um 48
Positionen voneinander entfernt.

```c
/*
 * C H A R S
 *
 * Ausgabe von Zeichen
 * Gezeigt wird die Beziehung zwischen Zeichen
 * und deren internen Darstellen (ASCII-Code).
 */

main()
{
        /* Variablen deklarieren. */
        char ch;
        int code;

        /* Variablen initialisieren. */
        ch = 'A';
        code = 48;

        /* Codes und Zeichen ausgeben. */
        printf("PCs benutzen den ASCII-Zeichensatz.\n");
        printf("Der ASCII-Code des Buchstabens %c ist %d.\n", ch, ch);
```

```
    printf("Der ASCII-Code %d stellt das Zeichen %c dar.\n",
        code, code);
}
```

Listing 3.2   Quellcode von CHARS.C

real-Datentypen

real-Zahlen sind im wissenschaftlichen und technischen Bereich wichtig. Graphikprogramme benutzen häufig Berechnungen mit Dezimalzahlen (*real*-Zahlen). C verwendet die Fließkommadarstellung zur Anzeige von *real*-Zahlen.

Fließkommadarstellung

Eine *Dezimalzahl* ist eine Zahl, die einen Dezimalpunkt und einen Nachkommateil besitzt. Zum Beispiel hat die Dezimalzahl 105.61 (entspricht im deutschsprachigen Raum 105,61) drei Zeichen links vom Dezimalpunkt (Ganzzahlteil) und zwei Zeichen rechts davon (Nachkommateil). Die Position des Dezimalzeichens kann sich jedoch abhängig davon ändern, ob Sie die Exponential- oder Fließkommadarstellung einsetzen. Sie kann zum Beispiel die Zahl 105.61 als 10.561E+001, 1.0561E+002, 1056.1E-001 oder mit einem beliebigen anderen Exponenten dargestellt werden. Das E trennt die *Mantisse* (Zahl links vom E) vom *Exponenten* (Zahl rechts vom E). E steht für 10^x (x ist die Zahl hinter E). So entspricht 1.0562E+002 der Zahl $1.0562*10^2$.

Wenn Sie das Dezimalzeichen um eine Position nach links verschieben, wird die Mantisse durch 10 dividiert. Um den gleichen Wert zu erhalten, müssen Sie die geänderte Mantisse durch eine Erhöhung des Exponenten um 1 ausgleichen; dies multipliziert die Mantisse mit 10. Wird das Dezimalzeichen um eine Position nach rechts verschoben, wird die Mantisse mit 10 multipliziert, und Sie müssen durch Vermindern des Exponenten um 1 den Ausgleich schaffen. So entsprechen die folgenden Zahlendarstellungen 1.0562E+002, 0.10562E+003 und 1056.2E-001 beispielsweise alle dem gleichen Wert.

Fließkomma-Datentypen

Wie bei den Ganzzahltypen gibt es in C mehrere Datentypen, in denen Fließkommazahlen gespeichert werden können. Jeder Datentyp hat dabei einen eigenen Bereich. Anders als Ganzzahlwerte sind Fließkommazahlen immer mit einem Vorzeichen behaftet. Fließkommazahlen besitzen noch ein weiteres Attribut, nämlich die Genauigkeit; diese gibt die Menge des Speicherplatzes an, die von einer Fließkommazahl belegt wird - Zahlen mit größerer Genauigkeit erfordern mehr Speicherplatz.

C bietet zwei Ebenen der Genauigkeit bei der Speicherung von Fließkommazahlen: einfache Genauigkeit (vier Bytes) und doppelte Genauigkeit (acht Bytes).

Typspezifikation   **Beschreibung**

float   Fließkommazahl einfacher Genauigkeit
double   Fließkommazahl doppelter Genauigkeit

Unter Verwendung des Schlüsselwortes *float* wird Speicherplatz für ein Objekt einfacher Genauigkeit belegt, mit *double* erfolgt die Deklaration eines Objektes doppelter Genauigkeit.

In Bild 3.4 wird die Deklaration einer *float*-Variable gezeigt. Die Darstellung vergleicht auch den für einen *float*-Wert belegten Speicherplatz mit dem für Integer- und Zeichenwerte benötigten.

Hinweis: Ein dritter real-Datentyp, long double, wird von Microsoft C-Compilern unterstützt. Er besitzt derzeit den gleichen Bereich und die gleiche Genauigkeit wie Werte vom Typ double.

Fließkommadaten ausgeben

Sie können mit der Funktion *printf( )* auch Fließkommadaten ausgeben (analog zur Ausgabe von Ganzzahldaten). Die Formatspezifikationen für Fließkommawerte verfügen jedoch über Optionen, wodurch sich ihre Benutzung komplizierter gestaltet.

Die obere Zeile in Bild 3.5 zeigt den allgemeinen Aufbau der Befehlszeile mit Optionen, die für die Ausgabe von Fließkommazahlen mit *printf( )* zur Verfügung stehen. Das Prozentzeichen % ist - wie die Angabe des Formattyps - obligatorisch; die Angaben in den Klammern hingegen sind fakultativ.

Zeichenwerte

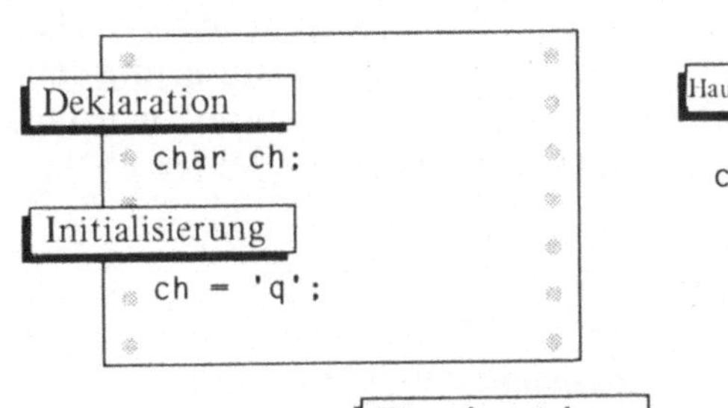

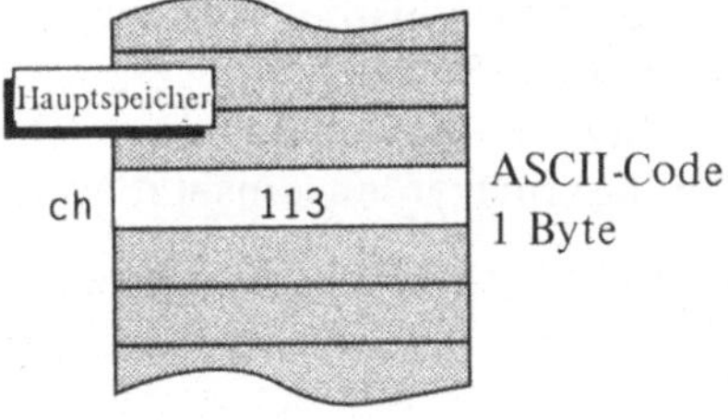

Wertebereich

Vorzeichenbehaftet: -128 bis 127
Vorzeichenlos: 0 bis 255

Integerwerte

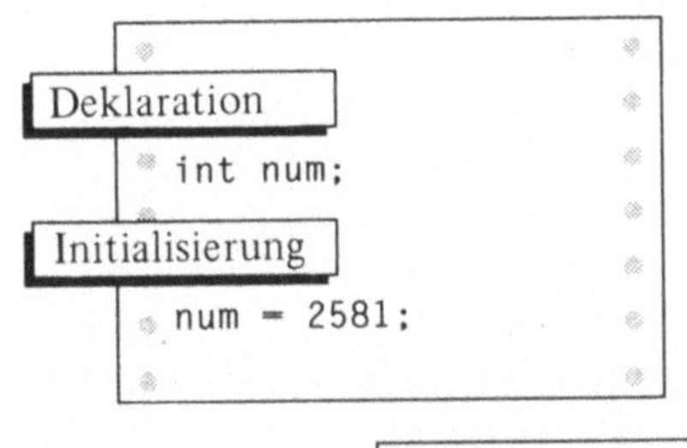

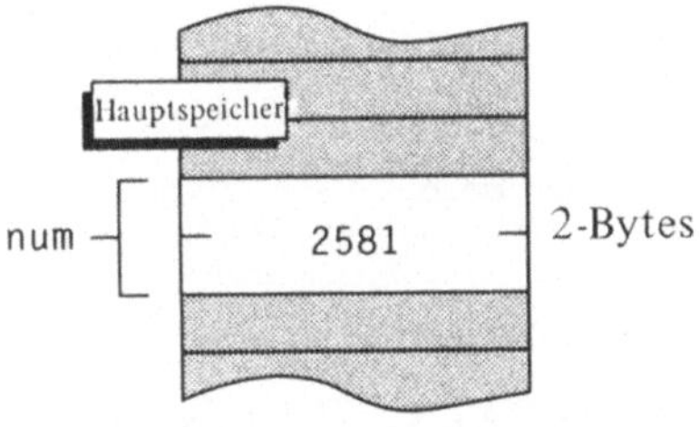

Wertebereich

Vorzeichenbehaftet: -32768 bis 32767
Vorzeichenlos: 0 bis 65535

Fließkommawerte

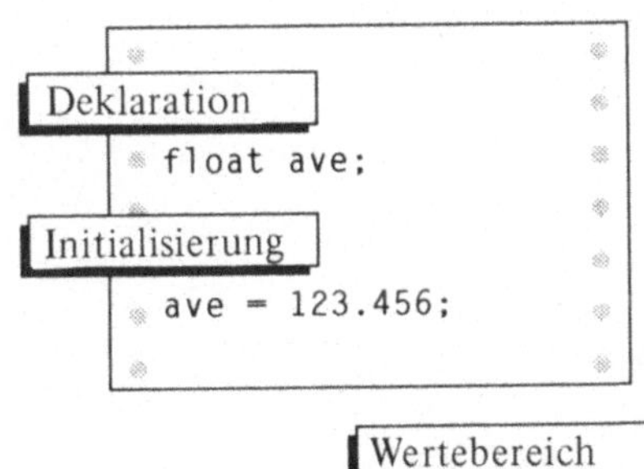

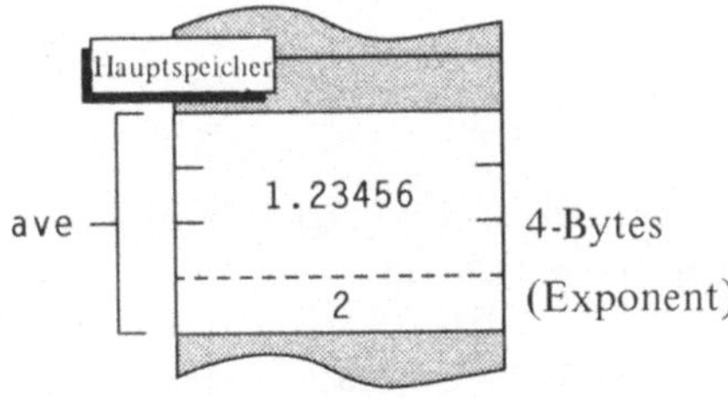

Wertebereich

10^{-38} bis 10^{38}
Genauigkeit: ~ 7 Stellen

Bild 3.4   Drei der primären C-Datentypen

Nicht alle Formattypen können in Verbindung mit Fließkommazahlen genutzt werden; zum Beispiel kennen Sie bereits die Typen *d* und *s* (für
Dezimalwerte und Strings) für Ganzzahlwerte. Vor der Erläuterung der
Optionen sollen verschiedene Formatspezifikationen betrachtet werden,
die mit Fließkommazahlen einsetzbar sind. Das sind *f*, *e*, *E*, *g* oder *G*.

```
% [Flaggen] [Breite] [.Genauigkeit] [Typpräfix] Formattyp
```

<table>
<tr><td colspan="2"><u>Flaggen</u></td><td colspan="2"><u>Formattyp</u></td></tr>
<tr><td>-</td><td>linksbündig ausrichten</td><td>d,i</td><td>Dezimal (mit Vorzeichen)</td></tr>
<tr><td>+</td><td>Ausgabe mit Vorzeichen</td><td>u</td><td>Dezimal (nur positiv)</td></tr>
<tr><td></td><td>Ausgabe mit Leerzeichen</td><td>o</td><td>Oktal (nur positiv)</td></tr>
<tr><td>#</td><td>modifiziert o, x, X,</td><td>x, X</td><td>Hex (nur positiv)</td></tr>
<tr><td></td><td>e, E, f, g und G</td><td>f</td><td>Festpunktzahl</td></tr>
<tr><td></td><td></td><td>e, E</td><td>wissenschaftliche Notation</td></tr>
<tr><td colspan="2"><u>Typpräfix</u></td><td>g, G</td><td>%e oder %f (kürzeres)</td></tr>
<tr><td>F</td><td>far-Zeiger</td><td>c</td><td>einzelnes Zeichen</td></tr>
<tr><td>M</td><td>near-Zeiger</td><td>s</td><td>String</td></tr>
<tr><td>h</td><td>short int</td><td></td><td></td></tr>
<tr><td>I,L</td><td>long int oder double</td><td></td><td></td></tr>
</table>

Bild 3.5   Formatoptionen zu printf( )

Das Programm REALS1 (Listing 3.3) demonstriert, wie diese Formate
funktionieren.

```
/*
 * R E A L S 1
 *
 * Anzeige einer real-Zahl in
 * verschiedenen Formaten.
 */

main()
{
        /* Datendeklaration and Initialisierung */
        float fv = 1026.75;

        /* Daten in verschiedenen Formaten ausgeben. */
        printf("Variable fv = %f\n", fv);
        printf("Variable fv = %e\n", fv);
        printf("Variable fv = %E\n", fv);
        printf("Variable fv = %g\n", fv);
        printf("Variable fv = %G", fv);
}
```

Listing 3.3   Quellcode von REALS1.C

Auf einem IBM PC/AT oder Kompatiblen wird folgendes ausgegeben:

```
Variable fv = 1026.750000
Variable fv = 1.026750e+003
Variable fv = 1.026750e+003
Variable fv = 1026.75
Variable fv = 1026.75
```

Die Formatspezifikation *%f* definiert die Ausgabe eines Fließkommawer-
tes als vorzeichenlose Zahl mit einer festen Anzahl von Dezimalstellen (in
diesem Fall 6). Die Formatspezifikation *%e* oder *%E* zeigt eine Zahl in
technisch/wissenschaftlicher Notation an: eine Ziffer, das Dezimalzeichen,
eine feste Anzahl von Nachkommastellen (wiederum 6) und ein Exponent,
bestehend aus drei Zeichen plus dem Vorzeichen (+ oder -). Der Unterschied zwischen *%e* und *%E* besteht darin, daß *%e* dem Exponent das Zeichen *e* voranstellt, während bei der Verwendung von *%E* das Zeichen *E*
eingesetzt wird.

Die Formatspezifikation *%g* zeigt einen Wert im Format *%f* oder *%e* an:
Abhängig ist die Anzeige von der Kompaktheit der Darstellung. In
REALS1 wurde das Format *%f* benutzt. *%G* ist mit *%g* nahezu identisch
(benutzt aber die Formate *%f* oder *%E*). *%g* oder *%G* verwenden keine feste Anzahl von Dezimalstellen wie *%f*, *%e* oder *%E*.

C bietet mehrere Formatoptionen, die mit Fließkommazahlen verwendet
werden können. Das erste Feld akzeptiert die Argumente -, + und Leerzeichen. Die Optionen werden in Bild 3.5 aufgelistet. Die Option - zeigt
an, daß die Zahl zur Anzeige linksbündig ausgerichtet wird, das heißt,
mit dem am weitesten links liegenden Zeichen beginnt. Die Option + bewirkt, daß die angezeigte Zahl mit einem Vorzeichen versehen wird. Das
Argument *Leerzeichen* hat fast die gleiche Wirkung wie die Option +: negative Zahlen werden mit einem Minuszeichen angezeigt, positive aber
mit einem Leerzeichen (statt dem Pluszeichen). Das folgende Programm
demonstriert die Benutzung der Option +:

```c
main()
{
        float fv = 12.34;
        printf("Die Zahl ist %+f", fv);
}
```

Die Ausgabe dieses Programms (auf einem IBM PC/AT) ist folgende:

```
Die Zahl ist +12.340000
```

Die Option + bewirkt die Anzeige eines Vorzeichens vor der Zahl (in diesem Fall +).

Die zweite Option bestimmt die minimale Anzahl von Zeichen, die die Funktion *printf( )* ausgeben soll. Benutzen Sie diese Option zur Definition von Feldbreiten für die spaltenorientierte Ausgabe.

Die dritte Option gibt die maximale Anzahl von Zeichen an, die rechts vom Dezimalzeichen dargestellt werden. Das Programm REALS2 (Listing 3.4) demonstriert den Gebrauch dieser Möglichkeit.

Bei diesem Programm sollten Sie auf die Formatierung der Ausgabewerte achten:

```
Variable fv = 1026.750
Variable fv = 1.0268E+003
Variable fd = 0.000000000008130
Variable fd = 8.13E-012
```

Die erste *printf( )*-Funktion benutzt eine Genauigkeit von drei Stellen; *printf( )* zeigt daraufhin nur drei Zeichen rechts vom Dezimalzeichen an und rundet die Zahl bei Bedarf. Die zweite *printf( )*-Funktion nutzt die Exponentialdarstellung mit einer Genauigkeit von vier Stellen, um vier Zeichen rechts vom Dezimalzeichen auszugeben. Die dritte *printf( )*-Anweisung zeigt, daß diese Formatierungstechniken auch in Verbindung mit *double*-Werten eingesetzt werden können; die letzte *printf( )*-Funktion schließlich nutzt die Spezifikation %G, um eine möglichst kompakte Version der Variable *dv* auszugeben, in diesem Fall ist dies die Exponentialdarstellung.

Versuchen Sie, die Formatspezifikationen für dieses Programm zu ändern oder weitere hinzuzufügen und es nochmals ablaufen zu lassen. Die Benutzung der Formatspezifikationen %E und %G statt %e und %g erfolgte willkürlich.

```
/*
 * R E A L S 2
 *
 * Anzeige von real-Zahlen in
 * verschiedenen Formaten.
 */

main()
{
        /* Datendeklaration and Initialisierung. */
        float fv = 1026.75;
        double dv = 0.00000000000813;

        /* Daten in verschiedenen Formaten ausgeben. */
        printf("Variable fv = %.3f\n", fv);
        printf("Variable fv = %.4E\n", fv);
```

```
        printf("Variable dv = %.15f\n", dv);
        printf("Variable dv = %G\n", dv);
}
```

Listing 3.4   Quellcode von REALS2.C

Speicheranforderungen und Zusammenfassung der Wertebereiche

In Bild 3.6 werden die Speicheranforderungen für jeden der Standard-C-Datentypen und die Wertebereiche zusammengefaßt.

<u>Hinweis:</u> Der belegte Speicherplatz für die Integertypen int und unsigned int ist von der C-Implementierung abhängig. In einer 16-bit-Umgebung (wie beim IBM PC) entsprechen sie short int (mit bzw. ohne Vorzeichen). In einer 32-bit-Umgebung hingegen sind sie mit long int gleichwertig.

Datentyp	Andere Bezeichnungen	Wertebereich von	bis
char	signed char	-128	127
int	signed signed int	-32.768	32.767
short	signed short short int signed short int	-32.768	32.767
long	long int signed long signed long int	-2.147.483.648	2.147.483.647
unsigned char	-	0	255
unsigned	unsigned int	0	65.535
unsigned short	unsigned short int	0	65.535
unsigned long	unsigned long int	0	4.294.967.295
enum	-	0	65.535
float	-	$3.4^{+/-38}$ (7 Stellen)	
double	-	$1.7^{+/-308}$ (15 Stellen)	
long double	-	$1.7^{+/-308}$ (15 Stellen)	

Bild 3.6   Speicheranforderungen

Die Genauigkeit von Fließkommawerten ist immer nur angenähert, da die Anzahl der Zeichen zur Beschreibung eines Dezimalwertes nicht mit der Anzahl der Zeichen übereinstimmt, die zur Speicherung der binären Entsprechung benötigt werden. Werte einfacher Genauigkeit können 6 oder 7 Nachkommastellen aufweisen; Werte doppelter Genauigkeit hingegen verfügen über 14 bzw. 15 Stellen.

Dateneingabe

Sie kennen bereits eine Reihe von Beispielen zur Datenausgabe mit der Funktion *printf( )*. Mit der Bibliotheksfunktion *scanf( )* können Daten eingelesen werden.

Die Funktion *scanf( )* benutzt eine Argumentstruktur, die ähnlich der von *printf( )* ist. Es gibt jedoch einige wichtige Unterschiede, die im Programm READNUM (Listing 3.5) gezeigt werden.

Zuerst wird *number* als Integervariable deklariert und danach mit *printf( )* eine Meldung angezeigt. Beachten Sie, daß die Escape-Sequenz \n am Ende des Steuerstrings nicht benutzt wird: so bleibt der Cursor in der gleichen Zeile wie die Meldung, so daß der Benutzer nicht verwirrt wird.

```
/*
 * R E A D N U M
 *
 * Zahl von der Tastatur übernehmen und
 * auf dem Bildschirm darstellen.
 */


main()
{
        int number;

        printf("Zahl eingeben und ENTER betätigen: ");
        scanf("%d", &number);
        printf("\nDer eingegebene Wert ist %d.\n", number);
}
```

Listing 3.5   Quellcode von READNUM.C

In der nächsten Zeile erfolgt die Übernahme der Tastatureingabe. Die Funktion *scanf( )* besitzt zwei Argumente: das erste ist eine Formatspezifikation in Anführungszeichen, die *scanf( )* den Datentyp und das Format der zu lesenden Daten mitteilt. Das zweite Argument, *&number*, gibt einen Speicherplatz an, an dem *scanf( )* den eingegebenen Wert ablegen soll. Das Kaufmanns-Und & vor dem Variablennamen *number* ist ein Operator, der für die Speicherung des eingegebenen Wertes in den Speicherplatz der Variable *number* sorgt. Dieser Speicherplatz ist bereits vom Compiler für *number* reserviert worden. Der Ausdruck *&number* "zeigt auf die Stelle", an der *number* im Speicher vorliegt.

Schließlich gibt die letzte *printf( )*-Anweisung eine Meldung aus, in die der Wert von *number* eingefügt wird. Das Symbol & wird hierbei nicht benutzt.

```
/*
 * G R E E T
 *
 * Benutzername übernehmen und in Form einer persönlichen
 * Begrüßung darstellen.
 */

main()
{
        char name[40];

        /* Nach dem Vornamen des Benutzers fragen. */
        printf("Vorname eingeben und ENTER betätigen: ");
        scanf("%s", &name);

        /* Persönlichen Gruß ausgeben. */
        printf("\nLiebe Grüße, %s. Willkommen in der C-Programmierung!\n",
                name);
}
```

Listing 3.6   Quellcode des Programms GREET.C

Das Einlesen einer Zeichenkette ist nicht ganz so einfach. C besitzt keine vordefinierte Typspezifikation für die Behandlung eines Strings, nur für Zahlen und einzelne Zeichen. Das Programm GREET (Listing 3.6) demonstriert, wie ein String mit der Funktion *scanf( )* gehandhabt wird.

Zuerst wird die Variable *name* als vom Typ *char* deklariert, und zwar mit einem gravierenden Unterschied zu den bislang gezeigten Deklarationen; es wird eine *Dimension* ([40]) angegeben. Bei der Deklaration einer Variablen teilen Sie dem Compiler mit, daß im Programm die Variable benutzt werden soll. Gleichzeitig erfährt der Compiler, wieviel Speicherplatz für den Wert reserviert werden soll. Die Größe des reservierten Speicherplatzes hängt vom angegebenen Datentyp ab. Im Programm GREET soll nun genügend Speicherkapazität für eine Reihe von Zeichen reserviert werden. Da der Compiler nur ein Byte für jeden *char*-Wert reserviert, muß die Größe des zu reservierenden Speicherbereiches angegeben werden. In diesem Fall wird Speicherplatz für 40 *char*-Werte benötigt, was für die Eingabe eines Familiennamens genügen sollte. Man setzt den Wert unmittelbar hinter dem Variablennamen in eckige Klammern. Die Angabe zusätzlicher Leerzeichen ist nicht erlaubt. Das so erzeugte Objekt im Hauptspeicher wird als *Feld* bezeichnet (Felder werden an anderer Stelle erläutert).

Die vierte Programmzeile enthält die Funktion *scanf( )*, die den Eingabestring einliest. Es wird die Formatspezifikation %s benutzt, obwohl *name* als *char*-Variable deklariert ist. Durch die Deklaration von *name* als Feld kann es bei der Verwendung mit *scanf( )* und *printf( )* als String angesehen werden.

Das Programm GREET übernimmt den Namen, der vom Anwender eingegeben wurde, aus dem Feld, um ihn in die angezeigte Meldung zu inte-
grieren. Die letzte *printf( )*-Funktion gibt einen Gruß mit dem im Datenfeld *name* enthaltenen String aus.

Übungen

1. Konvertieren Sie die folgenden Zahlen (manuell) von dezimaler in
    die binäre Form: 5, 20, 64, 334, 1024, 31025.

<u>Hinweis:</u> Beginnen Sie mit der Suche nach dem größten Vielfachen von 2 [2, 4, 8, ...], das in der
Dezimalzahl enthalten ist.

    Die binären Werte sollen anschließend in ihre hexadezimale Entspre-
    chung umgewandelt werden.

2. Welche der folgenden C-Bezeichner sind ungültig und warum?

```
_text          FLOAT          1_von_vielen          was_ist?
X_             maxWerte       wieviele              Nummer
nbytes         pink.floyd     int                   string
```

    Welcher der gültigen Bezeichner sollte aus anderen Gründen nicht
    benutzt werden? Bitte erklären Sie den Grund.

3. Sie haben gelernt, daß ein Computer Zeichen intern als numerische
    Codes behandelt. Wandeln Sie mit Hilfe der ASCII-Tabelle in An-
    hang E die folgenden Zeichen bzw. Codes in ihre Entsprechungen
    um.

Zeichen	Code	Code	Zeichen
'x'	_____	26	_____
^M	_____	0x20	_____
'A'	_____	100	_____
'$'	_____	0x30	_____
'3'	_____	62	_____

4. Welche der folgenden Konstanten sind in C ungültig? Erklären Sie,
    warum.

```
562L           0377           99999
.00018         -11,1          0L
0001           +521,6         -88,28
0xFE           0X2C           1,265E-002
\xFE           1234,567       0966
33             0xGA           0xFFFE
```

5. Zeigen Sie für jeden Wert eine Formatspezifikation, die den Wert in
    einem *printf( )*-Steuerstring korrekt anzeigt.

```
Wert                        Formatspezifikation
3000                        _______________________
23,67                       _______________________
"Ah-was ist los, Doc?"      _______________________
'Z'                         _______________________
-205                        _______________________
```

6. Das Programm READNUM speichert einen Eingabewert als vorzei-
    chenbehaftete Integerzahl, überprüft die Eingabe aber nicht. Was
    sind die Minimal- und Maximalwerte, die von READNUM korrekt
    angezeigt werden? Wie würden Sie das Programm modifizieren, so
    daß Zahlen bis zu zwei Millionen größer oder kleiner als 0 akzeptiert
    werden?

    Lassen Sie das Programm vor und nach der Modifikation ablaufen
    und beobachten Sie die Ergebnisse, wenn Eingaben außerhalb des
    vorzeichenbehafteten Wertebereichs für Ganzzahlen liegen.

7. Schreiben Sie ein Programm, das den Anwender zur Eingabe einer
    Dezimalzahl auffordert (benutzen Sie den Typ *double*, um den Einga-
    bewert zu speichern). Der eingegebene Wert soll in der technisch/-
    wissenschaftlichen Notation mit einer Genauigkeit von drei Nach-
    kommastellen ausgedruckt werden.

Kapitel 4

Operatoren, Ausdrücke und Anweisungen

Im letzten Kapitel haben Sie Variablen und Konstanten kennengelernt. Dies sind zwei grundlegende Elemente, die in allen C-Programmen Verwendung finden. In diesem Kapitel lernen Sie, wie Variablen und Konstanten mit Operatoren verbunden werden, um Ausdrücke zu bilden. Es wird auch erläutert, wie Anweisungen aus Ausdrücken erzeugt werden.

Überblick

Zuerst werden Operatoren, Ausdrücke und Anweisungen abstrakt betrachtet. Anschließend werden die Operatoren in C im einzelnen erläutert.

Operatoren

Sie kennen wahrscheinlich bereits *Operatoren* wie +, - und = aus der Arithmetik. Die Programmiersprache C bietet weit mehr Operatoren, von denen viele wie ihre arithmetischen "Kollegen" funktionieren. Zum Beispiel können Sie mit Operatoren Werte zuweisen, Berechnungen durchführen und Werte vergleichen. In C werden *Objekte* (wie Werte und Variablennamen) von *Operatoren* als *Operanden* benutzt.

Der Zuweisungsoperator wurde bereits mehrmals benutzt, er wird durch das Gleichheitszeichen symbolisiert. Wie die meisten anderen C-Operatoren ist die Zuweisung ein *binärer Operator* - das heißt, er erfordert zwei Operanden. Wie Sie bald sehen werden, kennt C auch mehrere Operatoren, die nur einen Operanden erfordern (*unitäre Operatoren*), und einen Operator mit drei Operanden (*ternärer Operator*).

Ausdrücke

Ein Ausdruck wird durch eine Kombination von Operatoren und Operanden gebildet. C verfügt über 40 Operatoren, die in Verbindung mit Konstanten, Variablen und Funktionen verwendet werden können, um Ausdrücke zu erzeugen. Mit einem *Ausdruck* wird eine Berechnung durchgeführt oder eine Aktion durchgeführt. Ein Ausdruck kann einfach $a + b$ sein. Einfache Ausdrücke können wiederum zu einem komplexeren Ausdruck kombiniert werden wie $(a + b)*(c - d)$.

Anweisungen

Eine *Anweisung* ist eine vollständige Programminstruktion, die vom Compiler übersetzt werden kann. Sie kann (muß aber nicht) eine Anzahl von Ausdrücken umfassen. In C kann eine Anweisung eine von mehreren Formen annehmen, grundsätzlich aber besteht sie aus einem Ausdruck, der mit einem Semikolon endet. Das Semikolon bildet den Abschluß einer C-Anweisung; ein Semikolon am Ende einer Zeile unterscheidet eine Anweisung von einem Ausdruck.

Nullanweisung

Die einfachste Anweisung in C ist ein Semikolon; man nennt dies *Nullanweisung*. Obwohl eine Nullanweisung keine Ausdrücke enthält, ist sie eine gültige C-Anweisung (die aber keine Auswirkungen hat). Gelegentlich müssen Nullanweisungen in einer *Abfrage* oder *Verzweigung* (solche Konstrukte müssen mindestens eine gültige C-Anweisung enthalten) eingesetzt werden.

Zusammengesetzte Anweisung

Eine *zusammengesetzte Anweisung*, oft auch als *Blockanweisung* bezeichnet, besteht aus zwei oder mehreren Anweisungen innerhalb eines Klammerpaares. Der Zweck eines Blocks ist es, eine Reihe von Anweisungen als Einheit zusammenzufassen.

Ein Beispiel für eine zusammengesetzte Anweisung ist eine Funktion. Bereits bekannt ist die Funktion *main( )*. Die meisten Programme in Kapitel 3 sind ebenfalls Beispiele für zusammengesetzte Anweisungen. Zusammengesetzte Anweisungen sind insbesondere bei Entscheidungsschritten und Schleifen von Bedeutung.

C-Operatoren

Bislang wurden C-Operatoren nach der Anzahl ihrer Operanden klassifiziert. Binäre Operatoren (mit zwei Operanden) treten am häufigsten auf. Benötigt ein Operator drei Operanden, wird er ternär genannt; außerdem gibt es noch unitäre Operatoren, die nur einen Operanden haben.

Operatoren werden im folgenden nach der Art der Vorgänge, die sie ausführen, klassifiziert. Die Unterteilung ist folgende:

- Zuweisung (einfach und zusammengesetzt)

- arithmetisch

- sizeof

- relational

- logisch

- bitweise

- inkrementieren/dekrementieren

- verschieben

- Adresse und Umleitung

Operatorvorrang

Besitzt ein Ausdruck mehr als einen Operator, können Zweideutigkeiten
in der Auswertungsreihenfolge auftreten. Sie können die Abarbeitungsfolge beeinflussen, indem Sie Teilausdrücke in Klammern setzen. Der Ausdruck

```
4 + 5 * 6
```

ist nicht eindeutig auswertbar. Der Compiler kann zuerst die Addition (4
+ 5) oder die Multiplikation (5 * 6) durchführen. Wird die Addition zuerst ausgeführt, ist das Ergebnis des Ausdrucks 54; wird hingegen die
Multiplikation zuerst ausgeführt, ergibt sich der Wert 34.

```
Höchster          () [] . ->
.                 - ~ ! * & ++ -- sizeof (typ)
.                 * / %
.                 << >>
.                 < > <= >=
.                 &
.                 ^
.                 |
.                 &&
.                 ||
.                 ?:
.                 = *= /= %= += -= <<= >>= &= |= ^=
Niedrigster       ,
```

Bild 4.1   Operatorenvorrang

C kennt eine Reihe von Regeln, die die Reihenfolge vorschreiben, in der
Operationen in einem Ausdruck ausgeführt werden. In Bild 4.1 sehen Sie
eine Vorrangtabelle der Operatoren. Einige werden Ihnen unbekannt sein
- eine Erläuterung erfolgt später. In Anhang B finden Sie eine Zusammenfassung der Operatoren und des Operatorvorrangs.

Die Operatoren mit der höchsten Priorität erscheinen oben in der Vorrangtabelle. Bei der Bewertung eines Ausdrucks in C werden die oben in
der Tabelle erscheinenden Operatoren bearbeitet, bevor die darunter be-
findlichen ausgewertet werden.

Falls Sie die Reihenfolge, in der der Compiler einen gegebenen Ausdruck auswertet, nicht genau kennen, sollten Klammern gesetzt werden. Der von Klammern umschlossene Ausdruck wird vom Compiler ausgewertet, bevor andere Ausdrücke - unabhängig von den Operatoren - bearbeitet werden. Im Ausdruck *4 + 5 * 6* wird vom Vorrangmechanismus des Compilers die Multiplikation vor der Addition (gemäß der Regel: Punkt- vor Strichrechnung) durchgeführt; das Ergebnis entspricht der Eingabe folgender Anweisung:

```
4 + ( 5 * 6 )          /* Multiplikation zuerst (Standard) */
```

Soll hingegen die Addition zuerst ausgeführt werden, muß der Additionsteil des Ausdrucks von Klammern umschlossen werden:

```
( 4 + 5 ) * 6          /* Addition zuerst */
```

In einem Ausdruck, der mehrere Operatoren der gleichen Priorität aufweist (beispielsweise werden mehrere Zahlenpaare miteinander multipliziert), verarbeitet der Compiler diese von links nach rechts bzw. von rechts nach links (abhängig von der Prioritätsebene). Weitere Informationen zu dieser sekundären Abarbeitungsfolge finden Sie in Anhang B.

Einfacher Zuweisungsoperator

Der C-Zuweisungsoperator ist das Gleichheitszeichen =. Um den Integerwert 100 der Variable *number* zuzuweisen, deklarieren Sie zuerst *number* als Integerwert und verwenden anschließend eine Zuweisungsanweisung:

```
int number;
number = 100;
```

Der Zuweisungsoperator bewirkt, daß der dem Variablennamen *number* zugeordnete Speicherplatz nun den Wert 100 enthält. Hier ergibt sich der Wert direkt aus einer literalen Konstante. Es kann aber sowohl das Ergebnis der Auswertung eines Ausdrucks als auch ein Funktionswert zugewiesen werden. Weitere Informationen über Rückgabewerte werden in Kapitel 7 gegeben.

Wie Sie der Darstellung des Operatorvorrangs entnehmen können, befindet sich die Zuweisung in der Vorranghierarchie recht weit unten. Der Einsatz von Klammern ist in Fällen zu empfehlen, in denen Zweideutigkeiten auftreten können.

Arithmetische Operatoren

Die arithmetischen Operatoren sind diejenigen, die im allgemeinen für einfache Rechenaufgaben benutzt werden. In C wird das Symbol * für die Multiplikation und der Schrägstrich / für die Division eingesetzt.

```
Operator              Beschreibung
+                     Addition
-                     Subtraktion
*                     Multiplikation
/                     Division
```

In Bild 4.2 wird gezeigt, daß die einfache Addition die Werte der zwei Operanden *value_1* und *value_2* übernimmt und daraus die Summe bildet. Die Summe kann einer anderen Variablen zugewiesen oder unmittelbar in einem anderen Ausdruck eingesetzt werden.

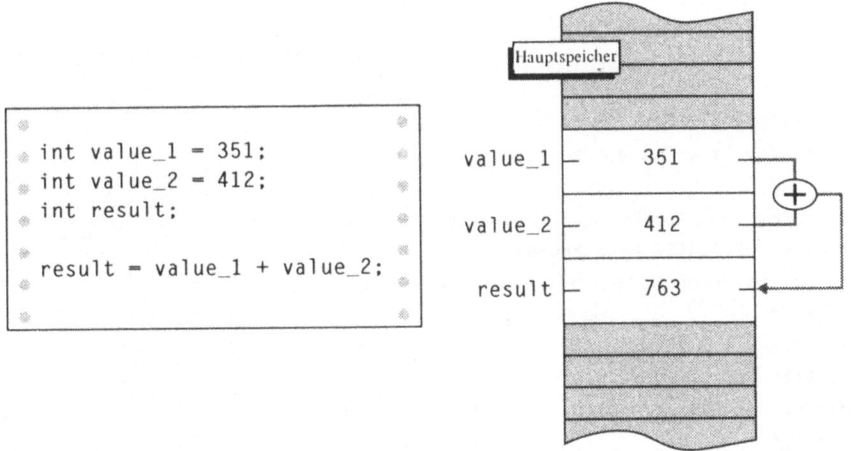

Bild 4.2   Eine arithmetische Berechnung

In diesem Beispiel ist die folgende Anweisung für den Compiler das Kennzeichen, daß er die Summe der Ergebnisvariablen *result* zuweisen soll:

```
result = value_1 + value_2
```

Das Programm TRAP (Listing 4.1) verknüpft drei arithmetische Operatoren, um die Fläche eines Trapezes zu berechnen. Zur Berechnung muß die obere und untere Länge addiert und die Summe mit der halben Höhe multipliziert werden.

Nachdem die Variablen deklariert sind, benutzt das Programm eine Reihe von *printf( )*-Anweisungen, um ein Trapez auf den Bildschirm zu zeichnen. Beachten Sie den Gebrauch der Escape-Sequenzen in den *printf( )*-

Anweisungen, um Tabulatoren, Neue-Zeile-Zeichen und den umgekehrten Schrägstrich \ einzufügen.

Als nächstes verwendet das Programm drei *printf( )*- und *scanf( )*-Anweisungen zur Übernahme der Trapezmaße vom Benutzer. Aufgrund des angezeigten Trapezes erkennt der Benutzer, welche Längenangaben gefordert werden. In diesem Programm findet man ein Konzept verwirklicht, das bei der Programmierung immer berücksichtigt werden sollte: die Benutzerfreundlichkeit. Grundsätzlich führt ein benutzerfreundliches Programm klare, leicht nachvollziehbare Interaktionen mit dem Benutzer aus. In diesem Beispiel kann der Benutzer sehen, welche Maße eingegeben werden müssen. Jede Längenangabe wird dabei einzeln abgefragt.

```c
/*
 * T R A P
 *
 * Flächenberechnung für ein Trapez.
 */


main()
{
        /* Variablendeklaration */
        float area, top, base, height;

        /* Dimensionen vom Benutzer abfragen. */
        printf("\n\tTRAPEZ-BERECHNUNG\n\n");
        printf("Folgende Maße sind einzugeben:\n\n");
        printf("             oben\n");
        printf("          ___________      ____\n");
        printf("         /           \\    |\n");
        printf("        /             \\   hoehe\n");
        printf("       /_______________\\  __|_\n");
        printf("            basis\n\n");
        printf("Vorsicht: Nur Zahlen eingeben.\n");
        printf("Maß "oben" eingeben: ");
        scanf("%f", &top);
        printf("Maß "basis" eingeben: ");
        scanf("%f", &base);
        printf("Maß "hoehe"eingeben: ");
        scanf("%f", &height);

        /* Fläche berechnen und ausgeben. */
        area = (top + base) * height / 2;
        printf("Die Trapezfläche beträgt %.2f\n", area);
}
```

Listing 4.1   Quellcode von TRAP.C

Die letzten Zeilen des Programms führen die Berechnung der Trapezfläche aus und zeigen das Ergebnis an. Beachten Sie den Einsatz der Klammern, die den Compiler die Addition vor der Multiplikation bzw. Division ausführen lassen. Die Verwendung der Formatspezifikation %.2f in der letzten *printf( )*-Anweisung bewirkt, daß die Fließkommavariable *area* mit zwei Stellen im Nachkommateil angezeigt wird. Diese Genauigkeit ist in diesem Beispiel ausreichend.

Weitere arithmetische Operatoren

Zwei weitere Operatoren werden mit den vier primären arithmetischen Operatoren in einer Gruppe zusammengefaßt:

```
Operator        Beschreibung
-               Unitäres Minus
%               Modulo (Rest)
```

Das *unitäre Minus* - ändert das Vorzeichen eines Objekts, ohne daß sein Betrag berührt wird. Wenn Sie eine Variable x mit einem Wert von 6 haben, dann hat $-x$ den Wert -6.

Der *Modulo-Operator* %, auch als *Restoperator* bezeichnet, liefert den Restwert einer Ganzzahldivision. Wie in Bild 4.3 gezeigt wird, liefert der Ausdruck 32%10 das Ergebnis 2. Der Wert 10 ist drei Mal in 32 enthalten; der Rest ist 2. Modulo-Operationen können nur mit Ganzzahlwerten ausgeführt werden.

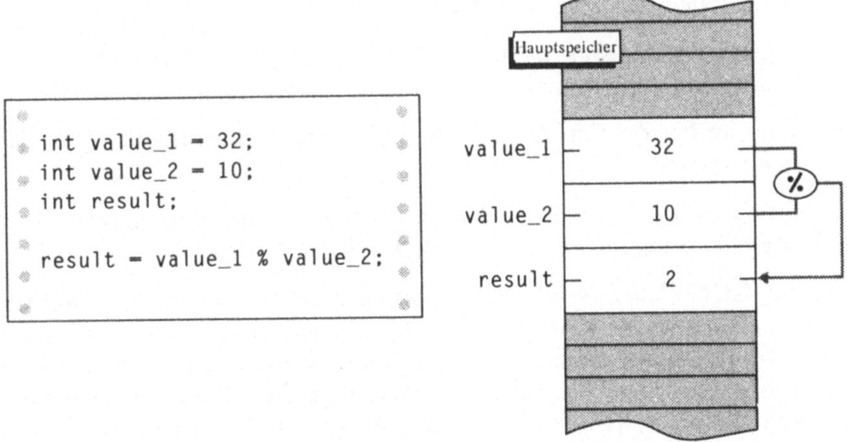

Bild 4.3   Modulo-Operator gibt den Rest einer Ganzzahldivision zurück

Die Nützlichkeit der Modulo-Berechnung ist nicht direkt einzusehen; sie ist jedoch in einer Vielzahl von Situationen sinnvoll einsetzbar. Der Modulo-Operator kann zum Beispiel eingesetzt werden, um eine Zahl in einem vorgegebenen Bereich zu berechnen:

```
unsigned int in_range, n;
in_range = n % 256;
```

Unabhängig vom Wert der Variablen *n* liefert der Ausdruck *n % 256* immer einen Wert zwischen 0 und 255. Sie können den Modulo-Operator auch zum Testen einer Zahl (gerad- oder ungeradzahlig) verwenden: Ist das Ergebnis von *n % 2* Null, dann ist die Zahl *n* geradzahlig.

Datenkonvertierung

Ausdrücke können Operanden verschiedenen Typs beinhalten, die aber vor dem Berechnen intern in einen gemeinsamen Typ umgewandelt werden müssen. Im folgenden finden Sie ein Liste der vom Compiler automatisch vorgenommenen Konvertierungen:

1.   Operanden vom Typ *float* werden in den Typ *double* umgewandelt.

2.   Wenn ein Operand vom Typ *long double* ist, wird der andere Operand in den Typ *long double* umgewandelt.

3.   Wenn ein Operand vom Typ *double* ist, wird der andere Operand in den Typ *double* umgewandelt.

4.   Operanden vom Typ *char* oder *short* werden in den Typ *int* umgewandelt.

5.   Operanden vom Typ *unsigned char* oder *unsigned short* werden in den Typ *unsigned int* umgewandelt.

6.   Ist ein Operand vom Typ *unsigned long*, wird der andere Operand in den Typ *unsigned long* umgewandelt.

7.   Ist ein Operand vom Typ *long*, wird der andere Operand in den Typ *long* umgewandelt.

8.   Wenn ein Operand vom Typ *unsigned int* ist, wird der andere Operand in den Typ *unsigned int* umgewandelt.

Das Programm CONVERT zeigt die Wirkungen impliziter (vom Compiler ausgeführt) und expliziter (von Ihnen ausgeführt) Datenkonvertierungen. Eine Reihe von Deklarationen reserviert Speicherplatz für ein Zeichen, zwei Integerwerte und zwei Fließkommavariablen. Der Rest des Programmes in Listing 4.2 besteht aus drei Zuweisungs- und Ausgabeanweisungen, die Datenumwandlungskonzepte demonstrieren.

```c
/*
 * C O N V E R T
 *
 * Es werden die Auswirkungen impliziter und expliziter Daten-
 * umwandlungen in Ausdrücken verschiedenen Typs gezeigt.
 */

main()
{
        /* Variablendeklaration and Initialisierung. */
        char cv;
        int iv1 = 321;
        float fv1, fv2;

        /*
         * Genauigkeitsverlust: Gezeigt wird der Effekt, wenn ein
         * Integer-Wert in einer Zeichenvariable gespeichert wird.
         */
        printf("CONVERT:\n\n");
        cv = iv1;
        printf("Integer an Zeichen zugewiesen: %d -> %d (%c)\n\n",
                iv1, cv, cv);

        /*
         * Integerarithmetik: Gezeigt wird der Verlust des Nachkommateils,
         * wenn Zahlen in reinen Integerausdrücken verwendet
         * werden und wie der Nachkommateil erhalten werden kann.
         */
        fv1 = iv1 / 50;
        printf(" Integerarithmetik: %d / 50   = %f\n", iv1, fv1);
        fv1 = iv1 / 50.0;
        printf("Ganzzahlarithmetik: %d / 50.0 = %f\n\n", iv1, fv1);

        /*
         * Umwandlung: Im folgenden Beispiel wird ein int-Wert
         * vor der Addition zu einer float-Variable in eine
       * Fließkommazahl umgewandelt.
         */
        fv1 = 1028.750;
        fv2 = fv1 + iv1;
        printf("%f + %d equals %f\n", fv1, iv1, fv2);

        return (0);
 }
```

Listing 4.2   Quellcode von CONVERT.C

Verlust an Genauigkeit

Im Programm 'CONVERT weist die folgende Anweisung den Wert der Variable *iv1*, einen Integerwert, der Zeichenvariablen *cv* zu.

```
cv=iv1;
```

Ein Genauigkeitsverlust resultiert aus der Tatsache, daß der Wert von *iv1*, 321, bei einem IBM PC in zwei Bytes gespeichert wird, der Inhalt von *cv* aber nur in einem Byte. Folglich gehen die höherwertigen acht Bits verloren, wie in Bild 4.4 gezeigt wird. Der gespeicherte Wert von *cv* ist auf den Wertebereich zwischen 0 und 255 begrenzt. Das Programm gibt den Zeichenwert sowohl als Dezimalzahl *65* als auch als Zeichen *A* aus.

cv wird bei der Nutzung in der *printf( )*-Anweisung implizit zu *int* erweitert (obwohl es vom Typ *char* ist). Der Compiler nimmt die Anpassung vor, da die auszugebende Zahl, die durch *%d* im Steuerstring spezifiziert wird, ein Integerwert sein muß.

```
char cv;
int iv1 = 321;
cv = iv1;
```

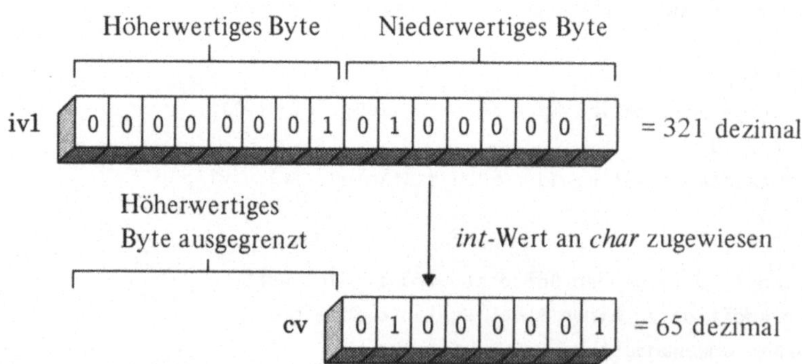

Bild 4.4   *Genauigkeitsverlust bei der Zuweisung eines int- an einen char-*
           Wert

Integerarithmetik

Wenn sich nur Integerwerte in einer arithmetischen Berechnung befinden (wie im Ausdruck *fv1 = iv1 / 50*), werden alle Nachkommastellen des Ergebnisses abgeschnitten, auch wenn das Ergebnis einer Fließkommavariablen zugewiesen wird.

Einer der Operanden wird durch den Compiler in den Typ *float* umgewandelt, um den Nachkommateil einer Berechnung zu erhalten. Dazu kann *float* zur Umwandlung (*cast*-Operator) verwendet werden oder der Wert wird als Dezimalzahl eingegeben. Für das zweite Beispiel im Programm CONVERT genügt es, den Wert 50 einfach als Dezimalzahl (50.0) darzustellen. Wenn der Ausdruck nur Variablen umfaßt, muß mindestens ein Operand vom Typ *float* sein, oder Sie können die Typumwandlung benutzen (wie *(float)iv1*).

Umwandlung

Das letzte Beispiel im Programm CONVERT zeigt eine Situation, in der der Compiler eine Variable in einen anderen Typ umwandelt, bevor er den Ausdruck auswertet. *iv1* wird im Ausdruck in den Datentyp *float* umgewandelt:

```
fv2 = fv2 + iv1
```

Der Operator sizeof

Der Operator *sizeof* ist der einzige C-Operator, der nicht durch ein Symbol dargestellt wird; er ist ein unitärer Operator und nicht, wie der Name *sizeof* vermuten läßt, eine Funktion. Der durch *sizeof* gelieferte Wert bezeichnet die Größe eines angegebenen Objekts in Bytes. Die Form eines *sizeof*-Ausdrucks ist

```
sizeof Ausdruck
```

Hierbei ist *Ausdruck* ein Variablenname oder ein Datentyp.

sizeof dient der Bestimmung der Größe verschiedener Objekte in einer maschinenunabhängigen Art. Dies ist nützlich, wenn Ihre Programme auf Computern ablaufen sollen, die eine unterschiedliche Wortgröße haben können.

Das Programm SIZE (Listing 4.3) zeigt den Einsatz von *sizeof* und trifft gleichzeitig eine Aussage über Ihr System. Vom Programm werden Meldungen ausgegeben, die anzeigen, wieviel Speicherplatz in Bytes für jeden Datentyp verwendet wird.

Auf einem 16-bit-System belegt ein Integerwert beispielsweise zwei Bytes. Auf einem 32-bit-System hingegen werden vier Bytes zur Repräsentation eines Integerwertes genutzt. Diese Angabe kann durch den Einsatz von *sizeof* erhalten werden.

```
/*
 * S I Z E
 *
 * Die Anzahl der Bytes werden für die verschiedenen
 * Datentypen angezeigt.
 */


main()
{
        printf("Typ      Bytes\n");
        printf("------   -----\n");
        printf("char     %d\n", sizeof (char));
        printf("short    %d\n", sizeof (short));
        printf("int      %d\n", sizeof (int));
        printf("long     %d\n", sizeof (long));
        printf("float    %d\n", sizeof (float));
        printf("double   %d\n", sizeof (double));
}
```

Listing 4.3   Quellcode von SIZE.C

Relationale Operatoren

Die relationalen Operatoren vergleichen zwei Operanden und können eines von zwei Ergebnissen annehmen: *logisch wahr* (1) oder *logisch falsch* (0).

```
Operator          Beschreibung
<                 Kleiner als
<=                Kleiner als oder gleich
==                Gleich
>                 Größer als
>=                Größer als oder gleich
!=                Ungleich
```

Als Beispiel sollen die Variablen $a = 2$ und $b = 3$ dienen. Die Ausdrücke $a<b$, $a<=b$ und $a!=b$ sind logisch wahr. Für die gleichen Variablenwerte erzeugen die übrigen relationalen Operatoren Ausdrücke, die ein falsches Ergebnis liefern: $a>b$, $a>=b$ und $a==b$.

Hinweis: Das doppelte Gleichheitszeichen == ist der Operator zur Abfrage der Gleichheit; in Pascal, BASIC und anderen Sprachen dient dazu das einfache Gleichheitszeichen =. Einer der häufigsten Programmierfehler in C ist das Vertauschen von == und = in Abfragen nach der Gleichheit.

Logische Operatoren

Wie relationale Operatoren geben logische Operatoren einen wahren oder falschen Wert nach der Auswertung ihrer Operanden zurück (Bild 4.5). Logische Operatoren können - im Gegensatz zu relationalen Operatoren - ausschließlich mit logischen Zuständen (falsch oder wahr - Null oder ungleich Null) arbeiten. Es folgt eine Liste der logischen Operatoren:

```
Operator        Beschreibung
!               logische Verneinung/Negation
&&              logisches UND
||              logisches ODER
```

Die Negation wird mit dem Operator ! erreicht. Um einen Ausdruck (Operanden) zu negieren, der ein logisches Ergebnis hat, schreiben Sie vor den Ausdruck den Operator !, und erhalten dadurch das umgekehrte Ergebnis:

```
10       /* ungleich Null -- also logisch wahr */
!10      /* liefert ein logisch falsches (umgekehrtes) Ergebnis */
```

Der logische Negationsoperator erfordert einen Operanden, ist also ein unitärer Operator. Er kehrt den logischen Status eines Ausdrucks oder Wertes in sein Gegenteil um. Er ändert nicht den Wert einer Variablen im Ausdruck.

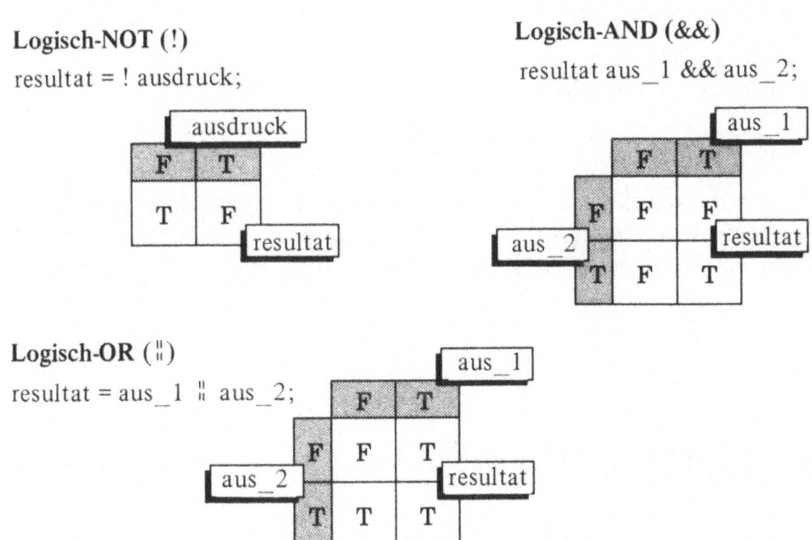

Bild 4.5   Wahrheitswerttabellen der logischen Operatoren in C

Die Logisch-UND- und Logisch-ODER-Operatoren erfordern zwei Operanden. Logisch-UND ergibt nur dann wahr, wenn beide Operanden lo-

gisch wahr sind, während Logisch-ODER wahr ergibt, wenn mindestens
einer der Operanden oder auch beide wahr sind. Die folgenden Anweisungen demonstrieren dies:

```
int a = 10, b = 5, c = 0;
a && b          /* Wahr -- beide sind nicht Null */
a && c          /* Falsch -- ein Operand ist Null */
a || c          /* Wahr -- ein Operand ist nicht Null */
```

Ausdrücke mit relationalen Operatoren können als Operanden zu && und
|| benutzt werden, um zusammengesetzte logische Ausdrücke zu bilden.
Wie Sie in den folgenden Beispielen sehen werden, haben die logischen
Operatoren niedrigere Priorität als die relationalen; daher werden die Vergleiche durchgeführt, bevor die logischen Verknüpfungen überprüft werden:

```
int a = 10, b = 5;
int i = 2, j = 9;
a > b && i < j              /* Falsch */
a < b || i > j              /* Wahr */
```

Der Operator && hat eine höhere Priorität als ||. In einem Ausdruck, der
beide umfaßt, müssen Sie gegebenenfalls Klammern benutzen, um die gewünschte Auswertungsreihenfolge sicherzustellen. Der folgende Ausdruck,
der auf der Grundlage der vorhergehenden Wertzuweisungen für *a* und *b*
ausgewertet wurde, wird sowohl mit als auch ohne Klammern gezeigt, um
die Unterschiede zu demonstrieren:

```
(a > b || i > j) && a < i   /* Falsch */
a > b || i > j && a < i     /* Wahr */
```

Abgekürzte Auswertung

Wenn das Ergebnis eines aus mehreren Teilen bestehenden Ausdrucks
eindeutig bestimmt werden kann, bevor der gesamte Ausdruck ausgewertet ist, wird der restliche Ausdruck nicht mehr ausgewertet. Es soll gelten:

```
a = 10
```

und

```
b = 5
```

Das Ergebnis des folgenden Ausdrucks ist klar, solange der Ausdruck *a >
b* wahr ist:

```
a > b || i < j              /* Wahr */
```

Der Compiler wertet den Teil *i < j* nicht aus, wenn *a > b* wahr ist. Ein
ODER-Ausdruck liefert ein wahres Ergebnis, wenn einer der Operanden
wahr ist. C muß also den zweiten Operanden nicht auswerten, wenn der
erste zu logisch wahr entwickelt werden kann.

Die abgekürzte Auswertung kann zu Problemen führen, wenn bei den
nicht ausgewerteten Teilen eines Ausdrucks Nebenwirkungen (wie bei
Zuweisungen oder bei der Inkrementation) auftreten können. Hierzu folgendes Beispiel:

```
a > b || i < (j = j + 1)
```

Mit den oben vorgenommenen Zuweisungen der Variablen *a* und *b* würde
die Variable *j* nicht erhöht, da der zweite Teil des Ausdrucks

```
i < (j = j + 1)
```

nicht ausgewertet wird. Wenn gilt *a<=b*, würde die Inkrementierung stattfinden, weil der erste Teil falsch ist und der zweite Teil zur Bestimmung
des Endergebnisses in diesem Fall ausgewertet werden muß. Teile eines
Programmes, die von der Auswertung des Teilausdrucks *j = j + 1* abhängig sind, können so falsche Ergebnisse liefern.

Bitweise arbeitende Operatoren

Die bitweisen Operatoren arbeiten nur mit ganzzahligen Datentypen.

```
Operator            Beschreibung
&                   Bitweise-UND
|                   Bitweise-ODER
^                   Bitweise-Exklusiv-ODER
~                   Bitweise-Komplement
```

Die bitweisen Operatoren liefern Ergebnisse für jedes Bit eines Bytes. In
einer gegebenen Bitposition werden die Werte der Bits durch den bitweise
arbeitenden Operator verglichen. Der Wert des Ergebnisses hängt vom
Operator ab, wie in Bild 4.6 gezeigt wird.

Wenn Sie Operanden verschiedenen Typs in einer bitweisen Operation benutzen, wandelt C Datentypen bei Bedarf um. Der Datentyp des Ergebnisses entspricht dann dem des Operanden nach der Umwandlung. Wird
eine bitweise UND-Operation auf ein Zeichen und einen Integerwert angewendet, so resultiert ein Wert vom Typ Integer (es gehen keine Informationen verloren).

Im folgenden sehen Sie die Verwendung der Operatoren Bitweise-UND
und Bitweise-ODER. Die Kommentare zeigen die binären Entsprechungen
der hexadezimalen Werte. Sie können die binären Werte prüfen, indem Sie
mit der in Kapitel 3 beschriebenen Methode die Hexadezimalwerte selbst
umwandeln.

```
char result;
char bits1 = \x2A;              /* 00101010 */
char bits2 = \x0F;              /* 00001111 */
result = bits1 & bits2;         /* 00001010 (\x0A) */
```

```
result = bits1 | bits2;        /* 00101111 (\x2F) */
result = bits1 ^ bits2;        /* 00100101 (\x25) */
result = ~bits2;               /* 11110000 (\xF0) */
```

Bitweise Operatoren haben einen niedrigeren Vorrang als relationale Operatoren. Die Klammerung ist immer dann notwendig, wenn bitweise und relationale Operatoren zusammen in Ausdrücken auftreten:

```
(bits1 & bits2) != bits2
```

C wertet das Bitweise-UND zuerst aus und erzeugt den Wert \x0A (mit den obigen Wertzuweisungen); dies ist ungleich \x0F, so daß der Gesamtausdruck logisch wahr wird.

Ohne Klammerung führt die vorgegebene Gruppierung der Operanden zuerst zur Auswertung von *bits2 != bits2*; das Ergebnis ist falsch, nämlich numerisch 0. Die anschließende Verwendung des Bitweise-UND (ein Operand ist 0) führt zu einem Ergebnis von 0. Sie können dieses Ergebnis als Zahl 0 oder als logisch falsch ansehen.

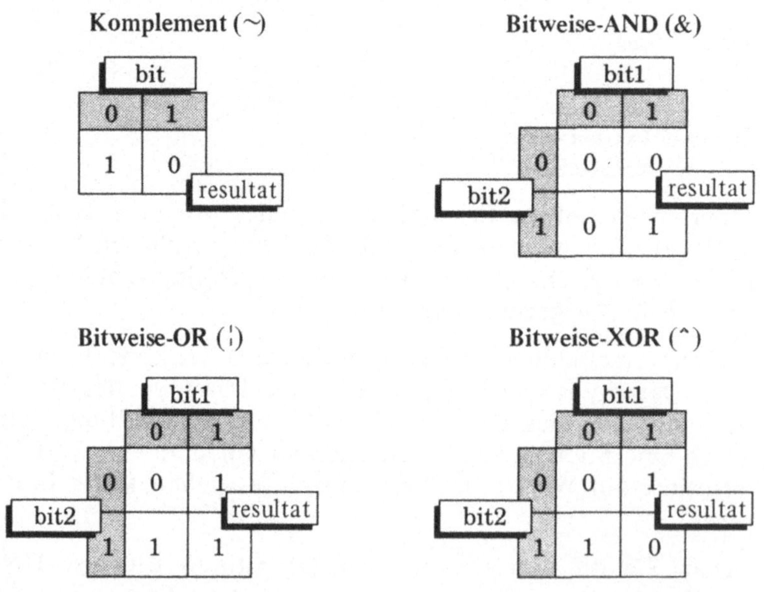

Bild 4.6   *Zugriff auf Bitebene unter Benutzung von bitweise arbeitenden Operatoren*

Der Operator Bitweise-Komplement ~ ist ein unitärer Operator, der die Bedeutung jedes Bits (aus 1 wird 0 und aus 0 wird 1) in seinem Operanden umkehrt. Besitzt die *char*-Variable *bits2* den binären Wert 00001111, dann hat *~bits2* den Wert 11110000.

Verschiebeoperatoren

Die Verschiebeoperatoren haben immer zwei Operanden. Der erste ist das
zu verschiebende Objekt, und der zweite stellt die Anzahl der Bitpositionen dar, um die eine Verschiebung stattfinden soll. Beide Operanden
müssen Ganzzahlen sein.

```
Operator         Beschreibung
<<               Linksverschiebung
>>               Rechtsverschiebung
```

Verschiebeoperatoren ermöglichen dem Programmierer in C die Kontrolle
in einer Assembler-ähnlichen Weise. C, obwohl eine Hochsprache, kommt
recht nahe an die Möglichkeiten der Maschinensprache heran.

Der Linksverschiebeoperator << verschiebt Bits nach links und füllt leere
Positionen rechts mit Nullen auf. Bits, die auf der linken Seite aus dem
Speicherbereich des Objektes "herausgeschoben" wurden, sind verloren.

Der Rechtsverschiebeoperator >> schiebt die Bits eines Objektes um die
spezifizierte Anzahl von Positionen nach rechts und füllt die leeren Positionen - abhängig von der Computerarchitektur und den vorliegenden
Daten - mit Nullen oder Einsen auf.

Bei den meisten Computern erfolgt die Auffüllung auf der Basis des Datentyps des Operanden. Ist der Datentyp vorzeichenlos, werden Nullen
verwendet. Vorzeichenbehaftete Operanden hingegen werden mit Einsen
aufgefüllt, wenn das Vorzeichenbit (äußerst linkes Bit) den Wert 1 besitzt.
Ist der Wert des Vorzeichenbits 0, werden als Füllbits Nullen gewählt. Bei
Computern, die die arithmetische Verschiebung einsetzen, werden leere
Positionen auf der linken Seite immer mit Nullen gefüllt.

Die Anzahl der Bits (zweiter Operand), um die eine Verschiebung stattfindet, sollte immer positiv sein. Ein negativer Wert erzeugt ein nicht de-
finiertes Ergebnis. Wird für den zweiten Operanden eine Variable verwendet, sollte deren Wert vor ihrem Einsatz geprüft werden.

Hinweis: Der ursprüngliche Operand wird nicht von einer Verschiebeoperation zerstört, wenn
das Ergebnis der Verschiebung dem Operanden nicht wieder zugewiesen wird.

Kurzzuweisungsoperatoren

Ein herkömmlicher Zuweisungsausdruck der Form

```
expr1 = expr1 op expr2
```

(wobei *op* ein bitweise arbeitender, Verschiebe- oder arithmetischer Operator mit zwei Operanden ist) kann in C auch durch eine Kurzform dargestellt werden:

```
expr1 op= expr2
```

Der Vorteil der Kurzzuweisung besteht in der nur einmal stattfindenden
Eingabe von *expr1*. Vergleichen Sie die folgenden Zuweisungen:

```
i = i + 3;
i += 3;
```

Bei diesem einfachen Ausdruck ist der Nutzen zweifelhaft. In komplizierten Ausdrücken aber ist der Vorteil von Kurzzuweisungen unbestreitbar.
Hinzu kommt, daß die Kurzzuweisung übersichtlicher ist. Mit etwas
Übung sind Kurzzuweisungen tatsächlich leichter zu lesen als die herkömmliche Form.

Die folgende Liste zeigt eine Zusammenfassung der Kurzzuweisungsoperatoren und ihre Bedeutung:

```
Operator          Beschreibung
+=                Additionszuweisung
-=                Subtraktionszuweisung
*=                Multiplikationszuweisung
/=                Divisionszuweisung
%=                Restzuweisung (Modulo)
<<=               Linksverschiebezuweisung
>>=               Rechtsverschiebezuweisung
&=                Bitweise-UND-Zuweisung
|=                Bitweise-Inklusiv-ODER-Zuweisung
^=                Bitweise-Exklusiv-ODER-Zuweisung
~=                Bitweise-Komplementzuweisung
```

Inkrementierungs- und Dekrementierungsoperatoren

Unitäre Inkrementierungs- und Dekrementierungsoperatoren sind technisch gesehen Zuweisungsoperatoren, werden hier jedoch eigens behandelt, weil sie oftmals Anlaß zur Verwirrung sind. Sie stammen aus der
Maschinensprache der Mini- und Mikrocomputer, die in ihren Befehlssät-
zen solche Operatoren besitzen.

```
Operator          Beschreibung
++                Inkrementierung
--                Dekrementierung
```

Die Operatoren zur Inkrementierung und Dekrementierung ähneln inso-
fern den Kurzzuweisungsoperatoren, daß sie Kurzbezeichnungen für herkömmliche Zuweisungsoperationen sind. Die Wirkung des Operators ++
besteht darin, daß er den Wert 1 zu seinem Operanden addiert; die Wirkung des Operators -- ist die Umkehrfunktion zur Inkrementierung, es
wird der Wert 1 vom Operanden subtrahiert. Die folgende Anweisung
zeigt die herkömmliche Zuweisungsform für die Addition des Wertes 1, in
der zweiten Zeile wird der Operator zur Inkrementierung in C eingesetzt:

```
offset = offset + 1;
++offset;
```

Beide Anweisungen bewirken, daß *offset* nach der Ausführung um den
Wert 1 höher als vorher ist. Die Operatoren ++ oder -- können auch hinter den Operanden gesetzt werden, wie in der folgenden Anweisung
gezeigt wird:

```
offset++;
```

Diese Anweisung hat die gleiche Wirkung wie die vorher gezeigten Beispiele. Wie Sie bald sehen werden, kann die Position des Operators relativ
zu einem Operanden von Bedeutung sein.

Der Dekrementierungsoperator arbeitet gleichermaßen. Die folgenden Zuweisungen bewirken, daß der Wert von *offset* um 1 erniedrigt wird:

```
offset = offset - 1;
--offset;
offset--;
```

Eine vierte Möglichkeit ist die Benutzung der Kurzzuweisungsoperatoren
+= oder -=:

```
offset += 1;
offset -= 1;
```

Wiederum ist das Ergebnis mit dem in den vorherigen Beispielen identisch.

Präfix und Suffix

In Abhängigkeit von der Position des Operators relativ zum Operanden
verhalten sich die Operatoren zur Inkrementierung/Dekrementierung in
Verbindung mit anderen Operatoren und Objekten unterschiedlich. Die
Präfix-Form (Operator vor Operand) des Inkrementierungsoperators zum
Beispiel erhöht den Operanden um den Wert 1; der resultierende Wert des
Ausdrucks wird dann zur weiteren Berechnung eingesetzt. Die Suffix-
Form (Operand vor Operator) sorgt dafür, daß alle Berechnungen mit dem
aktuellen Wert des Operanden ausgeführt werden und nimmt die Inkre-
mentierung erst dann vor.

Das Programm PRE&POST (Listing 4.4) zeigt einige Beispiele.

```
/*
 * P R E & P O S T
 *
 * Demonstration der Präfix- and Suffixnotation
 * in arithmetischen Ausdrücken.
 */


main()
{
        /* Initialisierung und Deklaration der Variablen */
        int x = 2, y = 3, result;

        /* Werte vor und hinter der Bewertung des Ausdrucks anzeigen. */
        printf("\nSTARTWERTE: x=%d; y=%d\n", x, y);
        result = ++x + y;
        printf("PRÄFIX: Das Ergebnis von ++x + y = %d\n", result);
        printf("(Nach Berechnung, x=%d und y=%d)\n", x, y);

        x = 2, y = 3;     /* Anfangswerte wiederherstellen */
        printf("\nSTARTWERTE: x=%d; y=%d\n", x, y);
        result = x++ + y;
        printf("SUFFIX: Das Ergebnis von x++ + y = %d\n", result);
        printf("(Nach Berechnung, x=%d and y=%d)\n", x, y);
}
```

Listing 4.4   Quellcode von PRE&POST.C

Das Programm demonstriert den Unterschied zwischen der Benutzung der Präfix- und Suffix-Form der Operatoren zur Inkrementierung und Dekrementierung in Berechnungen. Nachdem die Variablen deklariert und initialisiert sind, werden sie ausgegeben, um die Startwerte festzuhalten. In der nächsten Zeile wird x mit der Präfix-Form erhöht und zu y addiert. Die Summe wird in *result* abgelegt. Die nächsten zwei *printf( )*-Anweisungen zeigen das Ergebnis der Berechnung, den Wert 6, und die Werte von x und y nach der Berechnung.

Im nächsten Abschnitt werden x und y auf die ursprünglichen Werte zurückgesetzt. Wieder zeigt das Programm eine Meldung mit den Startwerten an. Die nächste Anweisung berechnet wiederum *result*; dieses Mal wird x unter Benutzung der Suffix-Form erhöht. Die letzten beiden Zeilen stellen das Ergebnis der Berechnung, den Wert 5, und die Werte der Variablen nach der Berechnung dar.

Die Präfix-Form muß verwendet werden, wenn der Operand seinen neuen Wert vor der Ausführung der Berechnung erhalten soll. Benutzen Sie die Suffix-Form, um die Berechnung zuerst durchzuführen (also unter Verwendung des ursprünglichen Wertes).

Der wahllose Einsatz des Inkrementierens und Dekrementierens in Ausdrücken kann gefährlich sein, da Nebenwirkungen auftreten können. Die Ergebnisse der Berechnungen werden beeinflußt, ohne daß man es sofort bemerkt.

Sie können Nebeneffekte vermeiden, indem Sie Programme entwickeln, die klar strukturiert sind und deren Programmlogik leicht nachvollziehbar ist.

Adreß-Operator und Umleitung

Die Sprache C ist auf den Einsatz von Zeigern ausgerichtet. Ein Zeiger ist eine Variable, die die Adresse einer Variablen oder Funktion enthält. Zeiger erlauben die "indirekte Handhabung" von Daten und Programmteilen. C bietet zwei Operatoren, die dem Einsatz von Zeigern dienen:

```
Operator        Beschreibung
&               Adresse von
*               Umleitung
```

Der Operator & liefert die Speicheradresse seines Operanden. Das Ergebnis ist ein Zeiger auf das Objekt, auf den der Operator angewendet wurde. Der Operator * ermöglicht in Verbindung mit einem zuvor bereitgestellten Zeiger den Zugriff auf ein Objekt. In Kapitel 9 werden der Umleitungsoperator und die Benutzung von Zeigern detailliert erläutert.

Reihenfolgenoperator

Der *Reihenfolgenoperator*, das Komma, erzwingt eine Abarbeitungsfolge: Er legt die Reihenfolge der Auswertung von Ausdrücken fest. Der Operator wird immer dann benutzt, wenn garantiert werden muß, daß Operationen in einer bestimmten Reihenfolge ausgeführt werden. Der Reihenfolgenoperator hat die niedrigste Priorität aller C-Operatoren.

Aus offensichtlichen Gründen wird der Reihenfolgenoperator oft auch *Kommaoperator* genannt. Verwechseln Sie jedoch nicht den Reihenfolgenoperator mit dem Komma, das Einträge in einer Funktionsparameterliste voneinander trennt.

Übungen

1. Beschreiben Sie in eigenen Worten die Begriffe *Operator* und *Operand*.

2. Beschreiben Sie mit Beispielen den Unterschied zwischen einem *Ausdruck* und einer *Anweisung*.

3. Was ist ein *binärer Operator*? Zeigen Sie die allgemeine Form eines Ausdrucks mit einem binären Operator.

4. Schreiben Sie Variablendeklarationen und Zuweisungsanweisungen
    für folgende Vorgaben:

    a. Integerwert 8000

    b. Buchstabe Z

    c. Mittelwert der Zahlen 3, 11, 21 und 66

    d. Unterschied zwischen zwei Integerwerten

5. Entwickeln Sie ein Programm, das die Fläche eines gleichseitigen
    Dreiecks berechnet. Die Formel zur Berechnung der Fläche lautet:

```
Fläche = 0.5 * h * g
```

6. Finden Sie unter Berücksichtigung der folgenden Variablendeklara-
    tionen und Zuweisungen den Wert, der durch die Ausdrücke geliefert
    wird:

```
int a = 1, b = 2, c = 3;
a < b
a != c
b < b && c < b
a <= c || b > c
(a += 3) < c
```

7. Gesucht werden die Werte von n und y, nachdem die folgenden An-
    weisungen ausgeführt wurden. Werten Sie jeden Ausdruck aus, indem
    Sie wieder die ursprünglichen Werte der Variablen benutzen.

```
int n, i = 10, j = 20, x = 3, y = 100;
n = (i > j) && (x < ++y);
n = (j - i) && (x < y++);
n = (i < j) || (y += i);
```

8. Entwickeln Sie ein Programm, das vom Anwender die Eingabe einer
    Zahl im Bereich von 0 bis 65535 fordert, alle Bits negiert und den
    Dezimalwert der modifizierten Zahl liefert.

Hinweis: Benutzen Sie eine Variable des Typs unsigned short int.

Kapitel 5

Steuerung des Programmflusses

Das Steuern des Programmflusses ist ein wichtiger Aspekt der meisten Computerprogramme. Sie können viele einfache Aufgaben ausführen, indem Sie eine Reihe von Anweisungen linear bearbeiten lassen, wie dies in den bisher gezeigten Programmen der Fall war. Jedoch erfordern komplexere Programmieraufgaben Änderungen bei der Ausführungsreihenfolge in Abhängigkeit von Bedingungen, Eingaben (wie Benutzerbefehle) oder wegen anderer Faktoren.

In Kapitel 2 wurden die Abarbeitungsfolge, Entscheidung und Iteration, unabhängig von einer Programmiersprache eingeführt. Im fünften Kapitel sollen Sie nun die Entscheidungs- und Iterationsanweisungen der Programmiersprache C kennenlernen, mit denen die Programmausführung gesteuert wird.

Entscheidung

Entscheidungsanweisungen fügen Verzweigungen in den Programmfluß ein. Um bestimmte Situationen bei der Programmausführung zu berücksichtigen, sind in der Progammiersprache C zwei Entscheidungsanweisungen sowie ein Bedingungsoperator enthalten. Letzterer ist vor allem nützlich, wenn Kompaktheit gefragt ist.

if-Anweisung

Der meistgebrauchte Entscheidungsmechanismus in C - wie auch in allen anderen Programmiersprachen - ist die *if*-Anweisung (Bild 5.1). Eine *if*-Anweisung hat folgende Form:

```
if (Ausdruck)
Anweisung
```

Hierbei muß *Ausdruck* in Klammern eingeschlossen werden. Der Wert von *Ausdruck* bestimmt, ob *Anweisung* ausgeführt wird. Hat *Ausdruck* ein Ergebnis ungleich Null, wird er als logisch wahr betrachtet, und *Anweisung* wird ausgeführt.

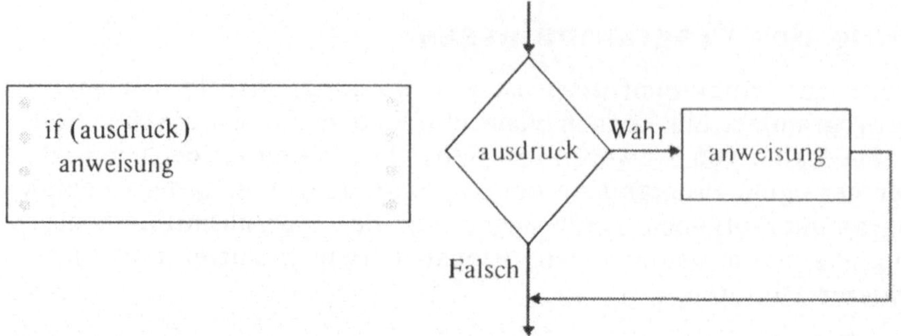

Bild 5.1   In einem einfachen if-Konstrukt wird die Anweisung nur ausgeführt, wenn der Ausdruck wahr ist

Nimmt *Ausdruck* das Ergebnis 0 an, ist er logisch falsch, und *Anweisung* wird nicht ausgeführt. Der Anweisungsteil kann eine einfache C-Anweisung oder ein Block von C-Anweisungen in geschweiften Klammern sein.

Im Programm INSTRUCT.C in Listing 5.1 wird eine Verzweigung in Abhängigkeit von der Benutzereingabe gezeigt. Wenn der Benutzer den geforderten Buchstaben als Antwort auf die Abfrage eingibt, zeigt das Programm eine Meldung an.

```
/*
 * I N S T R U C T
 *
 * Das Programm stellt fest, ob Benutzer einfachen
 * Anweisungen Folge leisten können.
 */

main()
{
        char ch;

        printf("T eingeben und Return-Taste betätigen: ");
        scanf("%1s", &ch);
        if (ch != 'T') {
                printf("Schade, das war falsch!\n");
                return (1);
        }
        printf("Toll!  Sie sind wirklich kooperativ.\n");

        return (0);
}
```

Listing 5.1   Quellcode von INSTRUCT.C

Der Einsatz der Klammern, die einen Anweisungsteil des *if*-Befehls im Programm INSTRUCT umschließen, ist unbedingt erforderlich, da das Programm beide Anweisungen auslassen muß, wenn der Benutzer den Buchstaben *T* eingibt. Bei der Eingabe eines beliebigen anderen Zeichens werden beide Anweisungen ausgeführt. Die beiden Anweisungen in Klammern bilden eine Block- (oder zusammengesetzte) Anweisung.

Das Programm INSTRUCT enthält zwei *return*-Anweisungen. Dies ist korrekt, da die erste dem Betriebssystem einen Rückgabecode von 1 liefert, wenn ein Fehler aufgetreten ist. Die zweite *return*-Anweisung gibt den Wert 0 zurück und zeigt das erfolgreiche Ausführen der Operation an. Das Programm führt immer nur eine der *return*-Anweisungen aus.

In der *scanf( )*-Anweisung ist die Formatspezifikation *%1s* (für einen String, bestehend aus einem Zeichen) statt *%c* enthalten. Beide Formatspezifikationen sind in diesem Beispiel verwendbar, bei *%c* kann es in einigen Situationen aber zu einem (nicht-kritischen) Fehler kommen.

Stilfrage

Die Position der öffnenden und schließenden Klammern führen häufig zu Diskussionen. Wie Sie im Programm INSTRUCT sehen, erscheint die öffnende Klammer am Ende der Zeile, die vor dem Block steht. Die schließende Klammer erscheint unter dem korrespondierenden Schlüsselwort (in diesem Falle if). Nachfolgend werden einige Beispiele zum Setzen der Klammern in if-Abfragen aufgeführt:

1.　　　　Die in diesem Buch genutzte Schreibweise

```
if (ch != 'T') {
    printf("...");
    return(1);
}
```

2.　　　　Beide Klammern erscheinen unter dem Schlüsselwort

```
if (ch != 'T')
{
    printf("...");
    return(1);
}
```

3.　　　　Beide Klammern erscheinen unter dem Anweisungstext

```
if (ch != 'T')
    {
    printf("...");
    return(1);
    }
```

4.   Die schließende Klammer erscheint unter dem Anweisungstext

```
if (ch != 'T') {

    printf("...");

    return(1);

}
```

Die erste Schreibweise basiert auf dem von Kernighan und Ritchie (K&R) in ihrem Buch "The C Programming Language" (1978) eingeführten Standard. Die zweite Ausführung stammt ebenfalls von K&R; sie wird aber nur zur Klammerung von Funktionen eingesetzt. Die anderen Schreibweisen werden von verschiedenen C-Programmierern eingesetzt. Keine bietet gegenüber der Schreibweise von K&R einen wesentlichen Vorteil.

Als Übung sollten Sie die Klammern um den Anweisungsblock der *if*-Anweisung entfernen und das Programm nochmals ablaufen lassen. Ohne die Klammern um die Anweisungen wird vom Compiler nur eine einzige Anweisung (bei logisch wahrem Ausdruck) ausgeführt. Das ist die, die unmittelbar hinter der *if*-Anweisung folgt: die erste *printf( )*-Anweisung. Die *return*-Anweisung zur Rückgabe des Wertes 1 ist nicht mehr Teil der *if*-Anweisung und wird daher immer ausgeführt. Ohne Einfügen der Klammern werden die zweite *printf( )*- und die nachfolgende *return*-Anweisung nicht ausgeführt. Der Programmrücksprung erfolgt immer durch die erste *return*-Anweisung.

Explizites Verzweigen (zwei Möglichkeiten)

Die einfache *if*-Anweisung stellt eine Verzweigung mit zwei Möglichkeiten (Ausführen der Anweisungen im *if*-Konstrukt oder nicht) für den weiteren Programmablauf dar. Eine *if*-Anweisung kann eine *else*-Klausel beinhalten (vgl. Bild 5.2). Dann können zwei verschiedene Programmzweige mit unterschiedlichen Anweisungen alternativ abgearbeitet werden.

```
if (Ausdruck)

        Anweisung_1

else

        Anweisung_2
```

Der Auswertungsvorgang des Ausdrucks entspricht dem einer *if*-Anweisung; ist *Ausdruck* wahr, wird *Anweisung_1* ausgeführt. Anders als beim einfachen *if*-Befehl jedoch wird eine zweite Anweisung, *Anweisung_2*, ausgeführt, wenn *Ausdruck* logisch falsch ist. Nachdem eine der Anweisungen ausgeführt wurde, erfolgt die weitere Programmausführung bei der ersten Anweisung hinter der vollständigen *if*-Anweisung.

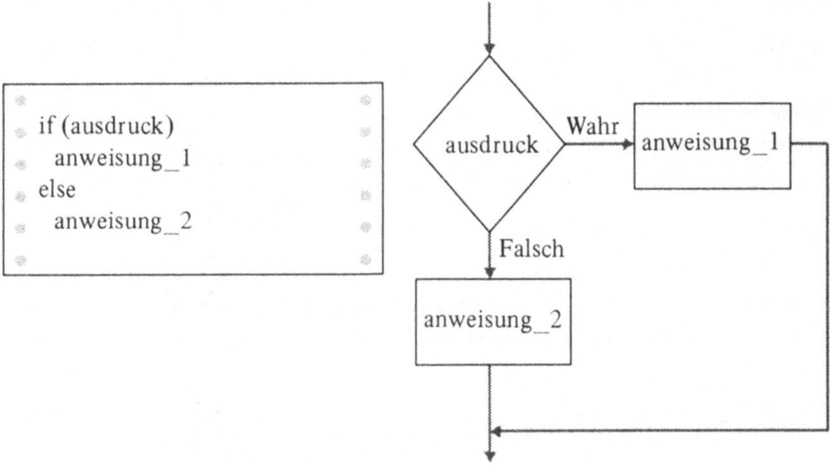

Bild 5.2   *Im Gegensatz zum einfachen if-Konstrukt, werden beim if-el-se-Konstrukt zwei Anweisungsfolgen angegeben, die alternativ ausgeführt werden: Anweisung_2 wird ausgeführt, wenn Ausdruck logisch falsch ist.*

Anweisung_1 und *Anweisung_2* können - wie bei der einfachen *if*-Anweisung - einzelne C-Anweisungen oder Anweisungsblöcke (in Klammern) sein.

Das Programm MINIMUM.C (Listing 5.2) zeigt, wie eine *if-else*-Anweisung arbeitet. Es benutzt eine *if*-Anweisung, um den kleineren von zwei Werten zu ermitteln.

Im Programm wird der Benutzer nach zwei Zahlen gefragt. Die Angaben werden in Variablen gespeichert. Der Ausdruck der *if*-Anweisung ist *number1 < number2*. Ist das Ergebnis dieser Abfrage logisch wahr, weist das Programm der Variablen *lesser* den Wert von *number1* zu; sonst wird *lesser* der Wert von *number2* zugewiesen. Haben beide Zahlen den gleichen Wert, wird *lesser* der Wert von *number2* zugewiesen.

```
/*
 * M I N I M U M
 *
 * Das Programm bestimmt die niedrigere von zwei
 * durch den Benutzer eingegebenen Zahlen.
 */


main()
{
        int lesser;                        /* Ergebnis */
        int number1, number2;    /* Eingabewerte */


        /*
         * Benutzer zur Eingabe zweier Zahlen auffordern und diese lesen.
         */
        printf("Erste Zahl eingeben und Enter betätigen: ");
        scanf("%d", &number1);
        printf("Zweite Zahl eingeben und Enter betätigen: ");
        scanf("%d", &number2);


        /*
         * Niedrigeren Wert bestimmen und anzeigen.
         */
        if (number1 < number2)
                lesser = number1;
        else
                lesser = number2;


        printf("Der niedrigere Wert von %d und %d ist %d.\n",
                number1, number2, lesser);


        return (0);
}
```

Listing 5.2   Quellcode von MINIMUM.C

Verschachtelte if-Anweisungen

Um *if*-Anweisungen zu verschachteln, fügen Sie eine weitere *if*-Anweisung in den einen Zweig der ersten *if*-Anweisung ein. Es folgt ein Beispiel:

```
    int raining;
    int window_open;
.

.

.

    if (raining == 1)
            if (window_open == 1)
                    puts("Schließen Sie das Fenster.");
```

Das Verschachteln von *if*-Anweisungen erlaubt die Abfrage mehrfacher
Bedingungen. In diesem Beispiel wird die *puts( )*-Anweisung nur ausgeführt, wenn beide *if*-Bedingungen wahr sind. Die zweite *if*-Anweisung
ist verschachtelt - technisch gesehen ist sie Teil der ersten *if*-Anweisung
und wird daher nur geprüft, wenn die erste Bedingung wahr ist (in diesem Beispiel *raining==1*).

Das Verschachteln von bedingten Anweisungen ist häufig notwendig. Dabei ist auf eine eindeutige Zuordnung von *else*-Klauseln zu den *if*-An-
weisungen zu achten. Fügen Sie zum gezeigten Programmteil eine *else*-
Klausel hinzu. Sie soll dazu führen, daß bei schönem Wetter der Ratschlag
erteilt wird, daß es Zeit für einen Spaziergang sei. Angezeigt wird die
zweite Meldung, wenn es regnet und das Fenster geschlossen ist.

```
if (raining == 1)
        if (window_open == 1)
                puts("Schließen Sie das Fenster.");
else
        puts("Sie sollten spazierengehen!");
```

Das Problem ist, daß das *else* dem letzten *if* zugeordnet wird, das keine
else-Klausel besitzt. Die Einrückung zeigt zwar an, daß *else* sich auf die
erste *if*-Anweisung bezieht; der Compiler kümmert sich jedoch nicht um
Einrückungen. Hier liegt ein Logikfehler (Versehen) in der Programmierung vor.

Um die richtige Zuordnung zu erhalten, müssen Klammern verwendet
werden:

```
    if (raining == 1) {
            if (window_open == 1)
                    puts("Schließen Sie das Fenster.");
    }
    else
            puts("Sie sollten spazierengehen!");
```

Nun erst wird die *else*-Klausel der ersten *if*-Anweisung zugeordnet, und
das Programm läuft wie gewünscht ab.

RAINING.C ist ein vollständiges Programm (Listing 5.3), das unter ande-
rem die korrekte Version der verschachtelten *if*-Anweisung darstellt. Im

Programm wird der Benutzer nach den Wetterbedingungen und dem Zustand des Fensters (offen oder geschlossen) gefragt, und es werden in Abhängigkeit von den Antworten entsprechende Anweisungen gegeben. Regnet es und das Fenster ist bereits geschlossen, dann wird das Programm einfach beendet.

```c
/*
 * R A I N I N G
 *
 * Ratschläge für den Benutzer bezüglich des Wetters.
 */


main()
{
        int raining;
        int window_open;

        /*
         * Benötigte Daten abfragen.
         */
        printf("Regnet es? (0 = NEIN, 1 = JA): ");
        scanf("%d", &raining);
        printf("Fenster offen? (0 = NEIN, 1 = JA): ");
        scanf("%d", &window_open);

        /*
         * Ratschlag aufgrund der Eingaben anzeigen. Falls es
         * regnet und das Fenster geschlossen ist, wird kein
         * Ratschlag gegeben.
         */
        if (raining == 1) {
                if (window_open == 1)
                        puts("Schließen Sie das Fenster.");
        }
        else
                puts("Sie sollten spazierengehen!");

        return (0);
}
```

Listing 5.3   Quellcode von RAINING.C

Mehrfachverzweigung mit else if

Eine weitere Variation der verschachtelten *if*-Anweisung ist die Benutzung des Konstrukts *else if*, um die *if*-Anweisung als Mehrfachverzweigung zu nutzen. Die Syntax ist folgende:

```
if (ausdruck_1)
        anweisung_1
else if (ausdruck_2)
        anweisung_2
.
.
.
else if (ausdruck_n)
        anweisung_n
[else
        anweisung]
```

Hinweis: Obwohl Ihnen else if vielleicht als ein eigenes Schlüsselwort der Programmiersprache C erscheinen mag, ist dies nicht der Fall. Das Konstrukt else if ist einfach eine Reihenfolge der Schlüsselwörter else und if.

Ausdruck_1 bis *Ausdruck_n* werden (abhängig davon, wie viele Verzweigungen benötigt werden) sequentiell ausgewertet. Wird ein Ausdruck logisch wahr, wird die damit verknüpfte Anweisung ausgeführt. Die übrigen Anweisungen hinter *else if* (und *else*) werden ignoriert. Die Anweisung in der *else*-Klausel wird nur ausgeführt, wenn kein anderer Verzweigungsausdruck logisch wahr ist.

Das Programm CMD1.C (Listing 5.4) führt die Benutzung von Mehrfachverzweigungen vor. Es fordert den Anwender zur Eingabe eines Befehls auf; die verfügbaren Befehle werden dabei nicht angezeigt. Um einen Befehl entgegenzunehmen, benutzt CMD1 die Funktion *getch( )*, die Teil der RunTime-Bibliothek von Quick C ist. Das Programm liest ein Zeichen von der Tastatur, ohne es auf dem Bildschirm anzuzeigen. Anschließend liefert es einen Integerwert, der den ASCII-Code des eingegebenen Zeichens darstellt. Der Wert wird in der Variablen *key* gespeichert und später in den Steuerausdrücken der *if*-Anweisung benutzt.

CMD1 ist kein benutzerfreundliches Programm. Der Anwender ist gezwungen, Tasten willkürlich zu drücken, um zu sehen, was passiert. Betätigt der Anwender zum Beispiel die Buchstabentaste *A*, zeigt CMD1 eine Fehlermeldung an und wird beendet. Durch die Eingabe von *h* (*H* oder *?*) wird ein Hilfsbildschirm angezeigt, der die verfügbaren Befehle beschreibt. Daraufhin wird das Programm abgebrochen. Neben *h* werden nur zwei weitere Befehle unterstützt: Die Eingabe von *M* (oder *m*) veranlaßt CMD1, eine Meldung auszugeben, und mit *Q* (oder *q*) wird das Programm verlassen.

Das Programm CMD1 wird im folgenden mit einigen Verbesserungen ausgestattet. Versuchen Sie, einige neue Befehle hinzuzufügen, die weitere Meldungen anzeigen. Dabei muß auf die Verwendung von Klammern geachtet werden, wenn mehrere Anweisungen einem *else if*-Konstrukt zugeordnet sein sollen.

```c
/*
 * C M D 1
 *
 * Befehl vom Benutzer entgegennehmen und entsprechenden
 * Programmzweig abarbeiten.
 */


main()
{
        int key;


        /*
         * Befehl vom Benutzer entgegennehmen. Ein Befehl besteht
         * aus dem Anschlag einer Taste, woraufhin das Programm
         * sofort weiterarbeitet.
         */
        printf("Befehl: ");
        key = getch();   /* Eingabe von Tastatur übernehmen */
        if (key == 'q' || key == 'Q')
                puts("Fertig");
        else if (key == 'h' || key == 'H' || key == '?') {
                puts("CMD1 kennt folgende Befehle:");
                puts("h oder H oder ?: Hilfe");
                puts("m oder M: Meldung anzeigen");
                puts("q oder Q: quit (beenden)");
        }
        else if (key == 'm' || key == 'M') {
                puts("Dies ist die Meldung.");
                puts("Ziemlich enttäuschend, gell?!");
        }
        else
                printf("Unbekannter Befehl -- %c\n", key);


        return (0);
}
```

Listing 5.4   Quellcode von CMD1.C

Bedingungsoperator

Der Bedingungsoperator ist ein ternärer Operator in der Programmiersprache C; er hat folgende Syntax:

```
Ausdruck_1 ? Ausdruck_2 : Ausdruck_3
```

Der erste der drei Operanden, *Ausdruck_1*, wird daraufhin ausgewertet, ob er logisch wahr oder falsch ist. Wenn *Ausdruck_1* logisch wahr ist, wird *Ausdruck_2* ausgewertet; ist *Ausdruck_1* logisch falsch, wird statt dessen *Ausdruck_3* ausgewertet.

Das Ergebnis der Bedingungsoperation ist der Wert von *Ausdruck_2* oder *Ausdruck_3* (abhängig vom Ergebnis von *Ausdruck_1*). In dieser Hinsicht ist eine Bedingungsoperation mit einer *if else*-Anweisung identisch, wie das folgende Beispiel zeigt:

```
int a= 10, b =20;
int result;
/* Bedingungsoperator */
result = a < b ? a : b;
/* if-Befehl */
if (a < b)
        result = a;
else
        result = b;
```

Sie können diese Entscheidung als Kernstück des Programms MINI-MUM.C ansehen (Listing 5.2). Der Einsatz des Bedingungsoperators ist wesentlich kompakter (dafür aber nicht so verständlich wie der *if*-Befehl) und wird primär zur Definition von Makros (Kapitel 6) und beim Einsatz von *return*-Anweisungen (Kapitel 7) verwendet.

switch-Anweisung

Die *switch*-Anweisung in C ist ebenfalls ein Mehrfachverzweigungsme-
chanismus, der die folgende allgemeine Form annimmt:

```
switch (ausdruck) {
case konstanter_ausdruck_1:
        anweisungen_1
case konstanter_ausdruck_2:
        anweisungen_2
.
.
.
case konstanter_ausdruck_n:
        anweisungen_n
default:
        anweisungen
}
```

Ein Integerausdruck wird in einer *switch*-Anweisung ausgewertet und mit
einer Reihe von Werten verglichen. Vor jedem Vergleichswert (Konstante
oder ein Konstantenausdruck) muß das Schlüsselwort *case* erscheinen. Der
Ausdruck (620 / 4) ist zum Beispiel ein konstanter Ausdruck. Wird eine
Übereinstimmung mit dem Steuerausdruck unter den *case*-Fällen gefunden, werden die korrespondierenden Anweisungen ausgeführt.

Jeder *case*-Fall muß eindeutig definiert sein. Die Standardbedingung (*default*) wird ausgeführt, falls der Steuerausdruck nicht mit einem der Werte in den *case*-Anweisungen übereinstimmt. Die Angabe der Standardbedingung *default* ist optional. Die *case*-Fälle und die Standardbedingung
können in beliebiger Reihenfolge erscheinen.

Bei der Ausführung der mit einem *case*-Fall korrespondierenden Anweisungen werden zuerst alle dem wahren *case*-Fall zugeordneten Anweisungen ausgeführt. Anschließend werden alle übrigen Anweisungen des
switch-Befehls ausgeführt (und nachfolgende *case*-Marken ignoriert) oder
zumindest so weit ausgeführt, bis eine Anweisung den *switch*-Befehl beendet. Das folgende Fragment eines Programmes zeigt den Programmfluß
in einer *switch*-Anweisung:

```
int ch;

printf("Betätigen Sie a, A oder B: ");
scanf("%1s", &ch);

switch (ch) {
case 'a' :
case 'A' :
        printf("Buchstabe A oder a wurde betätigt\n.");
```

```
case 'B' :
        printf("Aus 2 Gründen werden diese Anweisungen ausgeführt\n.");
        printf("1.) Sie gaben b ein oder \n.");
        printf("Sie gaben A/a ein und vier printf-Befehle wurden ausgeführt\n.");
        break;
default:
        printf("Sie befolgen wohl nicht gerne Anweisungen?!");
        break;
}
```

switch-Markierungen können so angeordnet werden, daß eine Reihe von Fällen die Ausführung einer allgemeingültigen Anweisung veranlaßt. Im Programmfragment wird bei der Eingabe *a* oder *A* die erste *printf( )*-Anweisung durchgeführt. Danach wird (da die *switch*-Anweisung nicht abgeschlossen wird) die nächste Anweisung im *switch*-Befehl ausgeführt. Dieses Verhalten des Systems wird oftmals von Programmieranfängern nicht berücksichtigt. Um die Ausführung des *switch*-Konstruktes nach der Abarbeitung eines Falles zu beenden, benutzen Sie die Anweisungen *return* oder *break* (Listing 5.5) oder eine Funktion wie *exit( )*.

break-Anweisung

Die *break*-Anweisung bewirkt einen Abbruch mit einem sofortigen Aussprung aus einer *switch*-Anweisung oder Schleife (*for*, *while* oder *do-while*). Schleifenanweisungen werden später in diesem Kapitel behandelt. In Verbindung mit einer *switch*-Anweisung wird die *break*-Anweisung im Programm eingesetzt, um das Ende der *case*-Anweisung zu markieren. CMD2.C in Listing 5.5 stellt eine Variante des Programms CMD1.C dar; das modifizierte Programm verwendet den Befehl *switch* statt der komplizierten *if*-Anweisung in CMD1.

Die hervorragenden Einsatzmöglichkeiten der *switch*-Anweisung in CMD2.C sind klar ersichtlich. Für den ersten Fall stehen keine ausführbaren Anweisungen zur Verfügung. Drückt der Anwender den Groß- oder Kleinbuchstaben *Q*, führt der Compiler die Anweisung aus, die auf das zweite *case* folgt. Die Programmausführung wird durch die *break*-Anweisung bei der Anweisung direkt nach der letzten Zeile der *switch*-Anweisung fortgeführt.

Die nächsten *case*-Marken dienen der Anzeige der Hilfsmeldung, die zugeordneten Anweisungen sind einfach Funktionen (*puts( )*), die eine kurze erläuternden Meldung ausgeben. Der Benutzer muß die Tasten *h*, *H* oder *?* drücken, um sich die Hilfsmeldung anzeigen zu lassen. Wieder garantiert die *break*-Anweisung hinter den *puts( )*-Anweisungen, daß die den nächsten *case*-Fällen zugeordneten Anweisungen dann nicht ausgeführt werden.

Sie können beliebig viele *case*-Anweisungen angeben (diese sind nur durch die C-Implementierung beschränkt), um auf alle erwarteten Befehlstastenanschläge zu reagieren. Der Standardfall (*default*) wird hier zur Bearbeitung nicht erwarteter Eingaben herangezogen. Beachten Sie die Benutzung einer *break*-Anweisung nach dem *default*-Zweig. Da die Reihenfolge der *case*-Fälle nur wichtig ist, wenn die zu mehreren Zweigen gehörenden Anweisungen ausgeführt werden sollen, können Sie weitere Fallunterscheidungen auch später noch hinzufügen. In diesem Fall dient die *break*-Anweisung im *default*-Zweig dem Aussprung aus der *switch*-Anweisung.

Zur Übung können Sie eine der *break*-Anweisungen entfernen und das Programm erneut ablaufen lassen. Beobachten Sie dabei, welche Anweisungen nun ausgeführt werden.

```
/*
 * C M D 2
 *
 * Befehl vom Benutzer anfordern und entsprechenden Programmteil
 * abarbeiten. In dieser Version wird die Verwendung der switch-
 * Anweisung gezeigt.
 */


main()
{
        int key;

        /*
         * Befehl vom Benutzer annehmen. Ein Befehl ist
         * ein Tastenanschlag, woraufhin das Programm
         * sofort weiterarbeitet.
         */
        printf("Befehl (?  -  Hilfe): ");
        key = getch();   /* Eingabe von der Tastatur übernehmen */
        switch (key) {
        case 'q':
        case 'Q':
                puts("Fertig.");
                break;
        case 'h':
        case 'H':
        case '?':
                puts("CMD2 kennt diese Befehle:");
                puts("h oder H oder ?: Hilfe");
                puts("m oder M: Meldung anzeigen");
                puts("q oder Q: quit (beenden)");
                break;
```

```
    case 'm':
    case 'M':
            puts("Dies ist die Meldung.");
            puts("Ziemlich enttäuschend, gell!");
            break;
    default:
            printf("Unbekannter Befehl -- %c\n", key);
            break;
    }


    return (0);
}
```

Listing 5.5   Quellcode von CMD2.C

Iteration

Die Iteration ist eine Schlüsselkomponente in den meisten Programmen. In Listing 5.5 könnte die *switch*-Anweisung, die Benutzereingaben auswertet, in einer Endlosschleife liegen. Der Abbruch der Schleife erfolgt erst, wenn sich der Anwender entschließt, das Programm durch Drücken der entsprechenden Befehlstasten zu beenden.

while-Schleife

Die *while*-Schleife findet in vielen Programmen Verwendung. Bei der Programmentwicklung wird das Schleifenkonstrukt *while* in Vergleichen (neben anderen Schleifenbefehlen) am häufigsten verwendet. Ihre Syntax wird im folgenden gezeigt:

```
while (Ausdruck)
      Anweisung
```

Wie Sie in Bild 5.3 sehen können, wird die Anweisung mit Hilfe der *while*-Schleife solange ausgeführt, bis *Ausdruck* einen Wert ungleich Null annimmt. Weitere Möglichkeiten zum Abbruch der Schleife bestehen in einem Abbruchbefehl in der Schleife oder im Abbruch durch einen externen Vorgang.

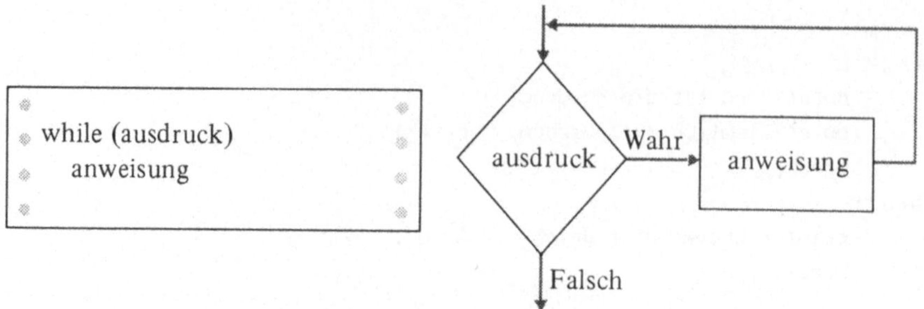

*Bild 5.3   Eine while-Schleife führt die Anweisung aus, bis das Ergebnis
des Steuerausdrucks falsch (0) ist*

Im Programm REPEAT.C (Listing 5.6) wird eine *while*-Schleife benutzt,
um die Anzahl der Wiederholungen (Anzeige eines Zeichens) zu steuern.

```
/*
 * R E P E A T
 *
 * Fragt nach einem Zeichen und einer Zahl. Das Zeichen wird
 * Zahl mal auf dem Bildschirm angezeigt.
 */

main()
{
        char ch;
        int count;

        printf("Zeichen eingeben: ");
        scanf("%1s", &ch);
        printf("Anzahl der Wiederholungen eingeben: ");
        scanf("%d", &count);

        while (count > 0) {
                printf("%c", ch);
                --count;
        }
        printf("\n");

        return (0);
}
```

Listing 5.6   Quellcode von REPEAT.C

Im Programm wird der Benutzer nach dem anzuzeigenden Zeichen, *ch*,
und dem Wert des Wiederholungszählers, *count*, gefragt. Solange der Wert

der Variablen *count* größer als 0 ist, führt die Schleife weiter die Anweisung aus, zeigt das Zeichen *ch* an und vermindert *count* bei jedem Durchlauf um den Wert 1. Wenn *count* den Wert 0 erreicht, ist die Schleifenbedingung nicht mehr erfüllt. Dann wird die Anweisung übersprungen. Die Programmausführung wird mit der nächsten Anweisung nach der *while*-Schleife fortgeführt - das ist *printf( )*, das eine Zeilenschaltung ausführen läßt.

Antwortet der Benutzer zum Beispiel mit * und 20, ist die Ausgabe eine Zeichenkette von 20 Sternen. Sie können mit diesem Programm einen Linearitätstest für Ihren Bildschirm durchführen, indem Sie den Buchstaben E und einen Betrag von 2000 für *count* eingeben, gerade genug, um Ihren Bildschirm in 80 Spalten und 25 Zeilen mit dem Buchstaben *E* zu füllen. Der Buchstabe *E* eignet sich aufgrund seiner klaren Kanten und Ecken zur Bestimmung von nicht-linearen Stellen der Bildschirmoberfläche.

Als Übung entfernen Sie die Klammern um die Anweisung und lassen das Programm erneut ablaufen; drücken Sie Ctrl-Break, um die Ausführung zu beenden. Beachten Sie, daß ohne Klammern nur die *printf( )*-Anweisung in der Schleife ausgeführt wird. Weil die Anweisung --*count*; nun außerhalb der Schleife liegt, ändert sich der Wert von *count* nie. Somit wird die Schleife zu einer Endlosschleife.

for-Schleife

Die *for*-Schleife besitzt gegenüber der *while*-Schleife einige Vorteile. Zu nennen ist hier in erster Linie die Lesbarkeit. Die *for*-Schleife hat die folgende Form:

```
for ([init_ausdruck]; [bedingt_ausdruck]; [schleif_ausdruck])
    Anweisung
```

In dieser allgemeinen Form sind *init_ausdruck* der Initialisierungsausdruck, *bedingt_ausdruck* der bedingte Ausdruck (gleichwertig mit Ausdruck der *while*-Schleife) und *schleif_ausdruck* der Schleifenausdruck, allgemein eine Anweisung oder Funktion, der auf den durch *init_ausdruck* festgelegten Wert wirkt. Wie die eckigen Klammern anzeigen, können Sie einen dieser Ausdrücke weglassen, die Semikola müssen aber angegeben werden.

In Bild 5.4 ist eine *for*-Schleife gezeigt. Wie bei der *while*-Schleife führt die *for*-Schleife die Anweisung so lange aus, wie der Steuerausdruck logisch wahr ist. Die Anweisung kann eine einzelne C-Anweisung oder ein Block von C-Anweisungen in Klammern sein. Der größte Vorteil der *for*-Schleife ist, daß alle Steuerinformationen an einer Stelle der Schleife gesetzt werden. Verwenden Sie statt einer *for*- eine *while*-Schleife, können die Initialisierung, der Test und die Schleifenausdrücke weit voneinander entfernt in den Schleifenanweisungen untergebracht sein.

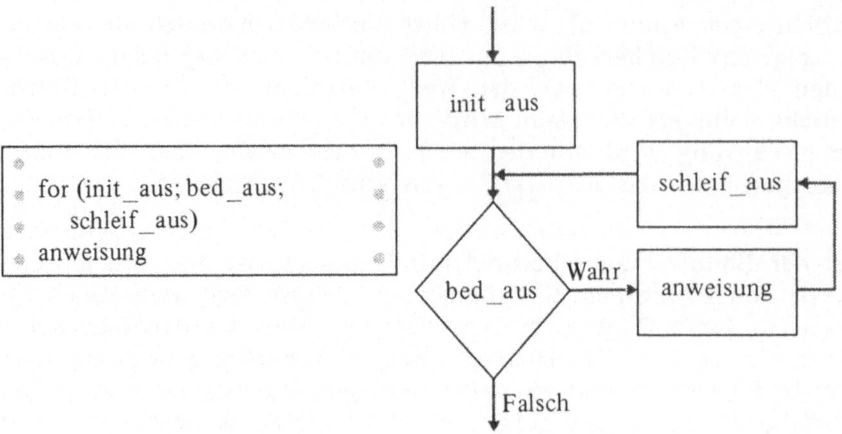

Bild 5.4   *Die for-Schleife ist im wesentlichen eine while-Schleife mit Initialisierungs- und Schleifenausdrücken im Steuerausdruck*

Das Programm PWRTABLE.C (Listing 5.7) gibt eine Tabelle von Werten für die Exponenten von 0 bis 10 aus. Die Werte werden durch n-maliges Multiplizieren der Basis mit sich selbst berechnet.

```
/*
 * P W R T A B L E
 *
 * Wertetabelle für verschiedene Exponenten.
 */

main()
{
        int n;          /* Tabellenindex */

        /*
         * Spalten benennen.
         */
        puts("zahl  \thoch2\thoch3\thoch4");
        puts("------\t-----\t-----\t-----");
```

```
        /*
        * Tabelle mit Werten (nach Exponentiation) ausgeben.
        */
        for (n = 0; n <= 10; ++n)
                printf(" %2d\t%5d\t%5d\t%5d\n",
                         n, n * n,  n * n * n,  n * n * n * n);


        return (0);
}
```

Listing 5.7   Quellcode von pwrtable.c

Die *return*-Anweisung liefert den Rückgabecode 0 und zeigt so an, daß die Programmausführung erfolgreich war. Das Programm gibt keinen speziellen Wert zurück, um einen Fehler anzuzeigen.

Hinweis: Da C keinen Exponentialoperator kennt, müssen Sie die Exponentiation entweder durch wiederholte Multiplikation (wie in PWRTABLE) oder durch Aufruf der Standardbibliotheksfunktion pow() ausführen.

Vergleich von for- und while-Schleifen

Sie können die folgende *for*-Schleife für die Berechnung der Fakultät einer Zahl nutzen:

```
main()
{
        int i, number = 6, factorial;

        for (i = number, factorial = 1; i > 1; --i) {
                factorial *=1;
        }
        printf("\nFakultät = %d", factorial)
}
```

Vergleichen Sie diese *for*-Schleife mit der folgenden *while*-Schleife, die die gleiche Aufgabe erfüllt:

```
main()
{
        int i, number = 6, factorial;

        i = number;
        factorial = 1;
        while (i > 1) {
                factorial *=1;
                --i;
        }
        printf("\nFakultät = %d", factorial)
}
```

Die Steuerinformationen der *while*-Schleife sind weniger kompakt als in der *for*-Schleife. Erstreckt sich die *while*-Schleife über mehrere Seiten, kann es sein, daß die Steuerinformationen nicht übersichtlich genug angeordnet sind.

Endlosschleife

Einige Programmieraufgaben erfordern eine Schleifenoperation, die nicht beendet wird. Dies ist mit zwei Vorgehensweisen möglich.

1. Man kann zum Beispiel eine *for*-Schleife mit drei leeren Steuerausdrücken benutzen:

```
for (;;) {
      /* Schleifenanweisungen */
}
```

2. Man setzt eine *while*-Schleife mit einem konstanten Wert ungleich Null ein:

```
while (1) {
      /* Schleifenanweisungen */
}
```

Bei der *for*-Anweisung interpretiert C einen leeren Textausdruck als wahr (ungleich Null). Die *while*-Schleife erfordert hingegen eine explizite Angabe ungleich Null, um die gleiche Wirkung zu erreichen und ist daher verständlicher.

Sollten Sie in einem Programm versehentlich eine Endlosschleife programmiert haben, können Sie diese durch das Betätigen der Tastenkombination Ctrl-Break verlassen.

Das neue Konstrukt kann nun zur Verbesserung des CMD-Programms genutzt werden. Das Programm CMD3.C (Listing 5.8) setzt die Funktion *getch( )* und die Benutzerbefehle verarbeitende *switch*-Anweisung in einer Endlosschleife ein und erlaubt dem Benutzer, Befehle einzugeben, bis er das Programm verläßt.

```
/*
 * C M D 3
 *
 * Befehl vom Benutzer entgegennehmen und
 * entsprechenden Programmteil abarbeiten.
 * Diese Version zeigt den Einsatz einer Endlosschleife.
 */


main()
{
        int key;

        /*
         * Schleife, bis Benutzer den Beendigungsbefehl eingibt.
         */
        printf("? für Hilfe betätigen.\n");
        while (1) {
                /*
                 * Befehl vom Benutzer entgegennehmen.
                 */
                printf("Befehl: ");
                key = getch();   /* Eingabe von der Tastatur übernehmen */

                /*
                 * Analysieren und Befehl ausführen.
                 */
                switch (key) {
                case 'q':
                case 'Q':
                        puts("Fertig.");
                        return (0);
                case 'h':
                case 'H':
                case '?':
                        puts("CMD3 kennt diese Befehle:");
                        puts("h oder H oder ?: Hilfe");
                        puts("m oder M: Meldung anzeigen");
                        puts("q oder Q: quit (beenden)");
                        break;
                case 'm':
                case 'M':
                        puts("Dies ist die Meldung.");
                        puts("Ziemlich enttäuschend, gell?!");
                        break;
```

```
        default:

                printf("Unbekannter Befehl -- %c\n", key);
                break;
        }
    }
}
```

Listing 5.8   Quellcode von CMD3.C

Die Kommentare zur *switch*-Anweisung und der *while*-Schleife erleichtern das Lesen des Programms. Solche Kommentare sind besonders hilf-
reich, wenn sie bei Codeblöcken benutzt werden, die sich über mehr als
eine Seite hinziehen.

CMD3.C ist etwas benutzerfreundlicher als die ersten CMD-Versionen.
Bevor das Programm eine Eingabe verlangt, zeigt es eine Hilfsmeldung
an, und für den unerfahrenen Benutzer kann eine Liste der Befehle angezeigt werden.

do-Schleife

Gelegentlich muß eine Schleife mindestens einmal durchlaufen werden,
auch wenn die Abfragebedingung beim ersten Testen bereits logisch
falsch ist. Dies ist mit der *do*-Schleife (wie in Bild 5.5 gezeigt) gewährleistet:

```
do

        Anweisung
while (Ausdruck);
```

Bei der Bearbeitung der Schleife wird zuerst die Anweisung ausgeführt
und erst dann der Ausdruck getestet. Nimmt der Ausdruck beim ersten
Durchlauf das Ergebnis 0 (falsch) an, wird die der Schleife folgende Anweisung ausgeführt. Ist der Ausdruck wahr, wird die Schleifenanweisung
so lange ausgeführt, bis der Ausdruck falsch wird. Sie finden Beispiele
für *do*-Schleifen in späteren Kapiteln.

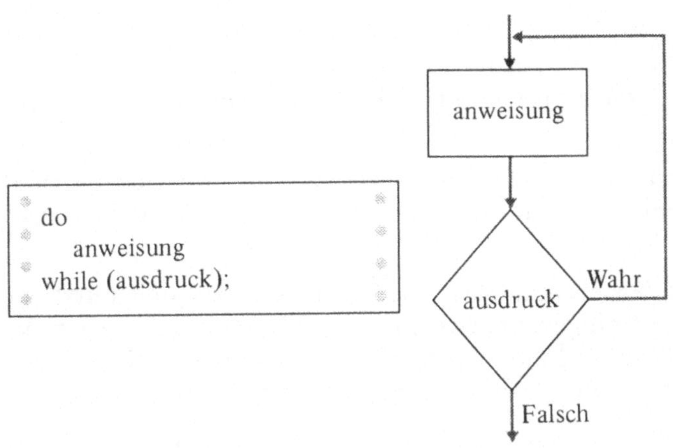

*Bild 5.5   Die do-Schleife führt eine Anweisung mindestens einmal aus,
weil Ausdruck erst am Ende der Schleife ausgewertet wird*

goto-Anweisung

Die *goto*-Anweisung führt einen Sprung zu einer Marke (*label*) derselben
Funktion aus. Die Programmausführung wird unmittelbar bei der gekennzeichneten Anweisung fortgeführt, die an beliebiger Stelle in der Funktion erscheinen kann. Die *Marke* darf kein reserviertes C-Schlüsselwort
sein.

```
goto Marke;
.
.
.
Marke: Anweisung
```

Die *goto*-Anweisung ist eine Anweisung, die in vielen BASIC-Dialekten
eine praktische Erfordernis darstellt; in der Programmiersprache C besteht
aber keine Notwendigkeit zum Einsatz der *goto*-Anweisung. Durch den
häufigen Einsatz von *goto*-Befehlen wird ein Programm unübersichtlich;
es entsteht sogenannter "Spaghetti-Code".

Die meisten Programmierer vermeiden im allgemeinen die Verwendung
des Befehls *goto* in Programmen. Sie setzen statt dessen strukturierte Anweisungen wie *while*, *for* und *do* für Schleifen und die Befehle *return*,
continue und *break* ein.

Übungen

1.   Was ist der Zweck von Konstrukten (wie *if* und *switch*) und des Bedingungsoperators (?:)?

2.   Überlegen Sie sich eine einfache *if*-Anweisung, die nur kleingeschriebene Eingaben darstellt und auf alle anderen Eingaben nicht
     reagiert.

3.   Entwickeln Sie ein Programm, das eine *if-else*-Anweisung nutzt, um
     festzustellen, ob eine eingegebene Zahl ungerade oder gerade ist. Mit
     einer Meldung soll die Zahl angezeigt werden. Wenn die Eingabe
     keine Zahl ist, soll das Programm die Eingabe ignorieren.

4.   Schreiben Sie ein kleines Programm, das eine Eingabe aus einer Datei
     liest und die Anzahl der Buchstaben (A–Z und a–z), Zahlen (0-9)
     und aller anderen Zeichen in der Datei zählt. Benutzen Sie eine *if*-
     Anweisung mit mehreren *else if*-Klauseln, um zwischen den Zeichen
     eine Differenzierung vorzunehmen.

5.   Benutzen Sie einen bedingten Ausdruck statt einer *if-else*-Anweisung, um Übung 3 erneut zu programmieren.

6.   Benutzen Sie eine *switch*-Anweisung in einer Schleife, um ein einfaches Menü zu entwerfen, das fünf Befehle besitzt. Die Befehle sollen
     durch die Eingabe der Ziffern 1 bis 5 ausgewählt werden können.
     Zum Austesten kann jeder Befehl seine eigene Zahl auf dem Bildschirm abbilden, sobald er gewählt wurde. Die Verarbeitung soll beendet werden, wenn der Benutzer ein anderes Zeichen eingibt.

7.   Ein Programm soll die Werte von 2^0 bis 2^8 berechnen und anzeigen.
     Benutzen Sie eine *while*-Schleife, um die Berechnungen und die Ausgabe vorzunehmen.

8.   Die *while*-Schleife in Übung 7 soll erneut in Form einer *for*-Schleife
     implementiert werden.

9.   Benutzen Sie eine *do-while*-Schleife, um die Ziffern einer vom Benutzer vorgegebenen Zahl umzukehren.

10. Erklären Sie den Unterschied zwischen einer *break*-Anweisung und
     einer *continue*-Anweisung in einer Schleife. Warum sollten Sie *continue* statt *break* benutzen?

11. Schreiben Sie das folgende kurze Programm neu, wobei die *goto*-An-
    weisungen umgangen werden sollen:

```
int ch;

read_input:
        ch = getchar();
        if (ch == 'q')
                goto end_read;
        putchar(ch);
        goto read_input:
end_read
```

Kapitel 6

Der C-Präprozessor

Die Aufgabe des C-Compilers ist die Untersuchung von Quelldateien nach speziellen Anweisungen, *Direktiven* genannt, die nicht Teil der Sprache C sind. Direktiven sind Präprozessoranweisungen, die ein Teil des Compilersystems sind und vorbereitende Aufgaben im Kompilierungsprozeß übernehmen. Der Präprozessor führt seine Arbeit aus, bevor der C-Compiler die Quelldatei bearbeitet (kompiliert).

In diesem Kapitel werden zwei Präprozessordirektiven vorgestellt und deren Verwendung gezeigt. Beispiele finden Sie in den folgenden Kapiteln. Ebenso sind dort zusätzliche Informationen über den Präprozessor enthalten.

#include

Die Direktive *#include* kennen Sie bereits, wissen aber noch nicht viel über sie. Eine *#include*-Zeile in einem Quellprogramm wird durch den Inhalt der in der Zeile genannten Headerdatei ersetzt. Bei der Kompilierung fügt der C-Compiler den Text der Headerdatei in die Quelldatei ein, und verfährt im folgenden so, als ob die Headerdatei schon immer Teil der Quelldatei war. Bei der Betrachtung der Quelldatei ist aber nur die *#include*-Anweisung zu sehen.

Die Bezeichnung *Headerdatei* läßt sich auf die Position zurückführen, an der die Headerdatei üblicherweise eingebunden wird - nämlich am Beginn (Header) der Quelldatei. Grundsätzlich kann eine *#include*-Direktive an einer beliebigen Stelle der Quelldatei erscheinen. Vor der Stelle, an der die *#include*-Direktive in die Datei eingebunden wird, dürfen aber keine Referenzen auf die Inhalte der Headerdatei erscheinen. Nachdem der Compiler den Inhalt der Headerdatei gelesen hat, ist dieser bis an das Ende dieser Quelldatei bekannt. Aus diesem Grunde sollten *#include*-Direktiven immer am Beginn von Quelldateien stehen.

Die Verwendung der *#include*-Direktive reduziert den Programmieraufwand. Sie können eine Headerdatei vorbereiten, die häufig benutzte Informationen enthält, und die Datei dann in verschiedenen Programmen nutzen, indem Sie in den Quelldateien eine einzelne Zeile eingeben (die *#include*-Direktive).

Lokale Headerdateien

Eine lokale Headerdatei kann an zwei Stellen eines Systems abgelegt sein:

- Im aktuellen Verzeichnis mit der Quelldatei;

- in einem mit dem vollständigen oder relativen Pfadnamen bezeichneten Verzeichnis.

Um die Datei *myfile.h*, die im Verzeichnis ARB in Laufwerk C gespeichert ist, in ein Programm einzubinden, muß die folgende Programmzeile verwendet werden:

```
#include "c:\arb\myfile.h"
```

Die Anführungszeichen geben an, daß der String ein fest kodierter Pfadname ist. Es wird der vollständige Name und der Ort angegeben, an dem die Datei abgelegt ist.

Systemheaderdateien

Die Programmiersprache C wird mit einem Satz von Systemheaderdateien von Microsoft ausgeliefert. Dies sind die *Standardheaderdateien*, die den Programmierer unterstützen (Erstellen von Graphiken oder Dateneingabe über die Tastatur).

Ist C auf Ihrem Computer implementiert, teilen Sie dem Compiler durch die MS-DOS-Umgebung mit, wo sich die Systemheaderdateien befinden. Folglich können Sie eine Systemheaderdatei in eines Ihrer Programme einfügen, indem Sie eine Zeile in folgender Form in die C-Quelldateien aufnehmen:

```
#include <Datei.Erw>
```

Die spitzen Klammern zeigen an, daß C die Datei *Datei.Erw* zuerst im Systemverzeichnis sucht. Wenn das Systemverzeichnis nicht existiert oder die spezifizierte Headerdatei nicht enthält, sucht C im aktuellen Verzeichnis. Wird die Datei dort ebenfalls nicht gefunden, gibt der Compiler eine Fehlermeldung aus.

Konventionen für Dateinamen

Die übliche Dateinamenerweiterung für Headerdateien ist *.h* (für *header*); sie ist jedoch nicht zwingend vorgeschrieben. Sie können auch andere gültige Erweiterungen benutzen. Zum Beispiel könnte eine Datei mit Standardfehlermeldungen den Namen *fehler.mld* haben. Eine der meistbenutzten Systemheaderdateien ist *stdio.h*, die Standardein-/-ausgabeheaderdatei der Programmiersprache C. Um sie in Ihrem Programm zu benutzen, fügen Sie die folgende Zeile in die Quelldatei ein:

```
#include <stdio.h>
```

Mehrere andere Systemheaderdateien (wie *stdlib.h*, *ctype.h* und *string.h*)
werden ebenfalls in den unterschiedlichsten Programmen verwendet.

<u>Hinweis:</u> Die meisten Betriebssysteme, die die C-Programmierung unterstützen, unterscheiden
zwischen Groß- und Kleinschreibung (nicht so MS-DOS). Es ist allgemein üblich, nur Kleinbuchstaben in Dateinamen zu verwenden.

#define

Die Direktive *#define* hat zwei Einsatzgebiete. Zum ersten dient sie dem
Definieren symbolischer Konstanten und zum zweiten der Erzeugung von
Makros, die hauptsächlich Abkürzungen sind. Symbolische Konstanten
und Makros tragen - richtig verwendet - stark zur Klarheit des C-Quell-
codes bei.

Symbolische Konstanten

In der Regel zeugt die Verwendung von Zahlen im Quellcode von
schlechtem Programmierstil. Zahlen haben keine Bedeutung im Kontext
eines Programms, außer daß sie einen Wert darstellen. Eine Quelldatei, in
der viel mit Zahlen gearbeitet wird, ist unübersichtlich.

Betrachten Sie das folgende Beispiel:

```
for (n = 0; n <= 10; ++n)
        total += n;
```

Das Programmfragment enthält für den Betrachter lediglich folgende Information:

o   Ein Wert *n* größer als 10 führt zum Schleifenabbruch (Abfrage *n <=
     10*);

Dabei wird aber nicht klar, weshalb dies so ist. Wenn Sie die symbolische
Konstante MAXROW definieren und ihr den Wert 10 zuweisen, hat das
Programmfragment folgendes Aussehen:

```
#define MAXROW 10
.

.

.

for (n = 0; n <= MAXROW; ++n)
        total += n;
```

Nun weiß der Leser des Programms zumindest, daß *n* sich auf die Anzahl
der Zeilen in einer Liste oder Tabelle bezieht. Die Änderung des Varia-
blennamens von *n* in einen beschreibenden Bezeichner wie *row* macht den
Code zusätzlich lesbarer. Beim Eingeben des Programmcodes müssen nur
wenige Tasten mehr betätig werden.

Eine Definition einer symbolischem Konstante hat drei Komponenten: die
#define-Präprozessordirektive, den symbolischen Namen und einen Wert.
Benutzen Sie Leerzeichen oder Tabulatoren, um die Komponenten voneinander zu trennen. Wählen Sie als symbolischen Namen einen gültigen
Bezeichner (kein Schlüsselwort), der mitteilt, welches Datum die Konstante repräsentiert. Es ist üblich, symbolische Namen in Großschreibung einzugeben, um sie im Quelltext hervorzuheben.

Hinweis: Beim Benutzen von symbolischen Namen in Programmen müssen diese genauso geschrieben werden wie in der #define-Direktive, da der C-Compiler sonst eine Fehlermeldung
ausgibt.

Ein weiterer Vorteil der Benutzung symbolischer Konstanten anstelle von
Zahlen liegt darin, daß Sie die Änderung eines mehrmals auftretenden
Wertes in einem Programm problemlos vornehmen können: Die Änderung
in der *#define*-Direktive modifiziert den Wert für das gesamte Programm.
Wenn ein Wert ein dutzend Mal in einem Programm vorkommt, können
Sie zwölf Werte oder - alternativ - eine *#define*-Direktive ändern.

Die Unterscheidung zwischen zwei Konstanten, die zufällig den gleichen
Wert annehmen, wird durch den Einsatz von Bezeichnern ebenfalls einfacher.

In den folgenden Direktiven werden symbolische Konstanten für die maximale Anzahl der Zeilen (MAXROW) und die maximale Anzahl von Befehlen (NUM_CMDS) definiert. Beiden Konstanten wird der Wert 10 zugewiesen. Zudem sind die Bezeichner MAXROW und NUM_CMDS sicherlich aussagekräftiger als der Wert 10:

```
#define MAXROW 10
#define NUM_CMDS 10
```

Durch diese Definitionen kann leicht jedes Auftreten der Werte MAX-
ROW und NUM_CMDS geändert werden. Dabei müssen nicht alle Stellen
in der Quelldatei gesucht werden, an denen die Werte erscheinen. Die
Änderung der maximalen Zeilenanzahl von 10 auf 20 erfolgt einfach
durch eine erneute Definition von MAXROW:

```
#define MAXROW 20
```

Symbolische Konstanten sollten immer - sofern möglich - verwendet werden. Eine Ausnahme bilden häufig die Benutzung logischer Werte (0 oder
1) und der Gebrauch des Wertes 0 als Initialisierungswert. Selbst hierbei
werden aber oftmals die symbolischen Konstantennamen TRUE und
FALSE (mit den Werten 1 bzw. 0) benutzt, um die Art der Daten (boole-
sche Werte) anzuzeigen.

Makros

Ein Makro ist eine Abkürzung. Sie können beispielsweise für den Namen *Johanna Dietrich* ein Makro erzeugen, das mit den Initialen *JD* benannt ist.

Ein Makro besteht aus einem *Namen (Bezeichner)* und einer Definition. Wenn der C-Präprozessor eine Quelldatei liest und einen zuvor definierten Bezeichner findet, ersetzt er den Bezeichner durch die Makrodefinition. Dieser Prozeß wird *Makroerweiterung* genannt. Im obigen Beispiel ist *JD* der Bezeichner und *Johanna Dietrich* die Definition.

Es gibt zwei Kategorien für Makros: *Makros ohne Parameter* und *Makros mit Parametern*. Ein Makro ohne Parameter führt nur eine einfache Textersetzungsoperation aus. Als Beispiel sollen die folgenden Makros herangezogen werden:

```
#define STD_OUT 1
#define PROGNAME "ViewFile"
```

Der Präprozessor erweitert die Bezeichner STD_OUT und PROGNAME wie im folgenden gezeigt:

```
write(STD_OUT, PROGNAME, sizeof PROGNAME); -- vor der Substitution
        |          |               |
        V          V               V
write(1, "ViewFile", sizeof "ViewFile"); -- nach der Substitution
```

Der symbolische Name PROGNAME wird durch den definierten Wert *"ViewFile"* ersetzt, und für STD_OUT erfolgt eine Ersetzung mit der Zahl 1.

Eine symbolische Konstante ist also mehr oder weniger ein Makro ohne Parameter. Die zweite Art von Makros akzeptiert einen oder mehrere Parameter. Parameter dienen zur Informationsübertragung an ein Makro. Ein Beispiel ist das folgende Makro, das das Quadrat einer Zahl berechnet:

```
#define SQR(x) ((x) * (x))
```

SQR ist der Makroname, *x* der Parameter und der Rest der Zeile (*(x) * (x)*) ist die Makrodefinition. Beachten Sie, daß die Klammern dem Wort SQR direkt folgen (ohne Trennung durch Leerzeichen). Die von Klammern umschlossenen Werte sind Parameter. Hinter der ersten schließenden Klammer folgt die Makrodefinition, in der festgelegt wird, welche Operationen mit den übergebenen Parametern ausgeführt werden.

Zum Aufruf eines Makros in einem Programm geben Sie den Makronamen gefolgt von Klammern ein. In den Klammern wird der zu bearbeitende Wert angegeben. Bei der Ausführung des Programms ersetzt der Präprozessor den Makronamen und die mit ihm verbundenen Klammern durch die Makrodefinition. Das folgende Programmfragment wird im ersten Compiler-Lauf erweitert:

```
/* Programmfragment */


#define SQR(x) ((x) * (x))
int n;

.

.

.

n = SQR(7);

/* Programmfragment nach Erweiterung */


#define SQR(x) ((x) * (x))
int n;

.

.

.

n = ((7) * (7));
```

Der Variablen *n* wird der Wert 49 zugewiesen.

Eine Makrodefinition kann die Länge einer Zeile überschreiten. Hierzu wird der umgekehrte Schrägstrich \ vor der Betätigung der Return-Taste eingegeben. Das Escape-Zeichen (umgekehrter Schrägstrich) verbirgt das Neue-Zeile-Zeichen vor dem Compiler. Die folgenden zwei Zeilen sind für den Compiler mit der dritten Quelltextzeile identisch:

```
#define MESSAGE \
        "Gratulation! Return-Taste für nächste Lektion betätigen."
#define MESSAGE "Gratulation! Return-Taste für nächste Lektion betätigen."
```

Mit dieser Vorgehensweise können Sie mehrzeilige Definitionen nutzen. hierbei müssen alle Zeilen - bis auf die letzte - mit einem umgekehrten Schrägstrich \ enden.

Verbesserung des Programms PWRTABLE

Im folgenden soll das Programm PWRTABLE modifiziert werden, so daß es Headerdateien, Makros mit Parametern und symbolische Konstanten nutzt. Zunächst muß dazu die lokale Headerdatei MACROS.H erstellt werden (Listing 6.1), die drei Makrodefinitionen enthält:

```
/*
 * macros.h
 *
 * Zusammenstellung von Makrodefinitionen.
 */

#define SQR(x)  ((x) * (x))
#define CUBE(x) ((x) * (x) * (x))
#define QUAD(x) ((x) * (x) * (x) * (x))
```

Listing 6.1   Quellcode der Headerdatei MACROS.H

Jedem der in MACROS.H definierten Makros muß ein Argument, x, übergeben werden. Mit dem Wert von x wird eine Multiplikation durchgeführt. Beim Einsatz des Makros SQR(x) wird der Wert x quadriert, bei CUBE(x) wird der Wert drei Mal mit sich selbst multipliziert genommen, und das Makros QUAD(x) führt die Potenzierung mit dem Wert 4 aus.

Im Programm PWRTBL2 (Listing 6.2) werden Makros eingesetzt, um die Übersichtlichkeit zu bewahren. Die Programmzeile *#include "macros.h"* stellt die in MACROS.H definierten Makros im Programm zur Verfügung. Jedes andere Programm, das die Makros ebenfalls benötigt, kann sie auf die gleiche Weise einbinden (modifizieren Sie den Pfad oder kopieren Sie die Headerdatei bei Bedarf).

In PWRTBL2 wird der symbolischen Konstante MAXN der Wert 10 zugewiesen. MAXN wird - statt der expliziten Angabe der Zahl 10 - im Steuerausdruck der *for*-Schleife benutzt. Durch die Angabe des Namens einer symbolischen Konstante wird die Bedeutung des Wertes 10 an dieser Stelle klarer.

Der Einsatz von Makros läßt die *printf( )*-Anweisung - im Gegensatz zur wiederholten Verwendung der Multiplikationsausdrücke im eigentlichen Programm - übersichtlich erscheinen. Der Makroaufruf ist auch kompakter und schneller einzugeben.

Abschließend soll am Beispiel von PWRTBL2.C gezeigt werden, wie Makros in Quelldateien verarbeitet werden. Der Präprozessor kopiert zunächst die Textzeilen der Headerdatei in die Quelldatei. Als nächstes wird MAXN mit der Zahl 10 ersetzt, das *printf( )*-Argument SQR(n) wird mit ((n) * (n)) ersetzt usw. Schließlich übersetzt C die vorbereitete Quelldatei im Hauptspeicher in ein ausführbares Programm.

```
/*
 * P W R T B L 2
 *
 * Ausgabe einer Tabelle mit Werten, die durch Potenzierung
 * berechnet wurden.
 */


#include "macros.h"

#define MAXN 10

main()
{
        int n;

        /*
         * Spalten benennen.
         */
        puts("zahl  \thoch2\thoch3\thoch4");
        puts("------\t-----\t-----\t-----");

        /*
         * Wertetabelle anzeigen.
         */
        for (n = 0; n <= MAXN; ++n)
                printf("%2d\t%5d\t%5d\t%5d\n",
                        n, SQR(n), CUBE(n), QUAD(n));

        return (0);
}
```

Listing 6.2   Quellcode von PWRTBL2.C

Mehrere Parameter

Makros können auch mehr als einen Parameter übernehmen. Zum Beispiel
benötigt ein Makro, das den kleineren von zwei Werten liefert, zwei Parameter. Zu diesem Zweck können Sie den Bedingungsoperator in der Makrodefinition benutzen:

```
#define MIN(x,y) ((x) < (y) ? (x) : (y))
```

Die Definition hat folgende Bedeutung: Der Wert von x wird zum Wert
des Ausdrucks, wenn x kleiner als y ist. Im umgekehrten Fall besteht das
Ergebnis aus dem Wert des Parameters y.

<u>Hinweis:</u> Beachten Sie, daß die linke Klammer der Parameterliste unmittelbar hinter dem Ma-
kronamen aufgeführt werden muß. Ein Leerzeichen würde als Trennung zwischen Makronamen

und Definitionstext angesehen. Innerhalb des Definitionstextes können Sie jedoch zwischen den Parametern beliebig viele Leerzeichen lassen.

Achten Sie auf Nebeneffekte

Eine notwendige Vorsichtsmaßnahme gegen Nebeneffekte besteht in der Klammersetzung. Ein *Nebeneffekt* in einem Ausdruck ist ein Ergebnis, das von der Berechnung der primären Anweisung abhängig ist. Zum Beispiel besteht der vorrangige Zweck der folgenden Anweisung in der Zuweisung des Wertes der Variablen *n* an die Variable *y*:

```
y = n++
```

Gleichzeitig wird auch der Wert von *n* - und zwar erst nach der Zuweisung - erhöht.

Im SQR-Makro kann statt des Wertes 7 ein Ausdruck mit mehreren Variablen für *x* benutzt werden. Aufgrund interner Abarbeitungsregeln der Programmiersprache C wird ein Ausdruck ersetzt und erst dann ausgewertet. Das SQR-Makro soll erneut untersucht werden, um die Wirkung der Klammern in einer Makrodefinition zu verdeutlichen. Im folgenden sehen Sie das ursprüngliche Makro:

```
#define SQR(x) ((x) * (x))
```

Bei der Verwendung des Ausdrucks *a + b* (statt des Wertes 7) resultiert das folgende Ergebnis:

```
((a + b) * (a + b))
```

x wurde durch die im Programm benutzte Vorgabe ersetzt - alle anderen Teile in der Makrodefinition, wie Operatoren und Klammern, werden in die Erweiterung einbezogen.

Wird nun das Makro ohne die inneren Klammern definiert (was bei Anfängern in der C-Programmierung mindestens einmal geschieht), und wird gleichzeitig *a + b* für *x* ersetzt, so resultiert eine falsche Abarbeitungsfolge:

```
#define sqr(x) (x * x)
.

.

.

sqr(a + b)
```

Wegen des Operatorvorrangs ist das Ergebnis dieser Berechnung sicherlich nicht das von Ihnen erwartete; die Multiplikation wird vor der Addition durchgeführt (Punkt- vor Strichrechnung).

Es sei im folgenden *a = 3* und *b = 4*. In diesem Fall wird das erweiterte Makro 3 + 4 * 3 + 4 zu 19. Wenn jedoch Klammern benutzt werden, ergibt sich die Berechnung des Makros zu (3 + 4) * (3 + 4), was dem Wert 49 entspricht.

Hier gilt es, Klammern - unabhängig von der Verständlichkeit des Codes und des zusätzlichen Eingabeaufwandes - zu verwenden. Fehlerhafte Ergebnisse sowie eine Menge von Fehlerkorrekturen werden auf diesem Wege erspart.

C bietet noch andere Präprozessordirektiven, die hier nicht behandelt werden. Sie sind für die fortgeschrittene Programmierung sowie die bedingte Kompilierung gedacht.

Übungen

1.   Die Datei STRING.H ist eine Standardheaderdatei in C. In welchem Laufwerk und Verzeichnis sollte diese Datei vorliegen? Wie binden Sie die Datei in ein Programm ein, indem Sie eine Präprozessordirektive benutzen?

(Position der Datei): ____

(Präprozessordirektive): _____________________________________

2.   Benennen Sie die drei Komponenten einer Anweisung, die eine symbolische Konstante oder ein Makro definiert.

a. ____

b. ____

c. ____

3.   Wie sollten Namen aufgebaut sein? Bei der sinnvollen Wahl eines Namens gibt er Informationen über das Objekt (Konstante oder Makro), das er bezeichnet. Versuchen Sie beschreibende Namen für folgende Beispiele zu finden:

a. Anzahl der Tage in einem Jahr: ____________________________

b. Eine sehr große Zahl: _____________________________________

c. Ein sehr kleiner Unterschied zwischen zwei Dezimalzahlen: ________

d. Die Anzahl der Bildschirmzeilen: __________________________

e. Ein Makro, das den größeren von zwei Werten liefert: __________

4. Vorausgesetzt wird die folgende Makrodefinition:

```
#define DATA(x) 2 * x + 3
```

a. Entwickeln Sie ein Programm, das eine Tabelle von x- und y-Werten erzeugt, wobei $y=DATA(x)$ für x zwischen 0 und 9 berechnet werden soll.

b. Was muß bei der Makrodefinition DATA(x) verändert werden, um falsche x-Ergebnisse aufgrund von Nebeneffekten zu vermeiden?

5. Der Absolutwert einer vorzeichenbehafteten Zahl ist diese Zahl ohne Vorzeichen (bzw. mit dem Vorzeichen +). Zum Beispiel ist 4 der Absolutwert von -4. Entwickeln Sie das Makro ABS(x), das den absoluten Wert von x liefert. Benutzen Sie dabei den Bedingungsoperator, und vergessen Sie die Klammern nicht.

6. Entwickeln Sie ein Makro, das den kleinsten von drei Eingabewerten liefert: MIN3(x,y,z)

Hinweis: Bedingte Ausdrücke können verschachtelt werden.

Kapitel 7

Funktionen

Bisher wurden Programme gezeigt, die aus einer *main( )*-Funktion bestehen und sich mit einer begrenzten Auswahl von Standardbibliotheksfunktionen wie *printf( )* und *scanf( )* begnügen.

Da Sie nun Funktionen einsetzen können, lernen Sie im Verlauf dieses
Kapitels, wie eigene Funktionen erstellt werden.

Was sind Funktionen und warum werden sie benutzt?

Funktionen sind im wesentlichen Bausteine, Unterprogramme, die zu Programmen zusammengesetzt werden können. In Bild 7.1 wird deutlich, daß
eine Funktion Eingaben übernehmen, eine Aufgabe erfüllen und (fakultativ) eine Ausgabe liefern kann, den *Funktions-* oder *Rückgabewert*.

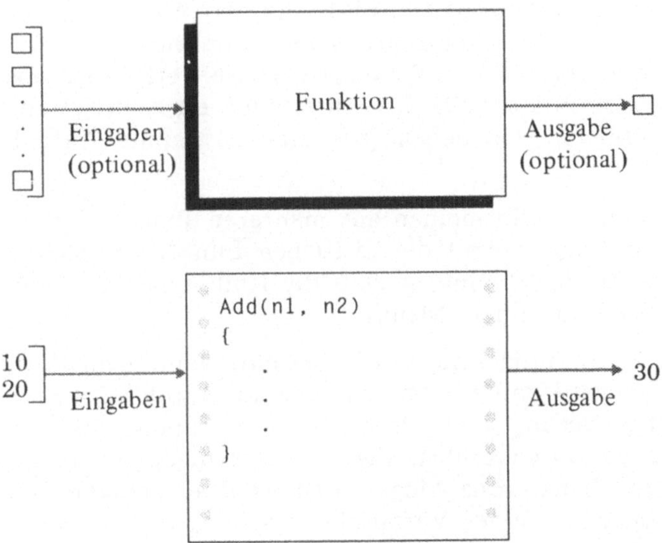

Bild 7.1   Funktionen sind Bausteine von C-Programmen

Es gibt aber auch Funktionen ohne Ein- und Ausgaben. Beispielhaft ist
hier die Funktion *ClearScreen( )* anzuführen, die keine Eingaben übernimmt und keinen Rückgabewert liefert. Die Funktion löscht lediglich die
Bildschirmdarstellung. Weitere Beispiele sind Funktionen zur Erzeugung
von Zufallszahlen oder zur Cursorverschiebung auf dem Bildschirm (letz-

tere muß eine Zeilen- und Spaltennummer als Eingabe übernehmen). Es wird lediglich die Positionierung durchgeführt; für eine Rückgabe besteht keine Notwendigkeit.

Das Blockdiagramm der Beispielfunktion *Add( )* in Bild 7.1 zeigt mehrere Eingaben und nur eine Ausgabe. Die Ausgabe ist die Summe der eingegebenen Werte. Der Aufruf von *Add( )* mit den Werten 10 und 20 (als Eingaben) führt zur Rückgabe des Wertes 30.

Modularisieren

C-Funktionen entsprechen elektronischen Bausteinen. Jeder Baustein führt für gewöhnlich eine festgelegte Aufgabe aus. Hierbei gibt es einige Bausteine, die vielseitig genug sind, um in einer Vielzahl verschiedener Geräte eingesetzt zu werden.

In erster Linie dient die Verwendung von Funktionen der Strukturierung eines Programms (Zerlegung in eigenständige Einheiten, *Moduln*). Jedes Programm (auch ein umfangreiches) kann als *main( )*-Funktion entwickelt werden, in der der gesamte Quellcode enthalten ist. Diese Verfahrensweise ist aber weder notwendig noch sinnvoll. Das Unterteilen eines Programms in eine Reihe von Funktionen, von denen jede eine bestimmte Aufgabe erledigt, ist sinnvoller.

Ein C-Programm setzt sich im allgemeinen aus mehreren Funktionen zusammen. Die Funktion, die den Aufruf der restlichen Funktionen steuert, ist üblicherweise *main( )*. Sie übernimmt oftmals die Rolle eines Verteilers (beispielsweise bei der Wahl aus einem Menü).

Aus welchen Funktionen ein Programmsystem besteht, kann man durch eine Analyse der Aufgabenstellung bestimmen (wie in Kapitel 2 gezeigt wurde). Durch die Aufgliederung eines Problems in Komponenten wird eine funktionale Zerlegung durchgeführt, die auf verschiedene Art und Weise ausgedrückt werden kann. Eine Möglichkeit ist das "Vorschreiben" des Programms in Pseudocode - einer Vermischung von C und der deutschen Sprache - zur Beschreibung des Problems. Im Pseudocode ist die bereits korrekte Reihenfolge der Operationen zu erkennen, und es wird gezeigt, wie die einzelnen Komponenten miteinander in Beziehung stehen. Wie im C-Quellcode entspricht die Einrückung der Zuordnung zu mehreren Ebenen.

Der Pseudocode des Programms REPEAT aus Kapitel 5 könnte folgendes
Aussehen haben:

```
Eingabeaufforderung für Zeichen anzeigen
Zeichen lesen
Eingabeaufforderung für Wiederholungszähler anzeigen
Wiederholungszählerwert lesen
while Wiederholungszählerwert ungleich 0
        Zeichen ausgeben
        Wiederholungszählerwert dekrementieren
neue Zeile anzeigen
```

Nachdem die Logik und der Programmfluß bekannt sind, ist die eigentliche Implementierung eines C-Programms relativ einfach (gleiches gilt für
Implementierungen in einer anderen Programmiersprache). Tatsächlich ist
der schwierigste Teil des Programmierens die Problemanalyse und die Suche eines geeigneten Lösungsweges.

Eine Funktion sollte eine Aufgabe möglichst optimal erfüllen. Durch die
sorgfältig durchdachte Programmierung einer Reihe verschiedener allgemein einsetzbarer und spezialisierter Utilities wird dem C-Programmierer
ein nützliches Werkzeug an die Hand gegeben.

Speichereinsparung

Da jede Funktion in einem Programm nur ein Mal enthalten ist, aber beliebig oft und mit beliebigen Daten aufgerufen werden kann, wird gegen-
über der wiederholten Eingabe der gleichen Anweisungen (statt des Funk-
tionsaufrufes) Speicherkapazität eingespart.

Das Programm BANNER (siehe Listing 7.1) zeigt die Verwendung der
Funktionen für sich wiederholende Aufgaben. In diesem Programm wird
eine Meldung mit Asteriskzeichen * umrahmt. Die oberen und unteren
Ränder des Rahmens bestehen aus jeweils 73 Asteriskzeichen. Da die beiden Ränder identisch sind, wird die Anzeige der horizontalen Ränder in
die Funktion *Line()* ausgelagert, die von *main()* aufgerufen wird. Die
vertikale Begrenzung der Meldung wird durch die wiederholte Ausgabe
eines einzelnen Asteriskzeichens, neun Tabulatorzeichen sowie eines weiteren Asteriskzeichens gebildet. Die Funktion *Sides()* erfüllt diese Aufgabe. Durch die beiden Funktionen sind alle Zeilen - außer der, die die
Meldung enthält - ausgegeben. Die *printf()*-Anweisung für die Mel-
dungsausgabe erscheint nur einmal im Programm und ist deshalb direkt in
der *main()*-Funktion implementiert.

```c
/*
 * B A N N E R
 *
 * Ausgabe einer umrahmten Meldung. Die Elemente des
 * Rahmens werden durch Funktionen dargestellt.
 */

#include <stdio.h>

#define WIDTH   72
#define ROWS     4

Line()
{
        int x;

        for (x = 0; x <= WIDTH; ++x)
                putchar('*');
        putchar('\n');
}


Sides()
{
        int y;

        for (y = 0; y <= ROWS; ++y)
                printf("*\t\t\t\t\t\t\t\t\t*\n");
}


main()
{
        Line();
        Sides();
        printf("*\t\t\t     (eigene Meldung einfügen)\t\t\t\t*\n");
        Sides();
        Line();

        return 0;
}
```

Listing 7.1   Quellcode von BANNER.C

Die Funktionseigenschaft der Speicherplatzeinsparung resultiert aus der
Tatsache, daß Funktionsanweisungen im ausführbaren Programm nur einmal enthalten sind. Der Funktionsaufrufmechanismus in C erlaubt es, mit
einer Anweisungskopie beliebig viele Funktionsaufrufe durchzuführen.

Die *main( )*-Funktion des Programms BANNER enthält zum Beispiel zwei Aufrufe der Funktion *Line( )* (einen zum Zeichnen des oberen und einen zweiten zum Zeichnen des unteren Randes). Obwohl *Line( )* nur aus einer kurzen Schleife besteht, die eine *putchar( )*-Anweisung enthält, bewirkt die doppelte Aufnahme der Anweisungen in die *main( )*-Funktion bereits eine deutliche Verlängerung des Programms (gleiches gilt für *Sides( )*). Zudem wird das Programm unübersichtlicher.

Anhand des einfachen Programms BANNER wird der Zugewinn an Leistungsstärke, Übersichtlichkeit und Flexibilität bei der Verwendung von Funktionen bereits deutlich. Diese Vorteile kommen noch stärker zum tragen, wenn Programme Dutzende oder sogar Hunderte von sich wiederholenden Anweisungsfolgen enthalten. Bei umfangreichen Programmen wird die Einsparung von Speicherkapazität, Kürzung des Programms, die verminderte Komplexität sowie die Zeitersparnis bei der Eingabe des Programmcodes offensichtlich.

Verbergen von Daten

Ein weiterer Einsatzbereich von Funktionen besteht im Verbergen von Daten. Daten sollten nur solchen Programmteilen zugänglich sein, in denen sie auch benötigt werden.

Daten sind entweder *lokal* oder *global.* In welche Kategorie ein Datum (beispielsweise eine Variable) fällt, hängt vom Gültigkeitsbereich des Datums im Programm ab. Lokale Daten sind nur innerhalb eines beschränkten Bereiches von Programmanweisungen (beispielsweise in einer Funktion oder in einem Anweisungsblock) bekannt. Im Gegensatz dazu kann auf globale Daten im gesamten Programm zugegriffen werden.

Die Verwendung von globalen Daten in Programmen sollte - soweit möglich - vermieden werden. Falls Daten außerhalb einer Funktion benötigt werden, können lokale Daten über Parameter übergeben werden; hierbei werden meist Kopien der Daten (*Übergabe nach Wert*) verwendet.

Programmgröße versus Geschwindigkeit

In Kapitel 6 wurden Makros als Mittel zur Abkürzung komplizierter Vorgänge (Eingaben oder Berechnungen) vorgestellt. Da Funktionen den gleichen Zweck erfüllen können, sollen im folgenden die Vor- und Nachteile der beiden Programmstrukturen untersucht werden.

Makros sind im allgemeinen schnell und datentypunabhängig. Der Nachteil von Makros liegt in erster Linie in der Größe des resultierenden Programms (ein weiterer Nachteil ist die fehlende Datensicherheit). Da der Präprozessor bei jedem Auftreten eines Makronamens diesen durch die vollständige Makrodefinition ersetzt, neigen Makros zur Vergrößerung des Programmcodes. Dies gilt umso mehr, wenn Makros in einem Programm

sehr häufig aufgerufen werden. Die Verwendung von Makros kann auch
zu unvorhergesehenen Nebeneffekten führen.

Bei der Verwendung von Funktionen dagegen vermindert sich die Größe
des Programmcodes im allgemeinen, da die Funktion nur einmal in die
Datei eingebunden wird. Jeder Funktionsaufruf führt hier aber zur Übergabe von Daten an die Funktion (was zusätzlichen Overhead bedeutet)
und macht somit die Programmausführung langsamer. Zusätzlich muß bei
Funktionen der Typ der übergebenen Daten bereits bei der Funktionsdefinition festgelegt werden. Beispielsweise kann eine Funktion, die Integerwerte bearbeitet, keine Dezimalzahlen verwenden.

Das Programm ADD (siehe Listing 7.2) setzt Funktionen zur Addition von
Werten ein. Es enthält die Funktion *AddIntegers( )*, die zwei Integerwerte
addiert und ein Ergebnis vom Typ *long int* zurückgibt. Das Programm
enthält auch die Funktion *AddReals( )* zur Addition zweier *float*-Werte,
die ein Ergebnis vom Typ *double* liefert.

```
/*
 * A D D
 *
 * Dieses Programm zeigt die Verwendung von Funktionen zur
 * Ausführung von Berechnungen. Für jeden Datentyp wird eine
 * eigene Funktion benötigt.
 */


/*
 * AddIntegers()
 *
 * Die Funktion übernimmt zwei Integerargumente und liefert
 * die Summe als long-Integerwert.
 */
long
AddIntegers(int number1, int number2)
{
        long total;
        total = (long)number1 + (long)number2;
        return (total);
}
```

```c
/*
 * AddReals()
 *
 * Die Funktion übernimmt zwei float-Argumente und liefert
 * die Summe als double-Integerwert.
 */
double
AddReals(float number1, float number2)
{
        double total;
        total = (double)number1 + (double)number2;
        return (total);
}


int
main(void)
{
        int n1 = 20, n2 = 25;
        float f1 = 12.34, f2 = 56.78;

        /* Addieren zweier Integerwerte. */
        printf("%d + %d = %ld\n", n1, n2, AddIntegers(n1, n2));

        /* Addieren zweier real-Zahlen. */
        printf("%f + %f = %f\n", f1, f2, AddReals(f1, f2));

        return (0);
}
```

Listing 7.2   Quellcode von ADD.C

Das Programm spezifiziert einen *long*-Integerwert als Rückgabe von *Add-Integers( )*, so daß auch große Eingabewerte bearbeitet werden können. Bei der Wahl des Rückgabetyps *int* würde das Programm ein inkorrektes Ergebnis liefern, wenn die Summe der beiden Eingabewerte den *int*-Wertebereich übersteigt. Ähnlich akzeptiert *AddReals( )* zwei Werte vom Typ *float* und liefert einen *double*-Wert, da die berechnete Summe das Ergebnis des *float*-Wertebereichs überschreiten kann.

Durch ein einfaches Makro kann die wiederholte Implementierung verschiedener Additionsfunktionen vermieden werden:

```c
#define ADD(a, b) ((a) + (b))
```

Unter Verwendung dieser Direktive kann das Programm ADD zur Nutzung von Makros modifiziert werden (Funktionsaufrufe werden so vermieden). Das Programm ADD_ANY (siehe Listing 7.3) ist ein "makrobasiertes" Addierprogramm.

Das Makro ADD kann Integerwerte, Dezimalwerte oder sogar eine Kombination von Integer- und Dezimalwerten addieren. Bei der Verwendung der korrekten Formatspezifikationen in den *printf( )*-Anweisungen wird auch die Ausgabe korrekt erfolgen. Das makrobasierte Programm ist kürzer und schneller, da es weniger Overhead (durch die fehlenden Funktionsaufrufe) mit sich bringt.

Die Entscheidung für Funktionen oder Makros muß im Einzelfall aufgrund einer Analyse des Programmdurchsatzes erfolgen. Üblicherweise wird ein Programm zuerst in Form von Funktionen implementiert, wobei zeitkritische Programmteile dann durch Makros ersetzt werden.

```c
/*
 * A D D _ A N Y
 *
 * Zwei Werte ohne Berücksichtigung des Datentyps addieren. Das
 * Programm setzt ein Makro zur Berechnung statt einer Funktion
 * für jeden Datentyp ein.
 */

#include <stdio.h>
#include <stdlib.h>

#define ADD(a, b) ((a) + (b))

int
main()
{
        int n1 = 20, n2 = 25;
        float f1 = 12.34, f2 = 56.78;

        /*
         * Einsatz des Makros ADD zum Addieren zweier Integerzahlen.
         */
        printf("%d + %d = %d\n", n1, n2, ADD(n1, n2));

        /*
         * Einsatz des Makros ADD zum Addieren zweier real-Zahlen.
         */
        printf("%f + %f = %f\n", f1, f2, ADD(f1, f2));
```

```
/*
 * Das Makro ADD kann sogar zur Addition von Operanden
 * verschiedenen Datentyps verwendet werden.
 */
printf("%d + %f = %f\n", n1, f1, ADD(n1, f1));


return (0);
}
```

Listing 7.3   Quellcode von ADD_ANY.C

Funktionsdefinitionen und –deklarationen

Aus Bild 7.2 wird ersichtlich, daß eine Funktionsdefinition aus einem
Funktionsheader und der Funktion selbst besteht. Eine Funktionsdefinition darf in einem Programm nur einmal erfolgen.

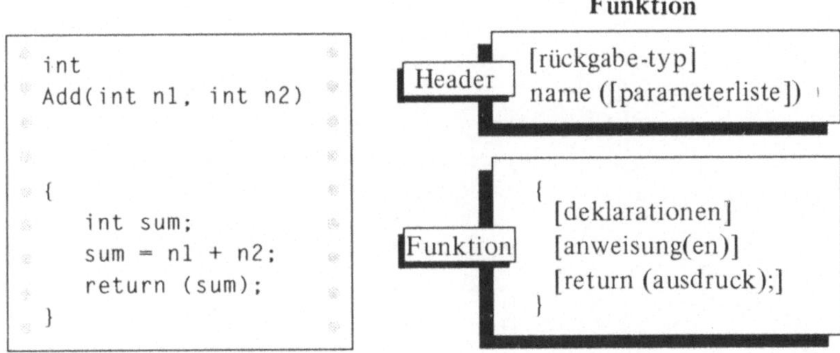

Bild 7.2   Jede Funktionsdefinition besteht aus Header und Anweisungen,
die die eigentliche Funktion darstellen

Im folgenden wird eine allgemein gehaltene Funktionsdefinition gezeigt.
Die ersten beiden Zeilen bilden den Header; während die Angaben im
Block (zwischen den geschweiften Klammern) die Funktionsanweisungen
darstellen:

```
rückgabe_typ
name([parameterliste])
{
    /* Datendeklarationen und -definitionen */

    /* ausführbarer code */
    anweisung(en)
```

```
    /* optionale return-Anweisung */
    return [ausdruck];
}
```

Vor der Verwendung einer Funktion in einem Programm muß diese deklariert werden. Eine Funktionsdeklaration besteht nur aus dem Headerteil der Funktionsdefinition, wodurch der Compiler Informationen über
den Namen der Funktion, ihre Parameter und den Typ des Rückgabewertes erhält.

Eine Funktionsdefinition kann gleichzeitig als Deklaration dienen, wenn
die Definition in der Quelldatei enthalten ist, in der die Funktion später
aufgerufen wird:

```
/* Deklaration und Definition */
int
Add(int n1, int n2)
{
        .
        .
        .
}


int
main(void)
{
        .
        .
        .
    z = Add(x, y);     /* Aufruf einer bereits deklarierten Funktion */
}
```

Falls das Programm eine Funktion vor deren Definition aufruft - was in
der Praxis häufig vorkommt -, muß der Funktionsaufruf in jedem Fall
nach einer zuvor erfolgten Deklaration durchgeführt werden. Durch die
Deklaration wird ein *Funktionsprototyp* (oder kurz *Prototyp*) zur Verfügung gestellt. Der Compiler erkennt so, daß die Funktion zu einem späteren Zeitpunkt definiert wird. Die Deklaration besteht aus dem Headerteil
der Funktionsdefinition und muß mit einem Semikolon beendet werden.

```
/* Deklaration einer Funktion unter Verwendung des Funktionsheaders */
int Add(int, int);


int
main(void)
{
        .

        .

        .
        z = Add(x, y);      /* Aufruf */
}
/* Definition der Funktion */
int
Add(int n1, int n2)
{
        .

        .

        .

}
```

Hier muß die Deklaration der Funktion *Add( )* vor der ersten Benutzung nicht erfolgen, da die Funktion einen Integerwert liefert. Falls ein Programm keinen Rückgabetyp deklariert, erwartet C standardmäßig einen Rückgabewert vom Typ *int*. Bei der Kompilierung wird eine Fehlermeldung ausgegeben, wenn der Rückgabetyp einer Funktion, die keinen *int*-Wert liefert, nicht deklariert wurde.

Funktionsheader

Ein Funktionsheader besteht aus dem Rückgabetyp, dem Funktionsnamen und einer optionalen Parameterliste. Diese Elemente des Headers teilen dem Compiler mit, welche Argumenttypen ein aufrufendes Programm an die Funktion übergibt und welcher Rückgabetyp zu erwarten ist.

Funktionsname (und Parameterliste)

Zum Aufruf einer Funktion in einem C-Programm wird nur der Funktionsname und die Parameterliste in Form einer Anweisung eingegeben:

```
Funktionsname();
```

Auch wenn die Funktion keine Parameter benötigt, müssen die Klammern angegeben werden - sie sind eines der typischen Merkmale einer Funktion. Das Semikolon darf ebenfalls nicht weggelassen werden, es kennzeichnet in der Programmiersprache C das Ende einer Anweisung.

Aus der Deklaration erkennt der Compiler die Anzahl der Parameter sowie deren Datentyp und die Reihenfolge der Übergabe in einem Funktionsaufruf.

Formale Parameter sind Parameter in Funktionsdeklarationen und -definitionen, die Platzhalter für die eigentlichen Argumente darstellen. *Argumente* sind Ausdrücke und Werte, die bei der Programmausführung vom aufrufenden Programm an die Funktion übergeben werden. Die Anzahl der übergebenen Parameter muß mit der Anzahl der formalen Parameter in der Funktionsdeklaration/-definition übereinstimmen.

C unterstützt derzeit zwei Formate von Parameterlisten. Das konventionelle Format besteht aus zwei Listen (Parameter und Typbezeichner). Der folgende Header zur Funktionsdeklaration ist in diesem Format dargestellt. Die Funktion übernimmt zwei *float*-Werte als Parameter; das Funktionsergebnis wird als *double*-Wert zurückgegeben:

```
double Fprodukt(wert1, wert2)
float wert1;
float wert2;
```

Der ANSI-Standardisierungsvorschlag kombiniert Parameternamen und Datentypen und ist kompakter und übersichtlicher:

```
double Fprodukt(float wert1, float wert2)
```

Dieser Vorschlag des ANSI-Komitees bewirkt möglicherweise, daß künftig das neue kombinierte Format verstärkt verwendet wird. In aktuellen Versionen von Quick-C können beide Formate eingesetzt werden. Um die Portabilität zu älteren C-Umgebungen zu erhalten, sollten Sie das konventionelle Format einsetzen, da eine Reihe von C-Compilern das ANSI-Format noch nicht unterstützen. In diesem Buch wird im allgemeinen dem ANSI-Standardisierungsvorschlag gefolgt.

Rückgabetyp

Der deklarierte Rückgabetyp muß mit dem Typ der zurückzugebenden Daten übereinstimmen. Funktionen ohne Rückgabe werden als vom Typ *void* definiert. Das Schlüsselwort *void* bedeutet lediglich, daß die Funktion keinen Wert liefert und daher keine Angabe des Rückgabetyps erfolgt.

Der Typbezeichner kann weggelassen werden, wenn eine Funktion einen Integerwert liefert (Standard in C). Aufgrund der Übersichtlichkeit sollte aber auch hier eine Typangabe explizit erfolgen. Der Programmierer ist so gezwungen, sich über den Rückgabewert der Funktion und dessen Typ Gedanken zu machen. Dadurch wird sichergestellt, daß der Rückgabewert tatsächlich von Typ *int* ist und kein anderes Objekt, das auf dem verwendeten Computer zufällig die Speicherkapazität eines Integerwertes einnimmt.

Funktion

Aus dem Funktionsheader ist nicht zu erkennen, in welcher Weise eine Funktion eine Aufgabe ausführt; die Angabe der Anweisungen erfolgt in der eigentlichen Funktion. Eine C-Funktion besteht aus einem Anweisungsblock, der von geschweiften Klammern umschlossen ist und kann Datendeklarationen und -definitionen, ausführbare Anweisungen und eine Rücksprunganweisung (*return*) enthalten. Jedes dieser Elemente ist optional; lediglich die geschweiften Klammern müssen immer gesetzt werden (auch dann, wenn der Anweisungsblock nur aus einer Anweisung besteht).

Variablendeklaration und -definition

Variablendeklarationen und -definitionen müssen am Anfang eines Funktionsblockes erscheinen. Sofern keine andere Angabe erfolgt, nehmen alle in einer Funktion deklarierten Variablen die Speicherklasse *automatic* an und sind daher lokal. *automatic*-Variablen werden erst aktiv, wenn die Programmkontrolle von der zugehörigen Funktion übernommen wird; bei Beendigung der Funktionsausführung werden die lokalen Variablen und deren Inhalte zerstört (bei einem erneuten Aufruf der Funktion sind die Werte des letzten Programmaufrufs nicht mehr verfügbar).

Im Programm ADD (siehe Listing 7.2) deklariert die Funktion *AddIntegers( )* die *automatic*-Variable *total*, die durch eine Zuweisungsanweisung einen Wert erhält. Die *return*-Anweisung gibt diesen Wert als Funktionswert an das aufrufende Programm zurück. Nach der Ausführung der Rücksprunganweisung existiert die Variable *total* nicht mehr.

Variablen, die mit dem Schlüsselwort *static* in einer Funktion deklariert werden, sind nur innerhalb der Funktion bekannt, existieren aber vor, während und auch nach der Ausführung der Funktion. So behält eine *static*-Variable ihren Wert zwischen zwei Funktionsaufrufen bei.

Anweisungen

Die ausführbaren Anweisungen sind das "Herz" einer Funktion. Die Verwendung von Funktionen ohne Anweisungen ist zwar erlaubt, hat jedoch in einem ausgetesteten Programm keine Bedeutung. Funktionen ohne Inhalt werden häufig bei der Programmentwicklung benutzt, um Programme modular testen zu können.

Die Anzahl und Komplexität der Anweisungen in einer Funktion hängen allein von deren Aufgabe ab. Anweisungen können Aufrufe von anderen Funktionen sein, die wiederum Funktionen aufrufen usw. Eine Funktion kann auch rekursive Aufrufe enthalten, d.h. sich selbst aufrufen. Die Rekursion wird zur Lösung bestimmter Problemstellungen herangezogen (beispielsweise zur Berechnung der Fakultät einer Zahl).

return-Anweisung

Die *return*-Anweisung dient dem Beenden einer Funktion. Die Kontrolle wird an die aufrufende Anweisung zurückgegeben. Die Syntax einer *return*-Anweisung mit Rückgabewert:

```
return [ausdruck];
```

Das Element *ausdruck* muß den in der Funktionsdeklaration angegebenen Datentyp haben.

Funktionen des Typs *void* können auch *return*-Anweisungen enthalten. Ohne das Element *ausdruck* jedoch geben solche Anweisungen einfach die Kontrolle an die aufrufende Anweisung zurück. Falls in der Funktion keine *return*-Anweisung vorhanden ist, erfolgt nach der Abarbeitung der letzten Anweisung in der Funktion eine implizite Rückkehr zur aufrufenden Anweisung.

Eine Funktion kann auch mehrere *return*-Anweisungen enthalten. Sie können zum Beispiel *return*-Anweisungen benutzen, um auf Fehlerbedingungen zu reagieren. Das folgende Programmfragment verwendet eine *return*-Anweisung, um Teile des Programms zu überspringen, wenn sich bestimmte Parameter nicht in einem vorgegebenen Wertebereich befinden.

```
void
ClearRectangle(int r0, int r1, int c0, int c1)
{
        in(r0 < 0 || r1 >= MAXROW)
                return;
        .
        .
        .
}
```

In diesem Beispiel bewirkt die *return*-Anweisung die Beendigung der Funktion, wenn die Argumente *r0* oder *r1* außerhalb des erlaubten Bereichs liegen. Befinden sich beide Werte innerhalb des erwarteten Bereichs, werden die restlichen Anweisungen ausgeführt, und die Kontrolle wird anschließend an das aufrufende Programm zurückgegeben.

Sie können der Funktion weitere Anweisungen hinzufügen. Beispielsweise kann bei erfolgreicher Ausführung der Funktion *ClearRectangle( )* der Integerwert 0 zurückgegeben werden; im Fehlerfall wird der Wert 1 geliefert. Das aufrufende Programm kann den Rückgabewert überprüfen und gegebenenfalls eine korrigierende Maßnahme vornehmen, wenn die Funktionsausführung von *ClearRectangle( )* erfolglos war.

Verwendung von Funktionsprototypen

Je mehr Informationen der Compiler über eine Funktion hat, desto mehr Fehler kann er bereits frühzeitig erkennen. Ein häufig auftretendes Problem in C-Programmen liegt darin, daß eine Funktion mit zu vielen oder zu wenigen Argumenten aufgerufen wird oder falsche Argumenttypen verwendet werden. In frühen C-Umgebungen konnten C-Compiler diese Fehlerbedingungen nicht erkennen, was zu langwierigen Fehlersuchaktionen führte.

Der Quick-C-Compiler überprüft standardmäßig die Funktionsparameter und Rückgabewerte, sofern diese Informationen in Form eines Funktionsprototyps bereitgestellt wurden. Hierin müssen die Datentypen aller formalen Parameter sowie des Rückgabewertes enthalten sein. Durch die Aktivierung eines entsprechenden Prüfmechanismus (Wahl einer höheren Warnstufe in der Kompilierdialogbox) meldet der Compiler inkorrekt verwendete Argumente und Rückgabewerte bereits in einer frühen Testphase.

Viele C-Standardheaderdateien (wie *stdio.h* und *stdlib.h*) enthalten Funktionsprototypen. In C-Programme müssen Headerdateien, die die von Ihnen verwendeten Standardbibliotheksfunktionen enthalten, eingebunden werden.

Datenübertragung zwischen Funktionen

Der Funktionsaufruf-/-rückgabemechanismus ist ein wichtiges Merkmal in C-Programmen. Im Programm AREA (siehe Listing 7.4) werden alle Elemente eines Funktionsaufrufs gezeigt. Hierzu gehören der Gebrauch von Parametern zur Übergabe von Daten an eine aufgerufene Funktion und die Rückgabe der Ergebnisse der Funktion an das aufrufende Element.

AREA berechnet in einem Bereich festgelegter Radien Kreis- und Kugeloberflächen und zeigt diese in tabellarischer Form an. Um die Einzelheiten der Flächenberechnung zu verbergen und die *main( )*-Funktion nicht mit zu vielen - für den Programmfluß unbedeutenden - Details zu überladen, verwendet das Programm die Funktionen *CircleArea( )* und *SphereArea( )* zur Durchführung der Berechnungen. Die Aufrufe in der Funktion *main( )* übergeben jeweils den Radius eines Objekts, woraufhin die aufgerufene Funktion die berechnete Fläche liefert. In Bild 7.3 ist der Aufruf-/Rückgabemechanismus dargestellt.

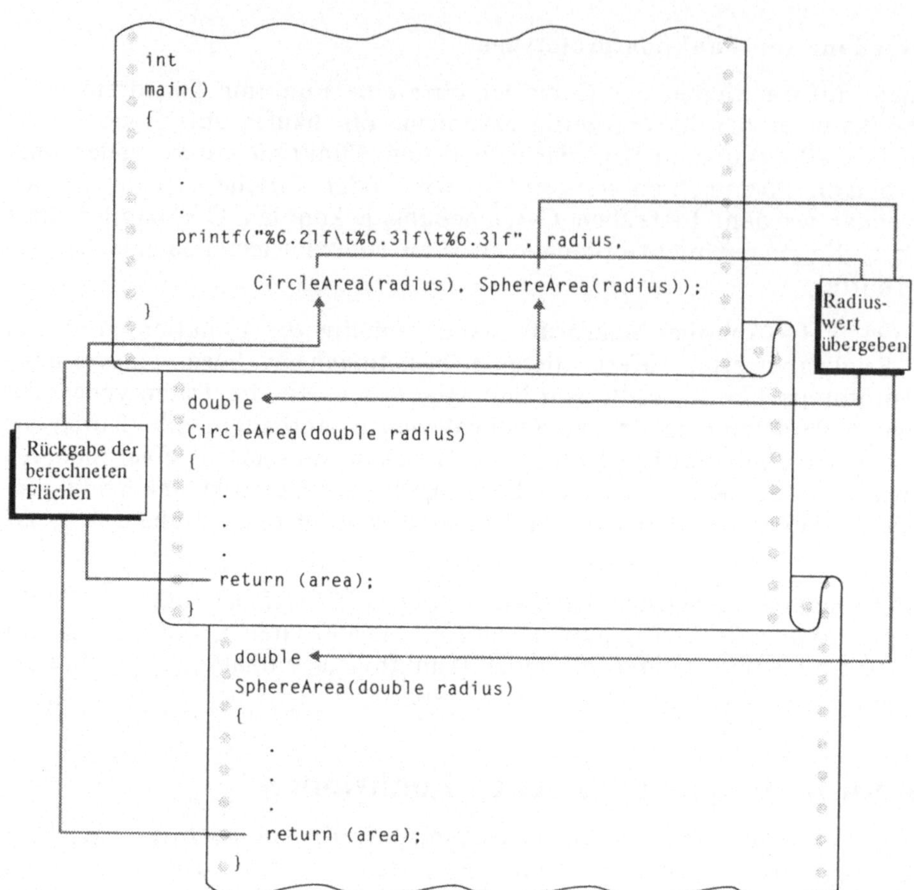

Bild 7.3   CircleArea( ) und SphereArea( ), aufgerufen von main( )

```c
/*
 * A R E A
 *
 * Ausgabe einer Tabelle mit Kreis- und Kugeloberflächen für
 * Radien zwischen 0 und 2 in Schritten zu 0.2 Einheiten.
 */

#include <float.h>
#include <math.h>

#define MAX_RADIUS      2.0
#define PI              3.141592

/*
 * Funktionsprototypen.
 */
double CircleArea(double);
double SphereArea(double);

int
main(void)
{
        double radius;

        /*
         * Überschrift, Spaltenüberschriften und Linien zeichnen.
         */
        puts("=== Flächentabelle ===");
        puts("Radius\tKreis \tKugel ");
        puts("------\t------\t------");

        /*
         * Für jeden Radius werden Radius und Oberflächen des resul-
         * tierenden Kreises und der resultierenden Kugel ausgegeben.
         */
        for (radius = 0.0; radius <= (double)MAX_RADIUS; radius += 0.2)
                printf("%6.2lf\t%6.3lf\t%6.3lf\n", radius,
                        CircleArea(radius), SphereArea(radius));

        return (0);
}
```

```
/*
 * CircleArea()
 *
 * Berechnung der Kreisfläche für einen vorgegebenen Radius.
 */

double
CircleArea(double radius)
{
        double area;
        area = PI * (radius * radius);
        return (area);
}



/*
 * SphereArea()
 *
 * Berechnung der Kugeloberfläche für einen vorgegebenen Radius.
 */

double
SphereArea(double radius)
{
        double area;
        area = 4.0 * PI * (radius * radius);
        return (area);
}
```

Listing 7.4   Quellcode von AREA.C

Für die Deklaration beider Flächenberechnungsfunktionen sind Funktionsprototypen (Funktionsheader) im Programm angegeben, da die Funktion *main( )* Funktionsaufrufe vor der Definition der Funktionen ausführt. Die Prototypen teilen dem Compiler mit, wie viele Argumente zu erwarten sind und welchen Datentyp die Argumente haben werden.

In der *main( )*-Funktion wird zuerst die Variable *radius* deklariert und dann die Tabellenüberschrift angezeigt. Eine *for*-Schleife steuert die Berechnungen. Da die Flächenberechnungen in Funktionen ausgelagert wurden, erscheint in der *for*-Schleife nur eine *printf( )*-Anweisung, die den Aufruf der Berechnungsfunktionen mit entsprechenden Argumenten enthält.

Sowohl *CircleArea( )* als auch *SphereArea( )* sind benutzerdefinierte Funktionen, in denen Fließkommaberechnungen eingesetzt werden. Für die Flächenberechnung muß der Radius quadriert werden, das heißt, der übergebene Wert wird mit sich selbst multipliziert. Die Verwendung der Klammern ist hier unbedingt erforderlich, da nur so sichergestellt ist, daß die Multiplikation vor jeder anderen Operation in der Formel durchgeführt wird.

Nach der Flächenberechnung übergibt die *return*-Anweisung den berechneten Wert an die Funktion *main( )*. Die Funktionsaufrufe dienen also der Berechnung der *Funktionswerte* (das sind die durch die Funktion zurückgegebenen Werte, auch *Rückgabewerte* genannt). Die Werte werden durch *printf( )*-Anweisungen in der Tabelle angezeigt.

Betrachtungen zur Parameterübergabe

Werte werden über Parameter an Funktionen übergeben. Standardmäßig wird (wie im Programm AREA) die Methode der *Übergabe nach Wert* verwendet, wobei eine Kopie der Daten übergeben wird. Die Parameterübergabe kann auch *nach Referenz* erfolgen, was die Übergabe der Adresse von Daten, nicht der Werte selbst, bedeutet.

Übergabe nach Wert

Die *Übergabe nach Wert* bedeutet, daß die übergebenen Werte Kopien der im Funktionsaufruf bereitgestellten Argumente sind. Änderungen an diesen Daten durch die Funktion beziehen sich nicht auf die ursprünglichen Variablen, von denen die Kopien erstellt wurden.

Die aufrufende Funktion ändert lediglich die Variablenkopie; der Originalwert bleibt erhalten. So hat das aufrufende Programm die vollständige Kontrolle über den Aufruf-/Rückgabeprozeß, während es die Dienste der aufgerufenen Funktion in Anspruch nehmen kann.

Übergabe nach Referenz

Die Methode der *Übergabe nach Referenz* an eine Funktion ermöglicht der aufgerufenen Funktion den direkten Zugriff auf die übergebenen Variablen. Dabei wird der Originalwert der Variablen verändert, ohne daß die aufrufende Funktion dies feststellen kann. Diese Übergabemethode ermöglicht auch die Rückgabe mehrerer Werte. Unter normalen Bedingungen kann eine Funktion durch eine *return*-Anweisung nur einen Wert an die aufrufende Anweisung zurückgeben.

Um die Übergabe von Parametern nach Referenz zu verstehen, müssen die Konzepte *Zeiger* und *Umleitung* bekannt sein (siehe Kapitel 9 und 10).

Übungen

1. Beschreiben Sie in eigenen Worten, was eine Funktion ist und warum Funktionen ein wichtiger Aspekt der C-Programmierung sind.

2. Was ist der Unterschied zwischen einem formalen Parameter und einem Argument?

3. Die Formel zur Berechnung des Kugelvolumens ist

   ```
   4 * Pi * Radius3
   ```

   Entwickeln Sie ein Programm, das das Volumen für verschiedene Radien zwischen 0 und 4 Einheiten in Schritten von je 0,2 Einheiten ausgibt. Implementieren Sie zur Volumenberechnung eine Funktion.

4. Entwickeln Sie eine weitere Version des Programms aus Übung 3; für die Volumenberechnung soll diesmal ein Makro eingesetzt werden.

5. Entwickeln Sie die Funktion *ClearScreen( )*, die die gesamte Bildschirmdarstellung löscht, indem eine Reihe von Neue-Zeile-Zeichen ausgegeben werden. Die Anzahl der Neue-Zeile-Zeichen soll durch den Integerparameter *n* festgelegt werden. Schreiben Sie anschließend eine *main( )*-Funktion, die *ClearScreen( )* aufruft. Dabei soll die Anzahl der zu löschenden Zeilen als Argument übergeben werden (es werden mindestens 25 Neue-Zeilen-Zeichen benötigt; bei Systemen mit Ganzseitenbildschirm entsprechend mehr).

Kapitel 8

Felder

Ein *Datenfeld*, kurz *Feld* genannt, ist eine Sammlung von zusammenhängenden Objekten. Der Begriff des Feldes ist auch außerhalb der Computerbranche geläufig, wie die folgenden Beispiele belegen:

- Postfächer in einem Postgebäude

- eine Gruppe von Parkplätzen

- Seiten in einer Zeitschrift oder einem Buch

- Kalender

- die Quadrate eines Schachbretts

- Löcher in einem Gürtel

- Logarithmentafel

Einige dieser Felder (wie die Gürtellöcher und gedruckten Seiten) sind *eindimensionale* oder *lineare Felder*. Die Konzepte Schachbrett und Parkplatz hingegen stellen *mehrdimensionale Felder* dar.

In diesem Kapitel werden Felder und deren Verwendung in der Programmiersprache C erläutert. Sie lernen die Benennung von Feldern kennen, ihre Deklaration und Initialisierung sowie mehrere Möglichkeiten zur Nutzung von Feldern in Programmen. Sie lernen auch den *String* (*Zeichenkette*) kennen, eine Variante eines Feldes.

Felder in C

In C - wie in anderen Programmiersprachen auch - ist ein Feld eine Reihe von logisch miteinander verknüpften Variablen des gleichen Datentyps. Eine Komponente eines Feldes wird *Element* genannt. Elemente werden in aufeinanderfolgenden Speicherstellen gespeichert.

Eine Felddeklaration hat die folgende Form:

```
typ name[dim];
```

Hierbei spezifiziert *typ* den Datentyp jedes Feldelementes, *name* ist der Bezeichner, über den Sie auf ein Feld zugreifen (also der Name), und *dim* steht für die Anzahl der im Feld enthaltenen Elemente.

Vergleichen Sie die folgenden Programmanweisungen:

```
int n;
int number[5];
```

Die erste Anweisung ist die Deklaration einer Integervariable, die zweite erzeugt ein Feld mit dem Namen *number*, das fünf Integerwerte aufnehmen kann.

Die eckigen Klammern zeigen an, daß *number* ein Feld ist und der Wert 5 gibt an, daß das Feld aus fünf Elementen besteht.

Jedes Feldelement weist eine Indexnummer auf, so wie jede Seite eines Buches eine Seitenzahl besitzt. Das erste Element in einem Feld hat in der Programmiersprache C immer den Index 0; das nächste Element hat den Index 1 usw. Jedes Element belegt die gleiche Speicherkapazität - den Betrag, der benötigt wird, um ein Objekt des gegebenen Feldtyps zu speichern. Die Adresse des Elementes 1 ist folglich um die Länge eines Feldelementes höher als die Adresse des Elementes 0.

In Bild 8.1 wird die Speicherstruktur gezeigt, die aus der Deklaration des Feldes *number* resultiert. Der Compiler belegt fünf aufeinanderfolgende Speicherplätze von der Größe eines Integerwertes. Das erste Element des Feldes (mit der niedrigsten Speicheradresse) besitzt den Index 0. Das letzte Element im Feld weist folglich den Index 4 (nicht 5!) auf. Bei der Deklaration eines Feldes werden die Werte der Elemente nicht automatisch definiert; Elemente nehmen bei der Deklaration die Werte an, die vor der Belegung des Speicherplatzes für das Feld zufällig an dieser Stelle abgelegt waren.

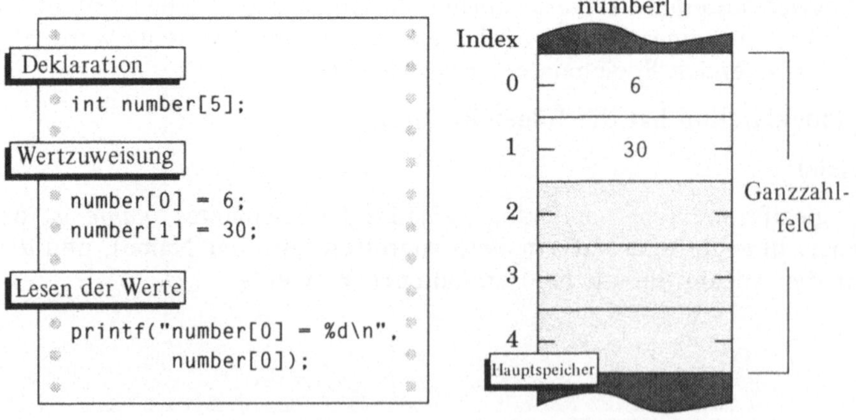

Bild 8.1   Das Feld ist eine häufig genutze Struktur

Zugriff auf Felder

Dem Zugriff auf ein Feldelement dient der Feldname, der zusammen mit einem Index angegeben wird. Auf das erste Element des Feldes *number* wird durch die Angabe *number[0]* zugegriffen.

Der Index eines Feldes stellt einen Offset im Feld dar. Jedes Element eines Feldes befindet sich bei einem Offset, der sich auf den Beginn des Feldes bezieht. So liegt beispielsweise das erste Element bei Offset 0, da es mit dem Beginn des Feldes übereinstimmt. Das erste Element wird im folgenden immer als Element 0 bezeichnet. Entsprechend ist das dritte Element des Feldes *number*, *number[2]*, das Element 2.

<u>Hinweis:</u> Einer der häufigsten Fehler in einem C-Programm ist die falsche Indizierung eines Feldes. C gibt keine Warnmeldung bei der Verwendung eines nicht definierten Index aus.

Feldelementen (siehe Bild 8.1) werden - wie Variablen - Werte zugewiesen. Der einzige Unterschied bei der Zuweisung besteht in der Angabe des Feldindex in eckigen Klammern, der anzeigt, welchem Element des Feldes der angegebene Wert zugewiesen werden soll. Die Zuweisungen

```
number[0] = 6;
number[1] = 30;
```

setzen das Element 0 auf den Wert 6 und das Element 1 auf 30. Die anderen Elemente des Feldes sind noch nicht definiert, da hierfür keine Zuweisungen vorgenommen wurden.

Beim Lesen der Werte im Feld *number* kann lediglich für die Elemente 0 und 1 eine sinnvolle Rückgabe geliefert werden. So zeigt die Anweisung

```
print("number[0] = %d\n", number[0]);
```

diese Zeile auf dem Bildschirm an:

```
number[0] = 6
```

Die Ausgabe der Werte der Elemente 2 bis 4 führt zu einer sinnlosen Anzeige, bis diesen Feldelementen Werte zugewiesen wurden.

Im Programm ALPHA (siehe Listing 8.1) werden die Werte eines zweidimensionalen Feldes zur Erstellung einer Tabelle herangezogen. Eine Tabelle ist üblicherweise eine geordnete Liste, die es ermöglicht, auf einen Wert zuzugreifen, wenn sein Index oder seine relative Position zu anderen Werten in der Tabelle bekannt ist.

Bei der Untersuchung der Quelldatei ALPHA.C werden Sie feststellen, daß das Programm das Integerfeld *alpha*, bestehend aus 26 Elementen, deklariert. Die Anzahl der Elemente wird durch die symbolische Konstante NLETTERS festgelegt. Dieses Feld ist groß genug, um die ASCII-Codes aller Großbuchstaben im Alphabet aufzunehmen.

```c
/*
 * A L P H A
 *
 * Anlegen eines Integerfeldes, das die ASCII-Codes
 * der Buchstaben des Alphabets enthält. Der Inhalt des
 * Feldes wird dann in numerischer Reihenfolge ausgegeben.
 */


#include <stdio.h>

#define NLETTERS 26

int
main(void)
{
        int alpha[NLETTERS];
        int i, length;

        /*
         * Wertzuweisung an das Feld. Diese Schleife weist dem
         * Feld die Buchstaben des Alphabets zu.
         */
        for (i = 0; i < NLETTERS; ++i)
                alpha[i] = i + 'A';
        /*
         * Ausgabe der Feldinhalte.
         */
        for (i = 0; i < NLETTERS; ++i)
                putchar(alpha[i]);
        putchar('\n');

        return (0);
}
```

Listing 8.1   Quellcode von ALPHA.C

Die erste *for*-Schleife im Programm weist jedem Element einen Wert zu,
den numerischen Code eines Großbuchstabens. Der Schleifenzähler *i* beginnt bei 0 und wird bei jedem Schleifendurchlauf erhöht, bis der Wert
26 erreicht ist. Der Wert von *i* wird gleichzeitig als Index in der folgenden Zuweisungsanweisung benutzt, und es werden Zuweisungen für die
Feldelemente 0 bis 25 vorgenommen. Kein Element des Feldes *alpha*
weist den Index 26 auf, die Bedingung in der *for*-Schleife ist nicht mehr
erfüllt, sobald *i* den Wert 25 übersteigt.

Der einem Element zugewiesene Wert ist sein Indexwert (der aktuelle
Wert von *i*), der zum ASCII-Code des Buchstabens *A* addiert wurde. Die

Komponente *'A'* des Ausdrucks *i* + *'A'* ist eine Zeichenkonstante, die den numerischen ASCII-Code des Zeichens (65) darstellt. Beim ersten Durchlauf der Schleife ist *i* gleich 0, und der Wert 65 (das Ergebnis der Ausdrucks 0 + 65) wird dem Element *alpha[0]* zugewiesen. Für das Element *alpha[1]* wird dann der Wert 66 (1 + 65, entsprechend dem Buchstaben *B*) usw. berechnet.

Die zweite *for*-Schleife im Programm bearbeitet das Feld *alpha* und gibt den Wert jedes Feldelementes als Zeichen aus. Das Makro *putchar( )* ist in der Headerdatei *stdio.h* definiert und hat die gleiche Wirkung wie ein *printf( )*-Funktionsaufruf mit der Formatspezifikation %c. Die Ausgabe des Programms ALPHA ist die folgende Zeile:

```
ABCDEFGHIJKLMNOPQRSTUVWXYZ
```

Die Ausgabe wird mit einem Neue-Zeile-Zeichen beendet (eine nachfolgende Ausgabe erscheint in einer neuen Zeile).

Durch das Programm ALPHA wird demonstriert, wie Felder deklariert, Feldelementen Werte zugewiesen und - umgekehrt - Werte aus Feldelementen gelesen werden können. Sie können den Feldelementen auch schon bei der Deklaration Werte zuweisen. Vor der Untersuchung der verschiedenen Initialisierungsmethoden müssen aber noch einige Aussagen zum Einsatz von Speicherklassen getroffen werden.

Speicherklassen

Bei der Erläuterung der Funktionen (siehe Kapitel 7) wurde das Thema *Speicherklassen* kurz berührt. Die Speicherklasse einer C-Variable definiert ihre Lebensdauer und ihren Gültigkeitsbereich. Die *Lebensdauer* einer Variablen ist die Dauer ihrer Existenz; diese kann entweder temporär ("kurzlebig") oder permanent ("langlebig") sein. "Kurzlebig" ist eine Variable, die nur während der Zeit besteht, in der die Funktion oder der Block, in der/dem die Variable definiert ist, ausgeführt wird. Eine permanente Variable hingegen existiert, beginnend mit der Deklaration, während des gesamten Programmablaufs.

Der *Gültigkeitsbereich* einer Variable beschreibt die Zugriffsmöglichkeiten auf die Variable von verschiedenen Stellen in einem Programm aus. Auf eine lokale Variable kann nur in der Funktion oder dem Block zugegriffen werden, in der/dem sie definiert ist. Im Gegensatz dazu kann man auf globale Variablen im gesamten Programm zugreifen.

"Kurzlebige" oder "temporäre" Variablen

Variablen, die innerhalb einer Funktion oder eines Anweisungsblocks deklariert werden, sind kurzlebig, d.h., sie existieren nur während der Ausführung dieser/s Funktion/Blocks. Solche Variablen haben die Speicherklasse *automatic*. Sie können das Schlüsselwort *auto* explizit benutzen, um diese Speicherklasse bei der Deklaration zu spezifizieren. *auto* ist aber in jedem Fall die Vorgabe, wenn keine andere Speicherklasse spezifiziert wird. Das Schlüsselwort *auto* wird nur selten benutzt.

Es soll ein Programm existieren, das aus verschiedenen Funktionen besteht. In einer Funktion deklarieren Sie die Variable *index* wie folgt:

```
void
FunktionA()
{
        int index;
        .

        .

        .

}
```

Beim Beginn der Programmausführung von *FunktionA( )* ist *index* ein leerer Speicherplatz auf dem Stapel. Der Stapel besteht einfach aus einer Reihe von Speicherstellen, die vom Programm belegt sind, und dient der temporären Speicherung von Werten. Die Variable *index* wird während der Ausführung von *FunktionA( )* eingesetzt. Nachdem *FunktionA( )* beendet wird, erfolgt das Löschen von *index* aus dem Stapel. Die Variable *index* existiert im folgenden nicht mehr.

"Langlebige" oder "dauerhafte" Variablen

Eine Variable, die außerhalb einer Funktion oder eines Anweisungsblocks deklariert ist, ist "langlebig". Solche Variablen werden auch als *permanent* oder *dauerhaft* bezeichnet und existieren während der gesamten Programmausführung. Es kann auch eine Variable, die in einer Funktion oder einem Anweisungsblock deklariert wird, explizit als permanent deklariert werden, indem das Schlüsselwort *static* eingesetzt wird.

Die folgende Funktion benutzt sowohl globale als auch lokale *static*-Variablen:

```
int Verbose = 0;  /* globale Variable */


void
FunktionB()
{
        static int first = 1; /* dauerhafte lokale Variable */
        if (first) {
                /* Initialisierung einmal vornehmen */
                .

                .

                .
                first = 0;
```

```
            if (Verbose) {
                    printf("Konfigurationsdaten initialisiert\n");
    }
    /* Aufgaben von FunktionB() */
        .

        .

        .

    if (Verbose)
            printf("Datenverarbeitung\n")

        .

        .

        .

}
```

static-Variablen behalten ihre Werte auch dann bei, wenn das Modul, in dem sie deklariert werden, derzeit nicht ausgeführt wird. Folglich sind sie für die Nutzung in Funktionen geeignet, die Werte von einem Aufruf zum nächsten beibehalten sollen (wie *FunktionB( )* im vorherigen Beispiel). Die Variable *first* wird beim Programmablauf auf den Wert 1 gesetzt. Bei der ersten Ausführung von *FunktionB( )* hat *first* einen Wert ungleich Null, so daß der Block ausgeführt und *first* der Wert 0 zugewiesen wird. Bei nachfolgenden Aufrufen von *FunktionB( )* initialisiert die Funktion den Wert von *first* nicht nochmals.

Die globale Variable *Verbose* kontrolliert die Ausgabe von Meldungen in *FunktionB( )*. *Verbose* hat einen Anfangswert von 0, eine Meldung wird demnach nicht angezeigt. Nachdem ein anderer Teil des Programms *Verbose* auf einen Wert ungleich Null setzt, zeigt das Programm Hilfsmeldungen an.

Die globale Variable *Verbose* kann von jedem Programmteil aus verwendet werden, d.h., ihr Wert kann auch von anderen Funktionen gelesen und modifiziert werden. Die *static*-Variable *first* hingegen ist lokal. Obwohl das Schlüsselwort *static* sie als "langlebige" Variable deklariert, kann nur *FunktionB( )* darauf zugreifen.

Externe Variablen

Das bei einer Variablendeklaration angegebene Schlüsselwort *extern* zeigt an, daß die Variable, auf die in der aktuellen Datei zugegriffen wird, in einer anderen Datei definiert ist. Bei der Verwendung von Quick C muß der gesamte Quellcode eines Programms in einer Datei vorliegen, folglich werden keine externen Deklarationen für Variablen benötigt. Trotzdem sollte das Schlüsselwort *extern* bekannt sein (falls Sie mit anderen C-Compilern arbeiten).

Registerspeicherung von Variablen

Sie können die Speicherklasse *register* auf Variablen anwenden, die vom
Typ *int* oder mit einem kleineren Datentyp deklariert wurden. Das
Schlüsselwort *register* ist lediglich eine Anforderung, die Variable für den
schnellen Zugriff in einem Register zu speichern. In freien Registern
werden so deklarierte Variablen abgelegt. Sollten nicht genügend Register
zur Verfügung stehen, deklariert der Compiler die Variablen üblicherweise als der Speicherklasse *auto* angehörend. Die Programme in diesem Buch
nutzen die Speicherklasse *register* nicht; bei der fortgeschrittenen Programmierung ist der Einsatz der Speicherklasse *register* allerdings nicht zu
vermeiden.

Initialisieren eines Feldes

Das Initialisieren eines Feldes bedeutet, daß Sie einigen oder allen Elementen bei der Deklaration Werte zuweisen. Nur globale und lokale *static*-Felder können bei der Deklaration initialisiert werden.

Die Feldinitialisierung erfolgt in dieser Weise:

```
typ name[dim] = { liste };
```

Hierbei ist *liste* eine Reihe von Werten des Felddatentyps. Die Initialisierungsliste kann Werte für alle Elemente des Feldes oder nur für einige
Feldelemente enthalten. Eine unvollständige Liste initialisiert so viele Elemente, wie in der Liste Angaben zu finden sind. Alle übrigen Elemente
werden automatisch auf den Wert 0 gesetzt.

Die Spezifikation *dim* kann weggelassen werden, wenn in der Initialisierungsliste Werte für alle Feldelemente angegeben werden. In diesem Fall
berechnet der C-Compiler die Anzahl der Elemente aufgrund der übergebenen Werte.

Die folgende Anweisung erzeugt ein Feld aus Integerwerten, die die Ta-
geszahlen jedes Monats darstellen:

```
static int days[] = {
         31, 28, 31, 30, 31, 30,
         31, 31, 30, 31, 30, 31
};
```

Bei dieser Deklaration ist folgendes zu beachten: Zum ersten wird keine
Felddimension angegeben, da eine vollständige Liste der Initialisierungswerte folgt. Sie können den Wert 12 in eckige Klammern setzen, dies ist
aber nicht nötig.

Die Initialisierungsliste umfaßt mehrere Zeilen. Da C leeren Raum (Leerzeichen, Tabulatoren und Wagenrücklaufzeichen) nicht als Trennung zwi-

schen Befehlen interpretiert, hat die Anzahl der verwendeten Zeilen keine Bedeutung.

Das Komma zwischen den Initialisierungswerten ist ein Trennzeichen; hinter dem letzten Wert wird kein Komma benötigt. Das Element 0, das erste Element, ist dem Monat Januar zugeordnet, da Feldindizes immer mit 0 beginnen. In einem Programm, das dieses Feld nutzt, muß auf die Monatswerte durch die Indexwerte 0 bis 11 (nicht 1 bis 12) zugegriffen werden.

Sie können das Feld *days* auch mit 13 Elementen deklarieren und dem Element 0 einen Dummy-Wert (0 genügt) zuweisen. Die Elemente 1 bis 12 liefern dann gültige Werte, und die Indizes stimmen mit der natürlichen Numerierung der Monate überein. Beim Feldzugriff über eine Schleife muß in diesem Fall dann ein Anfangsindex von 1 (statt 0) verwendet werden.

Das Programm MINMAX (Listing 8.2) dient der Suche des größten und kleinsten Wertes von mehreren Zahlen. Die Eingabe des Programmes ist ein *static*-Feld mit Zahlen. Die zwei Makros MIN und MAX vergleichen aus dem Feld gelesene Wertepaare. MIN liefert den Minimal- und MAX den Maximalwert zweier Werte. Die Makros setzen den bedingten Operator in C zur Bestimmung des Rückgabewertes ein.

```
/*
 * M I N M A X
 *
 * Einsatz eines static-Feldes. Das Programm
 * überprüft eine Reihe von Zahlen und liefert
 * die kleinste und größte gefundene Zahl.
 */

#define MIN(a, b)  (((a) < (b)) ? (a) : (b))
#define MAX(a, b)  (((a) > (b)) ? (a) : (b))

#define NVALUES 20

int
main(void)
{
        int i;
        int minval, maxval;
        static int value[] = {
                20, 11, 13, 19, 55, 99, 87, 30, 62, 15,
                36, 76, 18, 94, 86, 22,  7, 12, 88, 47
        };
```

```
      /*
       * Suche von Minimal- and Maximalwerten in der Liste.
       */
      minval = maxval = value[0];
      for (i = 1; i < NVALUES; ++i) {
              minval = MIN(minval, value[i]);
              maxval = MAX(maxval, value[i]);
      }


      /*
       * Ergebnisse anzeigen.
       */
      printf("Minimalwert = %d;  Maximalwert = %d\n",
              minval, maxval);


      return (0);
}
```

Listing 8.2   Quellcode von MINMAX.C

Die Variablen *minwert* und *maxwert* werden anfänglich auf den Wert des
ersten Feldelementes (*value[0]*) gesetzt. Als nächstes bewirkt eine *for*-
Schleife, daß bei jedem Schleifendurchlauf einer der restlichen Werte gelesen wird. Wenn der gerade gelesene Wert kleiner als der aktuelle Wert
von *minwert* ist, schreibt MINMAX den neuen Minimalwert in *minwert*.
Ist der gerade gelesene Wert größer als der aktuelle Wert von *maxwert*, si-
chert MINMAX den neuen Maximalwert in *maxwert*. Nach dem Lesen aller Werte des Feldes werden die aktuellen Werte der Variablen *minwert*
und *maxwert* auf dem Bildschirm ausgegeben.

Um das Programm MINMAX flexibler zu gestalten, können Sie in einer
Variablen die Größe des Feldes angeben. Der bislang im Programm festgelegte Wert von NVALUES, 20, ist eine Grenze (maximal 20 Werte).
Durch die Deklaration einer weiteren Integervariable, zum Beispiel *size*,
können Sie das Programm die Größe des Feldes selbständig bestimmen
lassen; die Konstante NVALUES wird dann nicht mehr benötigt. Nach
der Deklaration und Initialisierung des Wertes *array* berechnet die folgende Programmanweisung die Anzahl der initialisierten Elemente:

```
size = sizeof (value) / sizeof (int);
```

Das Schlüsselwort *sizeof* ist ein C-Operator, der die Größe eines Objektes
oder eines Datentyps in Bytes liefert. Im Beispiel ist *sizeof(value)* die
Größe des Feldes, und *sizeof(int)* ist die Größe eines *int*-Wertes im verwendeten System. Die Größe des Feldes in Bytes dividiert durch die Größe eines *int*-Wertes in Bytes ist die Anzahl der Elemente im Integerfeld.

Diese Berechnung berücksichtigt nicht nur die Anzahl der Initialisierungswerte, sondern auch die Möglichkeit verschiedener Integerwert-Grö-

ßen auf unterschiedlichen Computern. Falls die Portabilität von Bedeutung ist, sollte auf keinen Fall der Wert 2 anstelle des Ausdrucks *sizeof(int)* eingegeben werden (obwohl dies bei den meisten Computern zum gleichen Ergebnis führen würde). Bei einem 32-bit-Computer behandelt C einen Integerwert aber beispielsweise als 4-byte-Objekt.

In Bild 8.2 und im Programm HEXDEMO (Listing 8.3) wird gezeigt, wie ein Feld als Konvertierungstabelle eingesetzt werden kann. Das Programm HEXDEMO.C besteht aus der *main( )*-Funktion, die die gesamte Ein- und Ausgabe steuert, und der Funktion *DecToHex( )*, die die Konvertierung zwischen den Zahlensystemen übernimmt. Das Programm fragt den Benutzer nach einer Zahl zwischen 0 und 15 und zeigt dann sowohl die dezimale Zahl als auch die hexadezimale Entsprechung auf dem Bildschirm an.

Das Feld *hextab* enthält 16 Elemente. Die Werte in den ersten zehn Feldelementen stimmen mit deren Offsets (im dezimalen Zahlensystem) überein. Die Werte in den übrigen sechs Elementen sind die hexadezimalen Entsprechungen der Dezimalzahlen von 10 bis 15. Das Feld enthält also eine einfache Umwandlungstabelle zwischen dem dezimalen Feldoffset und dem korrespondierenden hexadezimalen Zeichen. Der Einsatz der hexadezimalen Notation erlaubt die Darstellung einer 4-bit-Binärzahl als ein Zeichen und erleichtert damit die Lesbarkeit von Zahlen.

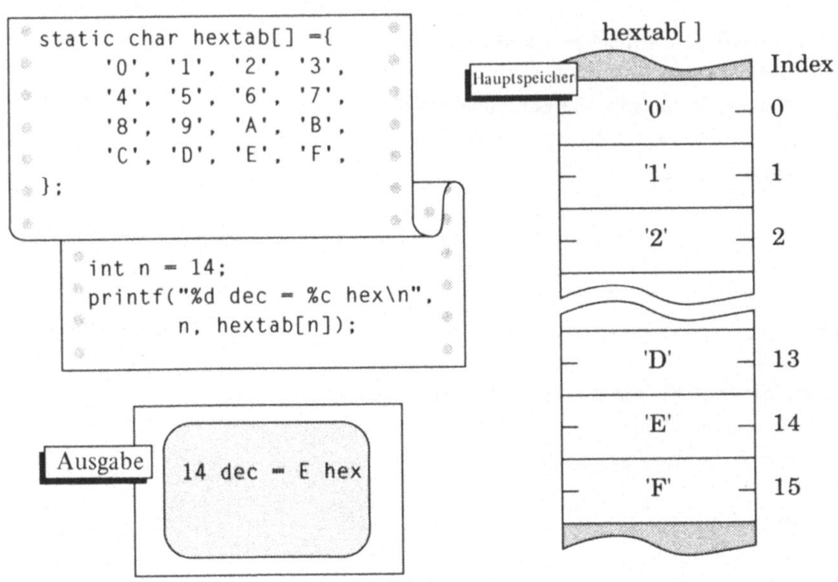

Bild 8.2   Ein Feld kann als Konvertierungtabelle eingesetzt werden

Die Funktion *DecToHex( )* wandelt den Eingabewert in eine Zahl kleiner
als 16 um, indem der Ausdruck *Eingabe Modulo 16* berechnet wird. Das
Ergebnis wird als Feldindex benutzt. Diese Vorsichtsmaßnahme stellt sicher, daß ein vom Benutzer eingegebener Wert immer in einen Wert umgewandelt wird, der im gültigen Bereich der Umwandlungstabelle liegt.

```
/*
 * H E X D E M O
 *
 * Demonstration der Konvertierung von Dezimal-
 * in Hexadezimalzahlen.
 */


char DecToHex(int);


int
main(void)
{
        int number;


        /*
         * Benutzer zur Eingabe einer Zahl auffordern und Zahl lesen.
         * Die gelesene Zahl wird dann in die Hexnotation konvertiert
         * und ausgegeben.
         */
        printf(Dezimalzahl eingeben (0 bis 15): ");
        scanf("%d", &number);
        printf("%d -> %c hex\n", number, DecToHex(number));


        return (0);
}




/*
 * DecToHex()
 *
 * Konvertierung einer Zahl vom Dezimal- in das Hexadezimalsystem.
 */


char
DecToHex(int digit)
{
        char hexchar;
        static char hextab[] = {
```

```
                '0', '1', '2', '3', '4', '5', '6', '7',
                '8', '9', 'A', 'B', 'C', 'D', 'E', 'F'
        };


        /*
         * Sicherstellen, daß die eingegebene Zahl im erlaubten
         * Bereich (modulo 16) ist und Hexäquivalent in der
         * Konvertierungstabelle suchen.
         */
        hexchar = hextab[digit % 16];


        return (hexchar);
}
```

Listing 8.3   Quellcode von HEXDEMO.C

Zeichenketten

Anders als BASIC und Pascal kennt C keinen Datentyp *String*. In C ist
ein String einfach ein Feld aus Zeichen, das mit einem Nullbyte endet
(dem ASCII-NUL-Zeichen). Das NUL-Byte ist das Endezeichen für Zei-
chenkettenfelder, man spricht auch von *mit Null beendeten* oder *ASCIIZ-
Strings*. C benutzt dieses Symbol zur Bestimmung des Feldendes.

Das Konzept der Speicherung von Strings mit einem Endezeichen hat
Vor- und Nachteile. Der Vorteil besteht in der beliebigen Länge, die ein
String annehmen kann. In BASIC und Pascal ist die Länge eines Strings
im String selbst enthalten, jeder String weist hier eine feste Länge auf.

Ein Nachteil von Strings in C ist, daß ein Programmierer ein Zeichenfeld
anlegen kann, wobei vergessen wird, das abschließende NUL-Byte anzugeben. Es ist dann möglich, daß Strings über das tatsächliche Feldende
hinaus gelesen und geschrieben werden, und ein ungültiger Wert wird geliefert oder ein anderer als der gewünschte Speicherbereich bearbeitet.
Solche Probleme führen meist zu einer komplexen und langwierigen Fehlersuche.

Im folgenden soll gezeigt werden, wie in der Programmiersprache C
Strings angelegt werden. Da ein String ein Zeichenfeld ist, können Sie ein
Zeichenfeld deklarieren und es zeichenweise initialisieren:

```
static char prompt[] = {
            'B', 'e', 'f', 'e', 'h', 'l', ':', ' ', '\0'
};
```

Das Zeichen '\0', das als letztes Feldelement initialisiert wird, ist das
Stringendezeichen. Hierbei handelt es sich um eine Zeichenkonstante, die
für das NUL-Zeichen steht.

Diese Methode der Initialisierung einer Zeichenkette ist recht langwierig.
Sie müssen vier oder fünf Tasten für jedes im String enthaltene Zeichen
anschlagen. Die Verwendung einer Kurzform ist aber möglich: Das gleiche Ergebnis erhält man, wenn der Text des Strings einfach in Anführungszeichen eingegeben wird:

```
static char prompt[] = {"Befehl: "};
```

Sie brauchen hierbei nicht nur weniger Tasten zu betätigen, sondern Sie
ersparen sich auch das abschließende NUL-Byte - Quick C hängt bei der
Kompilierung der Quelldatei automatisch ein NUL-Byte an.

Das Programm STRINGS (siehe Listing 8.4) zeigt, wie zwei Strings deklariert und auf verschiedene Art und Weise ausgegeben werden. Bei der
Deklaration ist die Angabe der Speicherklasse *static* (bei nicht-globalen
Feldern) aufgrund der sofort erfolgenden Initialisierung unbedingt notwendig.

```
/*
 * S T R I N G S
 *
 * Darstellung der Ausgabe von Zeichenketten, wobei
 * verschiedene Arten der Ersetzung gezeigt werden.
 */


int main(void)
{
        static char word1[] = { "fuss" };
        static char word2[] = { 'b', 'a', 'l', 'l', '\0' };

        printf("das ziel im %s%s ist es, den %s mit dem %s zu treten.\n",
                word1, word2, word2, word1);

        return 0;
}
```

Listing 8.4   Quellcode von STRINGS.C

Die *printf( )*-Anweisung in diesem Programm verknüpft die Strings, so
daß die folgende Ausgabe erscheint:

```
das ziel im fussball ist es, den ball mit dem fuss zu treten.
```

Das Programm SUBSTR (siehe Listing 8.5) ist eine ausgebaute Version
von STRINGS und zeigt eine komplizierte Verwendung von Strings und
Feldindizes. SUBSTR fordert den Benutzer zur Eingabe einer Zeichenkette, eines Anfangsindex und einer Längenangabe auf. Das Programm extrahiert einen Teilstring ab dem angegebenen Anfangsindex und mit der
angegebenen Länge aus dem vom Benutzer angegebenen String.

```c
/*
 * S U B S T R
 *
 * Extrahierung eines Teilstrings aus einem Quellstring.
 */

void CopySubstring(char [], int, int, char []);

#define MAXSTR   100

int
main(void)
{
        char str1[MAXSTR];        /* Eingabepuffer */
        char str2[MAXSTR];        /* Teilstringpuffer */
        int i;                    /* Feldindex */
        int spos;                 /* Anfangsposition */
        int len;                  /* geforderte Länge */

        /*
         * Eingabe des Benutzers holen.
         */
        printf("Quellstring eingeben: ");
        gets(str1);
        printf("Startindex eingeben: ");
        scanf("%d", &spos);
        printf("Teilstringlänge eingeben: ");
        scanf("%d", &len);

        /*
         * Teilstring extrahieren.
         */
        CopySubstring(str1, spos, len, str2);

        /*
         * Ergebnis anzeigen.
         */
        if (strlen(str2) > 0)
                printf("Teilstring = %s\n", str2);
```

```c
        else
                puts("Leerer Teilstring--überprüfen Sie die Eingaben");

        return (0);
}



/*
 * CopySubstring()
 *
 * Teilstring aus einem Quellstring extrahieren. Kopieren ab der
 * angegebenen Startposition, bis die geforderte Anzahl an Zeichen
 * kopiert wurde oder das Ende des Quellstrings erreicht ist.
 */

void
CopySubstring(char source[], int start, int count, char result[])
{
        int i;            /* Index */

        /*
         * Falls Startposition innerhalb des Strings: kopiere
         * Zeichen vom Quellstring nach Ergebnisstring.
         */
        if (start >= 0 && strlen(source) > start)
                for (i = 0; i < count && source[start + i] != '\0'; ++i)
                        result[i] = source[start + i];

        /*
         * Stringendezeichen anhängen. Gleichzeitig wird dadurch eine
         * gültige Rückgabe bei inkorrekten Eingaben geliefert.
         */
        result[i] = '\0';
}
```

Listing 8.5   Quellcode von SUBSTR.C

Die beiden Zeichenfelder *str1* und *str2* sind Stringpuffer, ein Reservoir, in denen Zeichen gesammelt werden. Die Felder werden nicht als *static* deklariert, da eine Initialisierung nicht umgehend stattfindet. Werte werden mit der *scanf( )*-Anweisung, die den Quellstring liest, nach *str1* oder durch die direkte Zuweisung in der *CopySubstring( )*-Funktion nach *str2* übertragen.

In Bild 8.3 wird gezeigt, welche Vorgänge in der Funktion *CopySubstring( )* ablaufen. Im wesentlichen beginnt die Funktion an der angegebenen Startposition (*spos*) im Quellstring (*str1*); sie kopiert die spezifizierte

Anzahl von Zeichen (*len*) vom Quellstring in den Ergebnisstring (*str2*) und stellt das Endezeichen für den Ergebnisstring zur Verfügung.

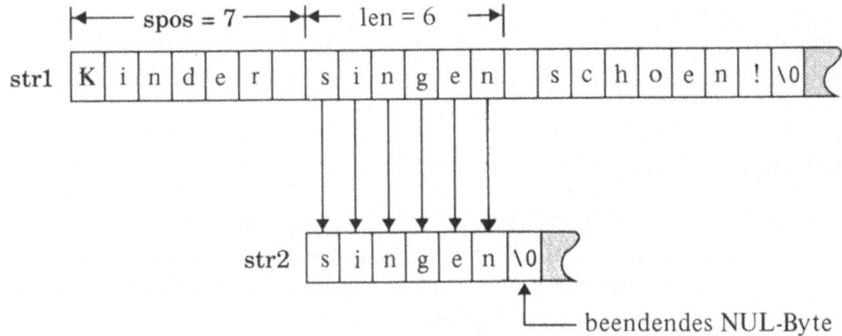

*Bild 8.3   CopySubstring( ) extrahiert einen Teilstring aus einer
            Zeichenkette*

Die Funktion *CopySubstring( )* zeigt ein weiteres Leistungsmerkmal der Programmiersprache C: die Übergabe eines Feldes an eine Funktion. Die Übergabe einer Variablen an eine Funktion bedeutet in C normalerweise die Übergabe einer Kopie des Variablenwertes. Dies ist eine *Parameterübergabe nach Wert*, wie sie in Kapitel 7 beschrieben wird. Die Übergabe eines Feldes jedoch macht eine *Übergabe nach Referenz* notwendig, die der Funktion den direkten Zugriff auf das Feld erlaubt. Der Funktionsheader von *CopySubstring( )* enthält die folgende Parameterdeklaration für den Quellstring:

```
char source[]
```

Bei der Übergabe dieses Parameters durch den Compiler wird die Adresse des Feldes – seine Position im Speicher – verwendet. Die Funktion kann daher direkt auf ein beliebiges Feldelement im Speicher zugreifen. Die Übergabe des Ergebnisfeldes funktioniert gleichermaßen.

Ein wichtiger Gesichtspunkt der Programmierung ist die korrekte Abarbeitung eines Programms in Grenzbereichen. Die Eingabe einer hinter dem Stringende liegenden Anfangsposition oder eines negativen Wertes als Anfangsposition muß vom Programm SUBSTR bearbeitet werden können. Durch die Prüfung der Feldgrenzen in *CopySubstring( )* kann für den Zielstring ein abschließendes NUL-Byte bereitgestellt werden, was einem leeren String entspricht.

Die Funktion *CopySubstring( )* verwendet die Standardbibliotheksfunktion *strlen( )* zur Verifizierung der Anfangsposition im Quellstring. *strlen( )* übernimmt als Argument einen mit NUL beendeten String und liefert seine Länge in Bytes (das NUL-Byte wird dabei nicht gezählt). Ist die

Quellstringlänge höher als der Offset der Startposition, beginnt die Funktion mit dem Kopieren der Zeichen. Anschließend wird eine weitere Prüfung vorgenommen, um sicherzustellen, daß die Funktion keine "Zeichen" kopiert, die hinter dem Ende des Quellstrings liegen. Wenn die Längenangabe das Kopieren von mehr Zeichen verlangt als im Quellstring bis zum regulären Stringende verbleiben, wird die Schleife vorzeitig beendet und der Kopiervorgang am Ende des Quellstrings abgebrochen.

Mehrdimensionale Felder

Felder können mehr als eine Dimension haben. Das Schachbrett ist ein Objekt, das zwei Dimensionen hat. Ein Rubik-Würfel besitzt drei Dimensionen (Höhe, Breite und Tiefe). Viele wissenschaftliche Probleme erfordern das Arbeiten mit vier oder mehr Dimensionen.

Die Programmiersprache C erlaubt die Deklaration von mehrdimensionalen Feldern, indem ein Feld deklariert wird, dessen Elemente selbst aus Feldern bestehen. Das Deklarieren mehrdimensionaler Felder ist in C recht einfach:

```
Feld[dim1] [dim2] ... [dimN]
```

In Bild 8.4 wird gezeigt, wie ein Feld von 4 x 2 Integerwerten im Speicher abgelegt wird. Wie Sie sehen, ist das zweidimensionale Feld ein eindimensionales Feld mit vier Elementen, von denen jedes wiederum aus einem 2-elementigen Feld besteht. Die Felddeklaration reserviert den benötigten Speicherplatz und initialisiert das Feld. Die geschweiften Klammern um jedes Wertepaar sind nicht erforderlich, machen die Anweisung aber verständlicher. Wird das Feld als Sammlung von Zeilen und Spalten angesehen, besagt der erste Feldindex in der Deklaration, wie viele Zeilen das Feld enthält, und der zweite spezifiziert die Anzahl der Spalten (Anzahl der Feldelemente pro Zeile).

Zum Zugriff auf Elemente eines zweidimensionalen Feldes müssen beide Feldindizes angegeben werden (der erste bestimmt die Zeile des Elementes und der zweite dient der Festlegung der Spalte). Um alle Werte des Feldes auszugeben, setzt das Programm 2DARRAY (siehe Listing 8.6) zwei Schleifen ein (jede Schleife steuert einen Feldindex).

Im nächsten Kapitel werden Zeiger besprochen, eines der wichtigsten Leistungsmerkmale der Programmiersprache C. Die enge Verwandtschaft von Feldern und Zeigern erlaubt es, Aufgaben leichter zu lösen, die in anderen Programmiersprachen nur schwierig oder gar nicht implementierbar sind.

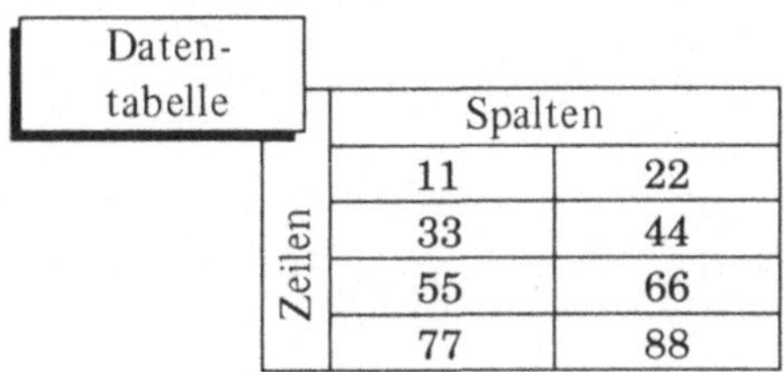

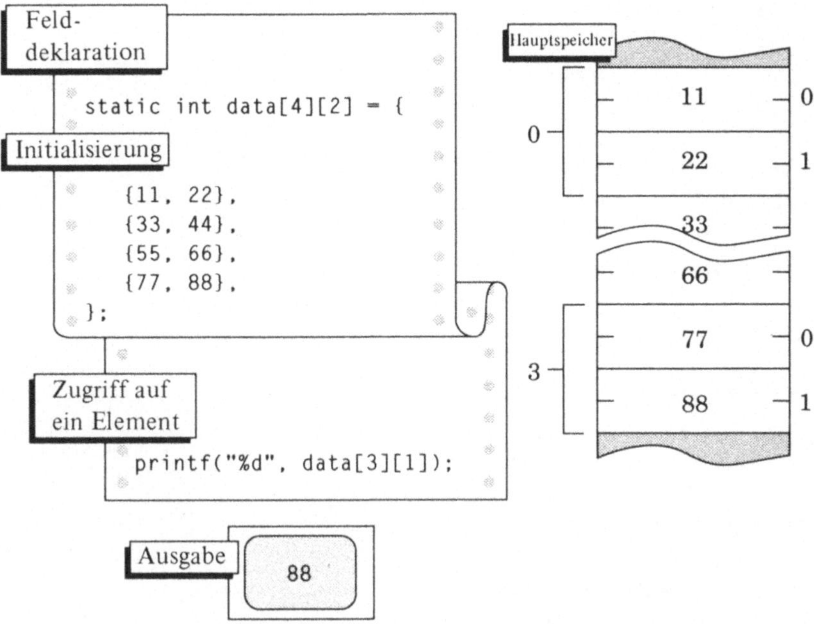

Bild 8.4 *Feld aus vier Elementen, von denen jedes ein Feld aus zwei Elementen ist*

```c
/*
 * 2 D A R R A Y
 *
 * Anlegen eines zweidimensionalen Feldes mit Initialisierung.
 * Anschließend werden die Werte der Elemente ausgegeben.
 */

#define ROWS    4
#define COLS    2


int
main(void)
{
        int row, col;

        static int data[4][2] = {
                { 11, 22 },
                { 33, 44 },
                { 55, 66 },
                { 77, 88 }
        };


        /*
         * Inhalt des Feldes ausgeben.
         */
        for (row = 0; row < ROWS; ++row)
                for (col = 0; col < COLS; ++col)
                        printf("data[%d][%d] = %d\n",
                                row, col, data[row][col]);


        return (0);
}
```

Listing 8.6   Quelldatei von 2DARRAY.C

Übungen

1. Beschreiben Sie mit eigenen Worten, was ein Feld ist, und nennen Sie
    fünf Verwendungsmöglichkeiten von Feldern in Programmen.

2. Streichen Sie die falschen Aussagen aus der folgenden Liste:

a. Die Quadrate auf einem Schachbrett bilden ein zweidimensionales
    Feld.

b. Das erste Element eines Feldes hat in der Programmiersprache C
    immer den Index 1.

c.   In einer Felddeklaration muß immer eine Dimension angegeben werden.

d.   Der Zugriff über das Feldende hinaus führt zu einem unvorhersehbaren Programmverhalten.

e.   Alle Elemente eines Feldes müssen vom gleichen Datentyp sein.

3.   Unter welchen Bedingungen kann ein Feld bei der Deklaration initialisiert werden? Schreiben Sie die Deklaration für das Feld *buchst*, das zehn Zeichen aufnehmen soll, und initialisieren Sie es mit den ersten zehn Kleinbuchstaben des Alphabets. Deklarieren Sie das Feld als lokal für eine Funktion.

4.   Was fällt Ihnen am folgenden Programmfragment auf?

```
#define MAXITEMS 10
     .

     .

     .

int i, value[MAXITEMS];
for (i = 0; i <= MAXITEMS; ++i)
            value[i] = i;
```

5.   C kennt keinen Stringdatentyp. Was ist also ein String in C und wie erzeugen Sie ihn?

6.   Ein Integerfeld wird mit den folgenden Elementwerten initialisiert: 12, 34, 56 und 78. Schreiben Sie ein Programm, das dieses Feld anlegt, die Inhalte der Elemente addiert und den Durchschnittswert berechnet. Geben Sie die Summe und den Durchschnittswert auf dem Bildschirm aus.

7.   Wahr oder falsch: Sie können die Werte von Feldelementen an eine Funktion übergeben, aber Sie können nicht das gesamte Feld an eine Funktion übergeben.

8.   Was ist die einfachste Art, alle Elemente eines Integerfeldes auf den Wert 0 (100) zu initialisieren? Entwickeln Sie Programmfragmente, um diese Fälle für das Feld *nummern* (zehn Elemente) zu zeigen.

9.   Die Standardbibliotheksfunktion *strlen( )* liefert die Anzahl der Zeichen in einem String (wobei das abschließende NUL-Byte nicht mitgezählt wird). Schreiben Sie eine eigene *StringLength( )*-Funktion, die dieselbe Aufgabe wie *strlen( )* ausführt, das beendende NUL-Byte aber in die Zählung einbezieht.

10. Vorgegeben sei diese Felddeklaration:

```
int array[] = {
            10, 20, 30, 40, 50, 60
};
```

Entwickeln Sie ein Programm zum Vertauschen der Elemente. Setzen
Sie eine Schleife ein, die das äußerste Elementpaar vertauscht, dann
werden das zweite und vorletzte Element vertauscht und schließlich
das innerste Paar. Schreiben Sie das Programm so, daß es von der
Anzahl der Feldelemente unabhängig ist, und testen Sie es mit einem
Integerfeld, das neun Elemente enthält.

Kapitel 9

Zeiger

Zeiger gehören zu den wichtigsten, aber auch schwierigsten Aspekten in der C-Programmierung. Zeiger bestehen aus Adressen von Objekten; durch die Verwendung von Zeigern wird der indirekte Zugriff auf Objekte möglich.

In diesem Kapitel wird gezeigt, wie Zeiger in der Programmiersprache C für den einfachen Zugriff auf Zahlen oder Zeichen eingesetzt werden können. Anschließend wird die Verwendung von Zeigern zur Bearbeitung von Strings und die enge Verwandtschaft zwischen Zeigern und Feldern dargestellt.

Adressen, Zeiger und Umleitung

Jede Seite eines Buches besitzt eine Seitennummer, die als Adresse dieser Seite angesehen werden kann. Entsprechend ist das Sachwortverzeichnis eines Buches, das Themen mit Seitennummern verbindet, vergleichbar mit einem Feld symbolischer Namen und ihrer Speicheradressen. Die Seitennummern "zeigen auf" Stellen im Text, so wie Zeiger in C physikalische Adressen im Speicher beschreiben.

Verwendung von Adressen

Alle Objekte in einem Programm - außer den im Mikroprozessor enthaltenen - befinden sich an einer bestimmten Speicheradresse. Üblicherweise erfolgt der Bezug auf Objekte über den Namen, nicht aber über die Adressen. Das folgende Programmfragment arbeitet mit Variablennamen (nicht mit direkten Adressen), was der bisher im Buch verwendeten Methode entspricht:

```
int number1, number2, sum;
number1 = 5;
number2 = 7;
sum = number1 + number2;
```

In der Anweisung werden die Werte der Variablen *number1* und *number2* addiert, und das Ergebnis der Addition wird der Variablen *sum* zugewiesen. Die Verwaltung der Speicherstellen der Variablen ist dabei für den Programmierer belanglos.

Um das Prinzip der Zeiger zu verstehen, muß bekannt sein, was während eines Additionsprozesses im Hauptspeicher geschieht. Es soll mit einer

einfachen Übung begonnen werden. Hierzu sind die folgenden Zeilen
vorgegeben:

```
number1        -      - 1
number2        -      - 2
sum            -      - 3
np1            -      - 4
np2            -      - 5
```

Beachten Sie die Bindestriche in der Darstellung. Die Zahlen hinter dem
zweiten Bindestrich repräsentieren den Speicherplatz. Die Worte vor den
Bindestrichen sind *Bezeichner*, die den Speicherstellen (Platz zwischen den
beiden Bindestrichen) entsprechen. Im folgenden übernehmen Sie die Rolle des Computers und führen die folgenden "Programm-"Anweisungen
aus:

Quellcode	**Vorgang**
number1 = 5	Schreiben Sie den Wert 5 hinter den Bezeichner number1.
number2 = 7	Schreiben Sie den Wert 7 hinter den Bezeichner number2.
sum = number1 + number2	Addieren Sie number1 zu number2 und schreiben Sie das Ergebnis hinter den Bezeichner sum.

Um diese einfache Operation durchzuführen, handelt Ihr Gehirn wie die
Schaltkreise eines Computers: Es entnimmt einen Wert aus einem Speicherplatz und speichert ihn im "Akkumulator" (das heißt, der Wert wird
zur weiteren Verarbeitung zwischengespeichert). Nun wird ein weiterer
Wert aus einem anderen Speicherplatz entnommen und dieser zum zwi-
schengespeicherten Wert addiert. Die Summe wird dann in einem dritten
Speicherplatz abgelegt.

Das/Der Gehirn/Prozessor hat die physikalischen Adressen der Variablen
eigenständig verwaltet. Zum Laden und Sichern von Variablenwerten
werden die verschiedenen Speicherstellen verwendet. Das Programm wurde aber auf eine von Adressen unabhängige Art entwickelt - es kommen
nur symbolische Namen zum Einsatz. Die wenigen Zeilen sind noch recht
übersichtlich. Wie aber erfolgt eine Verwaltung, wenn es sich um Hunderte oder Tausende symbolischer Namen handelt?

Für den Compiler besteht die Lösung in der Erstellung einer Symboltabelle, in der jedem Variablennamen eine Speicheradresse zugeordnet ist.
Beim Programmablauf existieren die Variablennamen und alle anderen
symbolischen Informationen, die der besseren Verständlichkeit im Quellprogramm dienen. Das ausführbare Programm verwendet nur die Speicheradressen und Datenwerte.

Erstellen von Zeigern

Die Speicherung und Manipulation von Werten bei der Ausführung von Berechnungen mit Variablennamen ist nun bekannt. Im folgenden soll die Verwendung von Zeigern als Alternative dargestellt und die Addition mit Zeigern durchgeführt werden.

In den meisten Programmiersprachen sind Zeiger lediglich Variablen, die die Adressen anderer Variablen enthalten. Die Größe des Speicherplatzes, der von einem Zeiger belegt wird, ist von folgenden Faktoren abhängig:

- Architektur des Computers.

- Aufbau des Compilers.

- Art und Weise, in der ein Zeiger deklariert wird (im Falle des IBM PC).

Zeiger wurden bereits in der Funktion *scanf( )* eingesetzt, wo der erste Parameter ein Formatstring ist. Alle weiteren Parameter sind Zeiger auf Speicherstellen. Bei der Verwendung von *scanf( )* müssen Argumente in Form von Adressen bereitgestellt werden:

```
int i;
   .
   .
   .
scanf("%d", &i);
```

Das Kaufmanns-Und & vor dem Variablennamen *i* teilt dem Compiler mit, daß der vom Benutzer eingegebene Integerwert (Ganzzahl) an die in *i* enthaltene Adresse geschrieben werden soll. Diese Adresse wird bei der Initialisierung der Variablen *i* festgelegt.

Im Falle von *scanf( )* wird der Speicherplatz, auf den *&i* zeigt, durch eine zuvor im Programm erfolgte Variablendeklaration festgelegt. Zur Erzeugung eigener Zeiger legen Sie durch eine normale Deklaration einen Speicherplatz für ein Objekt (beispielsweise einen Integerwert) fest und deklarieren anschließend eine neue Art von Objekt - einen Zeiger -, das die Adresse des Integerwertes enthält.

Zur Initialisierung eines Zeigers muß der Name des Zeigers sowie der Datentyp des Objekts, auf das gezeigt wird, in der Zeigerdeklaration angegeben werden. Die allgemeine Form einer Zeigerdeklaration lautet:

```
typ *name;
```

Der Operator * unterscheidet diese Anweisung von der Deklaration einer normalen Variablen. Sie können die Deklaration auf zwei Arten lesen:

- *name* ist ein Zeiger auf ein Objekt vom Typ *typ*.

- **name* ist ein Objekt des Typs *typ*.

Jede dieser Interpretationen ist korrekt. Die erste trifft bei Ausdrücken zu, die die Adresse nutzen, die zweite bei Ausdrücken, die sich auf den bei der Adresse gespeicherten Wert beziehen.

Hinweis: Das Zeichen * wird in C unterschiedlich eingesetzt. Der Operator * in einer Zeigerdeklaration ist ein unitärer Operator. Im Gegensatz dazu kann * auch ein binärer Operator sein, wenn er zur Multiplikation eingesetzt wird (oder auch in der Form *=). Der C-Compiler erkennt am Kontext, welche Operation auszuführen ist. Das Zeichen * erscheint auch in den Symbolen /* und */, die den Beginn und das Ende eines Kommentars kennzeichnen.

Zur Deklaration eines Zeigers auf die Variable *sum* muß die folgende Anweisung ausgeführt werden:

```
int *sp;
```

Lesen Sie die Deklaration von rechts nach links als *Die Variable sp ist ein Zeiger auf einen Integerwert*. Ähnlich deklariert die folgende Anweisung

```
int *np1, *np2;
```

np1 und *np2* als Zeiger auf Integerwerte. Jeder Variablenname muß mit dem Operator * versehen sein. Durch die folgende Deklaration

```
int *np1, np2;
```

werden ein Zeiger auf einen Integerwert (*np1*) und ein Integerwert (*np2*) selbst deklariert. Bei der Deklaration eines Zeigers muß immer ein Asteriskzeichen (Stern) angegeben werden.

Nachdem nun Speicherplatz für einige Variablen belegt wurde, die Adressen aufnehmen sollen, müssen die Adressen als nächstes gesetzt werden. Das Kaufmanns-Und & ist ein unitärer Operator, der die Adresse seines Operanden liefert. *&sum* entspricht folglich der Adresse der Variablen *sum*. Um einen Adreßwert in der Zeigervariablen *sp* zu speichern, wird diese Zuweisungsanweisung verwendet:

```
sp = &sum;        /* sp zeigt nun auf die Adresse von sum */
```

Gleichermaßen können Sie Zeiger auf zwei numerische Variablen richten:

```
np1 = &number1; /* np1 zeigt auf die Adresse von number1 */
np2 = &number2; /* np2 zeigt auf die Adresse von number2 */
```

Nachdem die Speicherstelle einer Variablen bekannt ist, kann diese Information zum Zugriff auf den in der Variablen enthaltenen Wert genutzt werden. Der Asteriskoperator * ermöglicht den Zugriff auf einen Wert, der in einem durch einen Zeiger bezeichneten Speicherplatz abgelegt ist. Der Wert von *np1* ist der Wert, der in der Variablen *number1* gespeichert ist. Die Zuweisung

```
*np1 = 5;
```

hat die gleiche Wirkung wie diese Zuweisung:

```
number1 = 5;
```

Der Variablenname *number1* und der Ausdruck **np1* bezeichnen beide den Wert, der in dem durch die Zeigervariable *np1* beschriebenen Speicherplatz abgelegt ist.

Im folgenden soll eine Addition mit Zeigern durchgeführt werden. In der Tabelle zeigt die linke Spalte Programmanweisungen, die Werte zuweisen und Berechnungen durchführen. Die rechte Spalte hingegen enthält die Beschreibung der korrespondierenden Compileraufgaben. Schreiben Sie die Zahlen - wie im letzten Beispiel - in den entsprechend gekennzeichneten Raum der folgenden Tabelle:

```
number1        -       - 1
number2        -       - 2
sum            -       - 3
np1            -       - 4
np2            -       - 5
sp             -       - 6
```

Quellcode

np1 = &number1	Schreiben Sie die Adresse von number1 hinter den Bezeichner np1.
np2 = &number2	Schreiben Sie die Adresse von number2 hinter den Bezeichner np2.
sp = &sum	Schreiben Sie die Adresse von sum hinter den Bezeichner sp.
*np1 = 5	Schreiben Sie den Wert 5 in die Zeile, auf die np1 zeigt.
*np2 = 7	Schreiben Sie den Wert 7 in die Zeile, auf die np2 zeigt.
*sp = *np1 + *np2	Addieren Sie den Wert der Zeile, auf die np1 zeigt, zu dem Wert in der Zeile, auf die np2 zeigt, und schreiben Sie das Ergebnis in die durch sp gekennzeichnete Zeile.

Vorgang steht als Überschrift über der rechten Spalte.

In Bild 9.1 wird die Prozedur nach ihrer Vervollständigung gezeigt. Die Beziehungen zwischen den Objekten und ihren Adressen werden aufgezeigt und die Bedeutung des "Zeigens", wie es in C zum Einsatz kommt, wird demonstriert.

```
Setzen der Zeiger: np1 = &number1;
                   np2 = &number2;
                   sp  = &sum;

Bezeichner     Speicherinhalt     Adresse

Integervariablen

number1        -          5       - 1
number2        -          7       - 2
sum            -         12       - 3
```

```
Zeigervariablen

np1             -       1       - 4
np2             -       2       - 5
sp              -       3       - 6
```

Bild 9.1   Beziehung zwischen Speicherobjekten und Adressen

Das Programm ADD_PTR (siehe Listing 9.1) nimmt die Addition über Zeiger vor. ADD_PTR gibt zusätzlich eine Tabelle mit Variablennamen, Adressen und Werten aus, um das Konzept der Zeiger zu verdeutlichen.

```
/* A D D _ P T R
 *
 * Verdeutlichung der Deklaration und des Einsatzes von Zeigern.
 *
 */


int
main(void)
{
        int number1, number2, sum;     /* Variablennamen deklarieren */
        int *np1, *np2, *sp;           /* Zeiger deklarieren          */


        /*
         * Adressen der deklarierten Variablen den Zeigern zuweisen.
         */
        np1 = &number1;
        np2 = &number2;
        sp = &sum;
```

```
    /*
     * Werte in die Speicherstellen schreiben, auf die die
     * Zeiger gerichtet sind.
     */
    *np1 = 5;
    *np2 = 7;
    *sp = *np1 + *np2;


    /*
     * Adressen der Variablen und deren Inhalte ausgeben.
     */
    printf("\nName\tAdresse\tWert\n");
    printf("----\t-------\t----\n");
    printf("%s\t%d\t%d\n", "number1", &number1, *np1);
    printf("%s\t%d\t%d\n", "number2", &number2, *np2);
    printf("%s\t%d\t%d\n", "sum", &sum, *sp);
    printf("%s\t%d\t%d\n", "*np1", &np1, np1);
    printf("%s\t%d\t%d\n", "*np2", &np2, np2);
    printf("%s\t%d\t%d\n", "*sp", &sp, sp);


    return (0);
}
```

Listing 9.1   Quellcode von ADD_PTR.C

Die ersten beiden Zeilen deklarieren sechs Werte vom Typ Integer – drei
int-Variablen und drei Zeigervariablen auf *int*-Werte. Anschließend werden den Zeigern die Adressen der drei *int*-Variablen zugewiesen. Die
nächste Anweisung dient der Zuweisung von Werten an die Variablen.
Schließlich setzt das Programm mehrere *printf( )*-Anweisungen ein, um
eine Tabelle der Variablennamen, ihrer Adressen im Speicher sowie der
aktuellen Werte anzuzeigen.

Hierbei wird die Anzeige einer Variablenadresse durch *printf( )*-Anwei-
sungen gezeigt. Zu erkennen ist die Formatspezifikation *%u*, die einen
Wert als vorzeichenlose Integerzahl darstellt. Diese Verfahrensweise zur
Anzeige von Variablenadressen kann nur bei 16-bit-Computern verwendet werden (wie einem IBM PC). Bei Computern mit einer anderen Wortgröße führt diese Angabe zu Fehlern. Zudem ist die Adresse nicht als ab-
solute Adresse, sondern als Offset im aktuellen Datensegment angegeben.
Eine weitergehende Erklärung setzt Kenntnisse der segmentierten Adreß-
architektur des IBM PC voraus, was den Rahmen dieses Buches sprengen
würde.

<u>Hinweis:</u> Beim IBM PC belegen eine Variable vom Typ int und eine Zeigervariable auf einen
int-Wert die gleiche Speicherkapazität. Beide Objekte sind jedoch grundsätzlich verschieden
und können unterschiedliche Längen aufweisen. Ein Zeiger auf einen Integerwert ist mit einem
Integerwert nicht identisch!

Mit Zeigern und deren Verwendung sollten Sie so früh wie möglich vertraut werden. Die Arbeit mit der Programmiersprache C wird durch den Einsatz von Zeigern wesentlich effizienter.

Für die Verwendung von Zeigern gibt es verschiedene Gründe:

- Als erstes ist der Zugriff auf sequentielle Feldelemente mit Zeigern sehr einfach und effizient möglich.

- Adressen von Feldern und Strukturen können statt der vollständigen Objekte übergeben werden.

- Zeiger werden auch als Rückgabeparameter in Funktionen eingesetzt, die mehrere Rückgabewerte liefern.

- Mit wachsender Erfahrung in der C-Programmierung werden Sie Programme mit komplizierten Datenstrukturen entwickeln, in denen sich Objekte verschiedenen Typs aufeinander beziehen. Der Einsatz von Zeigern stellt hier die einfachste Methode zur Erstellung von Verweisen oder Verknüpfungen dar.

Verwendung eines Zeigers auf Zeichen

Zeiger beziehen sich nicht nur auf Integervariablen. Im folgenden soll ein Beispiel mit Zeigern auf einen Wert vom Typ *Zeichen* erläutert werden. Das Programm CHAR_PTR (siehe Listing 9.2) zeigt die Verwendung von Zeigern auf Zeichen, wobei zum einen der direkte Zugriff auf eine Zeichenvariable und zum anderen der indirekte Zugriff dargestellt wird.

```
/*
 * C H A R _ P T R
 *
 * Dieses Programm zeigt die Verwendung von Zeigern auf Zeichen
 * zum indirekten Zugriff auf eine Variable.
 */

int
main(void)
{
        char ch;                /* Zeichenvariable */
        char *cp;               /* Zeichenzeiger   */


        /*
         * Speichern der Adresse der Zeichenvariablen ch
         * in der Zeichenzeigervariable cp.
         */
        cp = &ch;       /* & ist die "Adresse des" Operators */
```

```
    /*
     * Direkte Zuweisung des Buchstabens 'A' an ch und
     * Ausgabe.
     */
    ch = 'A';
    printf("ch = %c\n", ch);            /* Direkter Zugriff auf ch */


    /*
     * Zuweisung des Buchstabens 'A' an ch über die indirekte
     * Zuweisung durch den Zeiger cp. Die Werte von ch, *cp
     * und cp werden dann ausgegeben.
     */
    *cp = 'A';                          /* Indirekte Zuweisung */
    printf("ch = %c\n", ch);           /* ch direkt gelesen   */
    printf("*cp = %c\n", *cp);         /* ch indirekt gelesen */
    printf("cp = %u\n", cp);           /* Adresse von ch      */


    return (0);
}
```

Listing 9.2   Quellcode von CHAR_PTR.C

In Bild 9.2 ist erkennbar, daß das Programm eine Zeichenvariable und eine Zeigervariable auf Zeichen deklariert. Anschließend wird der Zeiger gesetzt. Der Prozeß des indirekten Zugriffs auf eine Zeichenvariable wird dabei verdeutlicht. Die physikalischen Adressen werden nicht dargestellt, da diese nicht von Interesse sind und auch nicht bekannt sein müssen. Wichtig ist lediglich, daß die Zeigervariable *cp* auf die Zeichenvariable *ch* gerichtet ist.

Bei der ersten Zuweisung eines Wertes an *ch* wird die direkte Methode eingesetzt (der Buchstabe *A* wird zugewiesen). Die zweite Methode weist *ch* den Wert *A* indirekt zu, dabei ist **cp* - wie auch *ch* - ein Zeichenobjekt.

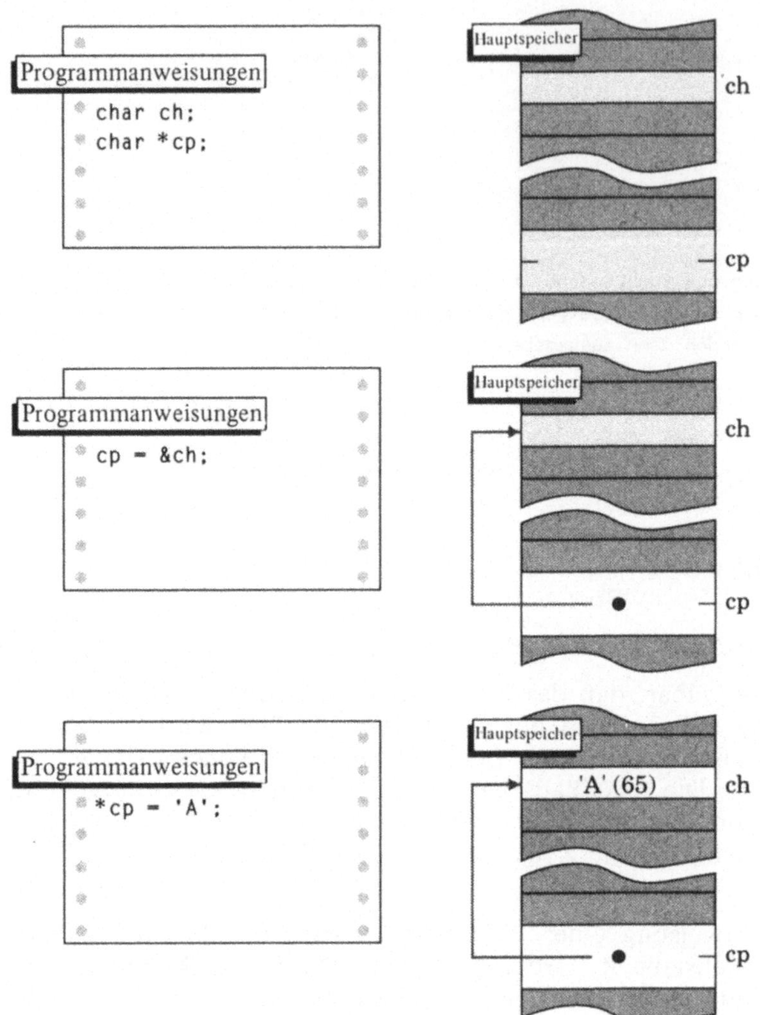

Bild 9.2   Zeiger ermöglichen den indirekten Zugriff auf Variablen

Zeiger als Funktionsargumente

Ein Grund für die Übergabe eines Zeigers an eine Funktion statt der
Übergabe einer Kopie des Variablenwertes ist die Einsparung von Zeit
und Speicherkapazität. Die Übergabe einer Variablenkopie, eines Feldes
oder einer vollständigen Datenstruktur erfordert sehr viel Speicherkapazität und Übertragungszeit. Um den Datendurchsatz eines Programmes zu

optimieren, kann statt dessen lediglich die Adresse einer Variable übergeben werden, und die Funktion greift dann über einen Zeiger auf die einzelnen Feldelemente zu.

Ein weiterer Grund für den Einsatz von Zeigern als Funktionsparameter ist die Rückgabe mehrerer Funktionswerte. Eine Funktion kann durch eine *return*-Anweisung genau einen Wert liefern. Durch den Einsatz von Zeigerparametern wird gewährleistet, daß eine aufgerufene Funktion auf die Variablen der aufrufenden Funktion zugreifen und diese ändern kann (dies entspricht der Rückgabe mehrerer Werte). Die aufrufende Funktion muß in diesem Fall eine Variablenadresse statt eines Wertes übergeben.

Werte vertauschen

In Kapitel 7 wurde bereits die Übergabe von Parametern nach Wert erläutert - dies ist die Standardübergabemethode in der Programmiersprache C. Die Übergabe von Parametern nach Referenz (Übergabe der Adresse) wurde noch nicht beschrieben, da diese Methode Kenntnisse der Zeiger-Konzepte voraussetzt. Das Programm SWAP (siehe Listing 9.3) nutzt beide Arten der Parameterübergabe.

Das Programm besteht aus einer *main( )*-Funktion und den Funktionen *SwapByValue( )* und *SwapByReference( )*. Die *main( )*-Funktion initialisiert zwei Integervariablen und ruft *SwapByValue( )* mit zwei Parametern (Variablennamen) auf. Da bei der Parameterübergabe nach Wert der Variablenwert kopiert und die Kopie an die Funktion übergeben wird, hat der Funktionsaufruf keine Auswirkung auf die Originalwerte. Unabhängig von der Operation, die die Funktion *SwapByValue( )* mit den übergebenen Kopien ausführt, werden die Variablen der *main( )*-Funktion nicht verändert.

Zur Modifikation einer der Funktion *main( )* zugeordneten Variable muß entweder die aufgerufene Funktion einen Wert liefern, der der Variablen zugewiesen wird, oder es wird von *main( )* eine Funktion aufgerufen, die die Parameterübergabe nach Referenz einsetzt.

SwapByReference( ) ist eine solche Funktion. Ihre beiden Argumente werden als Zeiger auf Integerwerte deklariert, und die *main( )*-Funktion übergibt beim Funktionsaufruf die Adressen *&var1* und *&var2*. Operationen, die durch *SwapByReference( )* vorgenommen werden, wirken sich direkt auf *var1* und *var2* in *main( )* aus.

```c
/*
 * S W A P
 *
 * Vertauschen von Werten im Hauptspeicher durch
 * "Parameterübergabe nach Wert" und "Parameterübergabe nach
 * Referenz", um den grundlegenden Unterschied zwischen den beiden
 * Übergabemethoden deutlich zu machen.
 */

#include <stdio.h>

int
main(void)
{
        int val1, val2;          /* Integerwerte */

        /*
         * Funktionsprototypen.
         */
        void SwapByValue(int, int);
        void SwapByReference(int *, int *);

        /*
         * Variablen initialisieren.
         */
        val1 = 10;
        val2 = 20;
        puts("Parameterübergabetest\n");
        printf("Startwerte:\n\tval1 = %d;   val2 = %d\n",
                val1, val2);

        /*
         * Parameterübergabe nach Wert.
         */
        puts("Nach Übergabe-nach-Wert-Versuch:");
        SwapByValue(val1, val2);
        printf("\tval1 = %d;   val2 = %d\n", val1, val2);

        /*
         * Parameterübergabe nach Referenz.
         */
        puts("Nach Übergabe-nach-Referenz-Versuch:");
        SwapByReference(&val1, &val2);
```

```c
        printf("\tval1 = %d;   val2 = %d\n", val1, val2);

        return (0);
}



/*
 * SwapByValue()
 *
 * Versuch, zwei Variablen im Hauptspeicher unter Verwendung der
 * Parameterübergabe nach Wert zu vertauschen.
 */

void
SwapByValue(int v1, int v2)
{
        int tmp;          /* Vertauschpuffer */

        /*
         * Vertauschen der Werte von v1 und v2. Da v1 und v2
         * Kopien der Originalargumente sind, bleiben die Variablen
         * in main() hiervon unberührt.
         */
        tmp = v1;
        v1 = v2;
        v2 = tmp;
}



/*
 * SwapByReference()
 *
 * Versuch, zwei Variablen im Hauptspeicher unter Verwendung der
 * Parameterübergabe nach Referenz zu vertauschen.
 */

void
SwapByReference(int *vp1, int *vp2)
{
        int tmp;             /* Temporärvariable zum Vertauschen */
```

```
        /*
         * Vertauschen der Werte in den Variablen, auf die
         * vp1 und vp2 zeigen. Da vp1 und vp2 die Adressen der
         * Originalargumente sind, ändern sich die Werte in main()
         * durch diese Funktion.
         */
        tmp = *vp1;
        *vp1 = *vp2;
        *vp2 = tmp;
}
```

Listing 9.3   Quellcode von SWAP.C

SwapByValue( ) und *SwapByReference( )* liefern keine Rückgabewerte und
werden daher als *void* deklariert.

Zeiger und Felder

Ein Feld besteht aus einer Reihe von Objekten des gleichen Datentyps.
Auf die Werte der Feldelemente wird durch die Angabe der Nummer des
Elementes zugegriffen. Im folgenden wird durch den Einsatz eines Zeigers eine Alternative verfügbar. Deklarieren Sie den Zeiger so, daß er auf
den Beginn des Feldes zeigt, und verwenden Sie ihn zum indirekten Zugriff auf Feldelemente. Hier die Variablendeklarationen:

```
#define NITEMS 16
 .
 .
 .
long lnum[NITEMS];
long *lp;
```

Der Zeiger *lp* ist vom gleichen Typ wie die Elemente des Feldes *lnum*.
Der Zeiger muß nun auf den Anfang des Feldes gerichtet werden. Da der
Operator & auch auf Felder angewendet werden kann und die Adresse eines Feldes die Adresse seines ersten Elementes ist, kann die Zeigervariable wie folgt gesetzt werden:

```
lp = &lnum[0];
```

In Bild 9.3 wird die Speicherplatzbelegung gezeigt, nachdem dem Zeiger
auf diese Weise ein Wert zugewiesen wurde.

Um dem Element 0 (erstes Element) des Feldes *lnum* den Wert 1000L zuzuweisen, können Sie folgende Zuweisungsanweisung einsetzen:

```
lnum[0] = 1000L;
```

Die Zuweisung kann aber auch über einen Zeiger auf das Element erfolgen. Da der Zeiger *lp* auf das erste Element von *lnum* gerichtet ist, kann

dem Element 0 mit folgender einfacher Anweisung ein Wert zugewiesen werden:

```
*lp = 1000L;
```

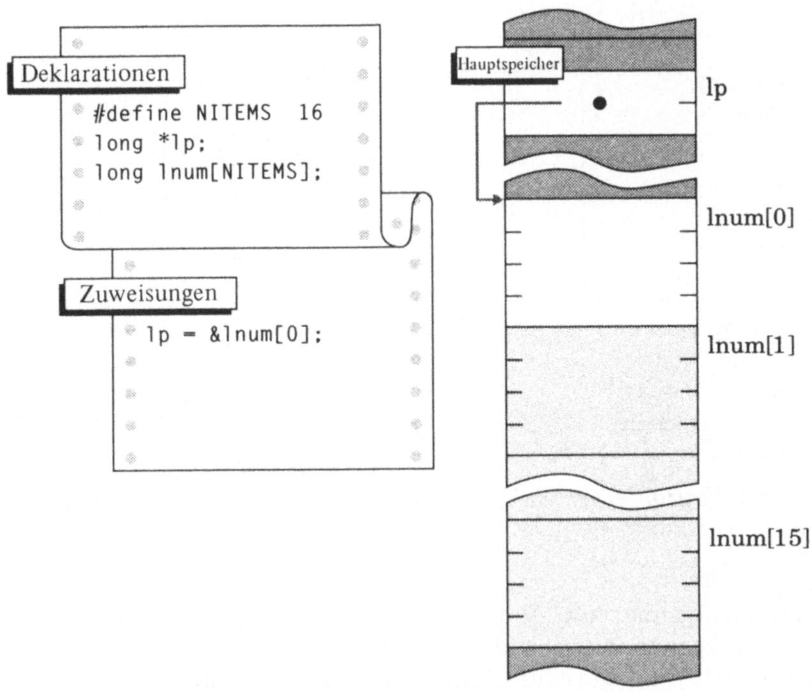

Bild 9.3   Zeiger auf ein Feld setzen

Der Wert 92000L wird nun dem Element 2 (drittes Element) des Feldes *lnum* zugewiesen. Auch hier kann der Zeiger eingesetzt werden. Die folgenden beiden Anweisungen sind in ihrer Auswirkung identisch:

```
lnum[2] = 92000L;
*(lp + 2) = 92000L;
```

Die zweite Anweisung ist korrekt, da sich Zeigerverweise am Datentyp des durch den Zeiger beschriebenen Objekts ausrichten. So zeigt der Offset 2 im Ausdruck *(lp + 2)* immer auf das Element 2 des Feldes (unabhängig von der Länge der Elemente). Der Offset spezifiziert die Anzahl der Elemente - nicht die Anzahl der Bytes -, die zur Basisadresse addiert werden, um die Zieladresse zu erhalten. Das Asteriskzeichen muß außerhalb der Klammern erscheinen und wirkt folglich auf das Ergebnis des Klammerausdrucks, nicht nur auf den Zeiger *lp*. Bei der Verwendung von *long*-Daten wird der Offset zu 8, da jedes *long*-Element vier Bytes umfaßt. In Bild 9.4 wird die Verwendung von Zeigeroffsets gezeigt.

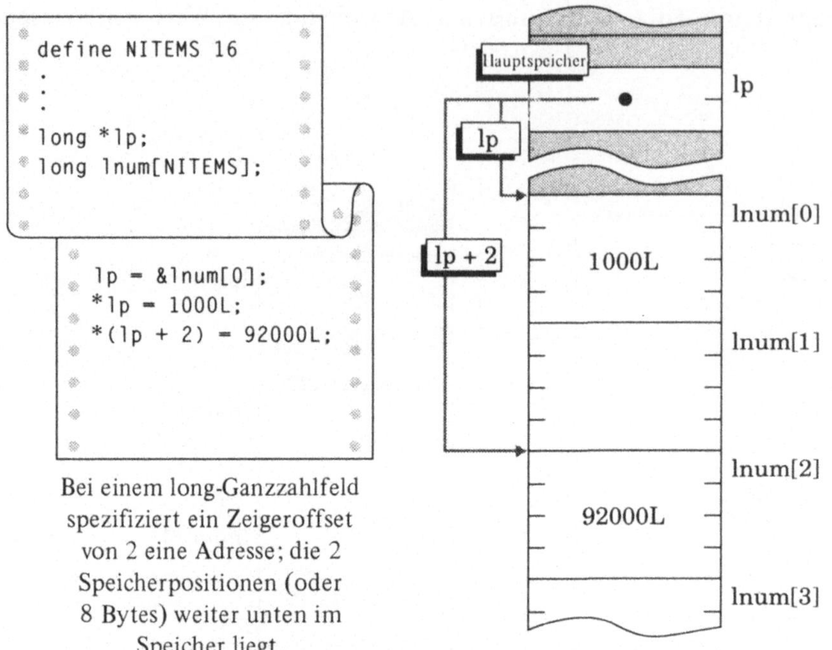

Bei einem long-Ganzzahlfeld spezifiziert ein Zeigeroffset von 2 eine Adresse; die 2 Speicherpositionen (oder 8 Bytes) weiter unten im Speicher liegt.

Bild 9.4   *Spezifikation eines Feldelementes durch Inkrementierung des Zeigers*

Die Zuweisungsanweisung, die den Zeiger *lp* einsetzt, ändert den Wert von *lp* nicht. Der Zeiger ist nach der Ausführung der Zuweisung immer noch auf den Feldanfang gerichtet. Soll der Zeiger ein anderes Element kennzeichnen, können Sie wie folgt einen neuen Wert zuweisen:

```
lp = &lnum[15];        /* zeigt auf Element 15 */
```

Mit Zeigern können auch bestimmte arithmetische Operationen ausgeführt werden. Zur Änderung des Zeigers, der momentan auf den Feldbeginn gerichtet ist, kann - relativ zum alten Wert - ein neuer Wert zugewiesen werden. Die folgende Anweisung richtet den Zeiger *lp* auf das 16. Element des Feldes:

```
lp += 15;              /* 15 long-Einheiten zum Zeiger hinzufügen */
```

Durch beide Methoden (Neuzuweisung oder Einsatz der Adreßarithmetik) ändern Sie den Wert von *lp*, so daß der Zeiger nicht mehr auf den Feldanfang gerichtet ist. Weitere Informationen zur Adreßarithmetik finden Sie im nächsten Kapitel.

Konstanter Zeiger

Da Programmierer oftmals die Adresse eines Feldes als Funktionsparameter übergeben und einer Zeigervariablen Feldadressen zuweisen, behandelt C den Namen eines Feldes als konstanten Zeiger auf den Feldbeginn. Ein einfacher Feldname (ohne Angabe eines Feldindex) ist daher immer mit der Adresse des ersten Feldelementes identisch. Die folgenden Zuweisungen haben die gleiche Bedeutung:

```
lp = &lnum[0];
lp = lnum;
```

Jede dieser Anweisungen setzt *lp* auf die Adresse des ersten Feldelementes.

Zeiger und Strings

Die nahe Verwandtschaft von Zeigern und Strings in C ist eine Konsequenz der Analogie von Zeigern und Feldern. Ein String ist ein Sonderfall eines Feldes - nämlich ein Feld aus Zeichen, das mit dem Endezeichen NUL abgeschlossen wird. Das Zeichen NUL ist besonders wichtig, weil es die Erstellung von Strings (Zeichenketten) beliebiger und veränderlicher Größe erlaubt, auf die dann mit Zeigern zugegriffen werden kann.

Ausgabe von Strings

Das Programm PRINTSTR (siehe Listing 9.4) ermöglicht den Vergleich von drei verschiedenen Textausgaben. Die erste Möglichkeit besteht in der Übergabe des Strings an die Funktion *printf( )*, zum zweiten kann auf den String in einer Schleife - über den Index - zugegriffen werden, und zum dritten ist die Bearbeitung des Strings mit Zeigern möglich.

Im ersten Schritt wird der String deklariert und initialisiert. Es ist darauf zu achten, daß Felder bei der Deklaration nur dann initialisiert werden können, wenn sie in einer Funktion als global oder *static* deklariert werden.

Stringargumentmethode

Die zweite *printf( )*-Funktion im Programm PRINTSTR erwartet ein Argument über den Steuerstring %s hinaus, da %s eine Formatspezifikation ist. Das Argument ist ein konstanter Zeiger in Form des Feldnamens *string*. Es kann auch *&string[0]* als Argument verwendet werden, um zu betonen, daß es sich um eine Adresse handelt.

Zugriffsmethode über den Feldindex

Eine weitere Verfahrensweise ist der Zugriff auf einzelne Zeichen über
putchar( ) (statt *printf( )*). Die Ausgabe erfolgt in einer *for*-Schleife, die
den Feldindex *i* erhöht. Um die Endebedingung der Schleife zu bestimmen, setzt das Programm die Standardbibliotheksfunktion *strlen( )* ein, die
die Anzahl der Zeichen eines Strings liefert (ausschließlich des beenden-
den NUL-Bytes). Der String in PRINTSTR ist 51 Zeichen lang, so daß
die Schleife von Element 0 bis zu Element 50 ausgeführt wird. Der maximale Indexwert muß um Eins kleiner als die Größe des Feldes sein, damit
ein korrekter Programmablauf gewährleistet ist.

```
/*
 * P R I N T S T R
 *
 * Vergleich der Stringausgabe durch verschiedene Methoden,
 * einschließlich dem indirekten Zugriff mittels eines Zeigers.
 */


#include <stdio.h>
#include <string.h>


int
main(void)
{
        int i;          /* Schleifenindex */
        int len;        /* Stringlänge */
        char *cp;       /* Zeichenzeiger */

        static char string[] = {
                "Vom hohen Roß fällt man tief. Das weiß man doch!!!!\n"
        };

        /*
         * Stringausgabe unter Verwendung der Bibliotheksfunktion printf().
         */
        printf("Einsatz von printf(): ");
        printf("%s", string);

        /*
         * Stringausgabe unter Verwendung des Feldindex.
         */
        printf("Einsatz des Feldindex: ");
        len = strlen(string);   /* Stringlänge */
        for (i = 0; i < len; ++i)
                putchar(string[i]);
```

```
      /*
       * Stringausgabe unter Verwendung eines Zeichenzeigers.
       */
      printf("Einsatz eines Zeichenzeigers: ");
      cp = string;              /* Stringbeginn */
      while (*cp) {
              putchar(*cp);
              ++cp;
      }


      return (0);
}
```

Listing 9.4   Quellcode von PRINTSTR.C

Zugriff durch Zeiger

Die Methode des Einsatzes von Zeigern ist einfacher als die Version mit den Feldindizes und ist zudem auch schneller. Der Zeichenzeiger wird auf den Anfang des Strings (*cp = string*) gesetzt und eine Schleife ausgeführt, bis der Wert von *cp* ungleich NUL ist ('\0'). Der steuernde Ausdruck in der *while*-Schleife besteht aus dem Vergleich des durch *cp* gelieferten Wertes mit 0. Solange der Ausdruck ein Wert ungleich Null ist, wird die Schleife ausgeführt.

Sie können die beiden Zeilen in der Schleife zu einer - weniger übersichtlichen - Anweisung verknüpfen:

```
while (*cp)
        putchar(*cp++);
```

Die Inkrementierung der Zeigervariablen findet statt, nachdem *putchar( )* das Zeichen ausgegeben hat, auf das der Zeiger *cp* gerichtet ist. Der Verlust an Lesbarkeit wird durch die Effizienzsteigerung des ausführbaren Codes ausgeglichen. Das Konstrukt sollte aber in beiden Formen erkannt werden.

Kompaktheit in Programmen kann zu Problemen führen. Ersetzen Sie als Übung die *while*-Schleife durch die obige kompaktere Version und lassen Sie das Programm erneut ablaufen. Dann ersetzen Sie den Ausdruck *putchar(*cp++)* durch *putchar(*++cp)* und lassen das Programm wiederum ablaufen.

Kurzdeklaration und -initialisierung

Die folgenden Anweisungen deklarieren einen String, eine Zeigervariable
und führen eine Initialisierung durch:

```
static char string[] = { "Dies ist ein String." };
char *str = string;
```

Da diese Anweisungsfolge häufig auftritt, kennt C die folgende Kurzform, die Zeigerdeklaration und -initialisierung miteinander kombiniert:

```
char *str = { "Dies ist ein String." };
```

Bei dieser Zeigerdeklaration wird keine explizite Zeichenfelddeklaration
benötigt.

Hinweis: Indem str durch diese Kurzzuweisung gesetzt wird, zeigt die Variable auf den Anfang
des Strings. Nachfolgende Änderungen von str bewirken, daß die Startadresse des Strings ohne
eine Möglichkeit der Wiedergewinnung der Daten verlorengeht. Um auf andere Teile des
Strings zuzugreifen, sollte ein Hilfszeiger verwendet werden.

Übungen

1.   Erklären Sie die Beziehung zwischen einem Zeiger und einer Adres-
     se.

2.   Nennen Sie drei Gründe für die Verwendung von Zeigern in Pro-
     grammen.

3.   Ein Programm enthält die folgenden Zeilen.

```
char ch = 'M' , *cp;
cp = &ch;
*cp = 'Z';
putchar(ch);
```

     Was gibt das Programm aus?

4.   Wahr oder falsch? Da ein Zeiger und ein Integerwert im Speicher die
     gleiche Größe einnehmen, können beide gegeneinander ausgetauscht
     werden.

5.   Erklären Sie den Unterschied zwischen der Parameterübergabe nach
     Wert und der Parameterübergabe nach Referenz. Was sind die Vor-
     und Nachteile der jeweiligen Verfahrensweisen?

6. Entwickeln Sie ein Programm, das die Werte der Elemente im folgenden Feld ausgibt. Hierbei soll pro Ausgabezeile ein Wert erscheinen. Verwenden Sie einen Zeiger (keinen Feldindex) zum Zugriff auf
    die Feldelemente, und berechnen Sie die Feldgröße im Programm
    (statt der Verwendung einer vordefinierten Konstante).

```
static int number[] = {
              0, 1, 2, 3, 4, 5, 6, 7, 8, 9
              };
```

7. Was ist an der folgenden Stringdeklaration falsch?

```
*str = { "Nulldefekte ausgeschlossen!" };
```

Kapitel 10

Fortgeschrittene Anwendungen mit Zeigern

Sie kennen nun bereits das Konzept und die Vorteile der Verwendung von Zeigern. In diesem Kapitel werden Funktionen, die Zeigerwerte liefern, Strings formatieren und manipulieren, Zeigerarithmetik sowie das Sortieren von Daten vorgestellt. Sie lernen dabei auch den Einsatz der Debugging-Utilities von Quick C, mit denen Probleme mit Zeigern diagnostiziert und behoben werden können.

Funktionen, die Zeiger liefern

Der Standardrückgabewert einer Funktion ist vom Typ *int*. Bei der Programmierung einer Funktion, die einen Wert eines anderen Typs liefert, muß der Datentyp des Rückgabewertes bei der Deklaration festgelegt werden.

Durch die explizite Angabe des Rückgabetyps *int* wird ein Programm verständlicher und lesbarer. Ebenso sollte die Rückgabetypspezifikation *void* in Deklarationen von Funktionen ohne Rückgabewert erscheinen.

Indem Sie Informationen zu Funktionsargumenten und zum Rückgabetyp in Form von Funktionsprototypen und vollständigen Funktionsdefinitionen bereitstellen, kann der C-Compiler mangelnde Typübereinstimmungen frühzeitig erkennen und melden (beispielsweise die fehlende Übereinstimmung zwischen dem Rückgabetyp einer Funktion und dem Datentyp in einer *return*-Anweisung). Der Compiler hilft bei der Vermeidung von Problemen, wenn ihm genügend Informationen zur Verfügung stehen.

Im folgenden werden Funktionen besprochen, die einen Zeiger liefern. Sie stellen die eleganteste Lösung vieler Programmierprobleme dar. Sie finden nun ein Programm, das Strings auf verschiedene Art und Weise formatiert.

Formatieren von Strings

Das Programm STRCASE (siehe Listing 10.1) ändert das Format eines vom Benutzer eingegebenen Strings. Der String wird zuerst in Großbuchstaben, dann in Kleinbuchstaben und zuletzt mit einem ersten Großbuchstaben ausgegeben.

```c
/*
 * S T R C A S E           .
 *
 * Zeigt einen String in verschiedenen Darstellungsformen an:
 *        - in Großbuchstaben
 *        - in Kleinbuchstaben
 *        - Erster Buchstabe groß, restliche Buchstaben klein
 */

#include <stdio.h>
#include <ctype.h>          /* für Konvertierungsmakros */

/*
 * Funktionsprototypen
 */
char *StringUpper(char *);
char *StringLower(char *);
char *StringCapitalize(char *);

#define MAXSTRING 20

int
main(void)
{
        char buffer[MAXSTRING + 1];        /* 1 für NUL-Byte addieren */

        /*
         * Benutzer zur Eingabe eines Strings auffordern, diesen in
         * den Eingabepuffer einlesen.
         */
        printf("String eingeben (max. %d Zeichen) + RETURN: ",
                MAXSTRING);
        gets(buffer);

        /*
         * Konvertieren und Anzeige des Strings (drei Arten).
         */
        printf("%s\n", StringUpper(buffer));
        printf("%s\n", StringLower(buffer));
        printf("%s\n", StringCapitalize(buffer));

        return (0);
}
```

```c
/*
 * StringUpper()
 *
 * Konvertieren aller Buchstaben im String in Großbuchstaben.
 * Alle anderen Zeichen werden nicht verändert.
 */

char *
StringUpper(char *string)
{
        char *cp;

        cp = string;
        while (*cp != '\0') {
                *cp = toupper(*cp);
                ++cp;
        }

        return (string);
}


/*
 * StringLower()
 *
 * Konvertieren aller Buchstaben im String in Kleinbuchstaben.
 * Alle anderen Zeichen werden nicht verändert.
 */

char *
StringLower(char *string)
{
        char *cp;

        cp = string;
        while (*cp != '\0') {
                *cp = tolower(*cp);
                ++cp;
        }

        return (string);
}
```

```
/*
 * StringCapitalize()
 *
 * Konvertieren des ersten Buchstabens im String in einen
 * Großbuchstaben, die restlichen Buchstaben werden zu
 * Kleinbuchstaben.
 * Alle anderen Zeichen werden nicht verändert.
 *
 */


char *
StringCapitalize(char *string)
{
        char *cp;

        cp = string;
        *cp = toupper(*cp);
        ++cp;
        while (*cp != '\0') {
                *cp = tolower(*cp);
                ++cp;
        }


        return (string);
}
```

Listing 10.1   Quellcode von STRCASE.C

Bei der Eingabe der Zeichenfolge *DIes iST eIn tEsT!* durch den Benutzer
antwortet das Programm mit folgender Darstellung:

```
DIES IST EIN TEST!
dies ist ein test!
Dies ist ein test!
```

Drei Funktionen führen die Konvertierungen aus. Jede Funktion übernimmt als Argument einen Zeiger auf ein Zeichen, wandelt den String in
das gewünschte Format um und liefert einen Zeiger auf den Beginn des
konvertierten Strings. Alle Funktionen besitzen folglich den Rückgabetyp
*char *.

Da die Funktionen einen Zeiger auf den Eingabepuffer statt einer Kopie
des Pufferinhalts übernehmen, wird der Puffer selbst durch die Funktionen modifiziert. Die Funktionen liefern Zeiger, so daß Sie aufeinanderfolgend - wie in den drei *printf( )*-Anweisungen der *main( )*-Funktion gezeigt - aufgerufen werden können.

Zeigerarithmetik

Sie haben bereits Beispiele zum Einsatz der Zeigerarithmetik kennengelernt - beispielsweise die Operatoren zur Inkrementierung und Dekrementierung von Zeigern sowie Ausdrücke, in denen Offsets (wie *ptr + 4*) verwendet werden. Sie können auch die Differenz zweier Zeigerwerte berechnen und Zeiger auf ihre Gleichheit hin untersuchen.

Zeigerwerte können hingegen nicht addiert, multipliziert oder dividiert
werden. Die Verwendung in anderen arithmetischen Ausdrücken - wie
dies bei Variablen der Fall ist - ist ebenfalls nicht erlaubt. Solche Ausdrücke könnten leicht zu Ergebniswerten führen, die außerhalb des adressierbaren Bereichs Ihres Programms liegen.

Im folgenden finden Sie Beispiele gültiger Ausdrücke, in denen die Inte-
gerzeiger *pa* und *pb* eingesetzt werden:

```
pb -      pa          /* zwei Zeiger voneinander subtrahieren */
++pa;                 /* Inkrementieren eines Zeigers */
pa += 3;              /* Additionskurzzuweisung eines Zeigers */
pa + i                /* Addition eines Ganzzahlwertes zu einem Zeiger */
pa < pb;              /* Vergleich von Zeigern */
```

Die Inkrementierungs- und Additionszuweisungsausdrücke verändern den
Wert des Zeigers. Die anderen Operatoren beeinflussen die Zeigerwerte
nicht.

Die folgenden Operationen mit Zeigern sind nicht erlaubt:

```
pa * pb               /* UNGÜLTIG: Multiplizieren von Zeigern */
pa +pb                /* UNGÜLTIG: Addieren von Zeigern */
pa >> 8               /* UNGÜLTIG: Verschieben eines Zeigerwertes */
```

Umkehren eines Strings

Das Programm REVERSE.C (siehe Listing 10.2) fordert den Benutzer zur
Eingabe eines Strings auf und kehrt die Reihenfolge der eingegebenen
Zeichen um. Anhand des Programms wird die Benutzung der Zeigerarithmetik demonstriert: Inkrementierung, Dekrementierung und der Vergleich
von Zeigerwerten. Gleichzeitig wird klar, was ein NULL-Zeiger ist.

```c
/*
 * R E V E R S E
 *
 * Umkehrung eines Strings im Hauptspeicher.
 */

#include <stdio.h>
#include <stdlib.h>

#define NBYTES  80

/*
 * Funktionsprototypen
 */
char *GetString(char *);
char *ReverseString(char *);

int
main(void)
{
        char buf[NBYTES + 1];        /* Eingabepuffer */

        /*
         * Stringeingabe vom Benutzer anfordern,
         * Zeichenreihenfolge umkehren und anzeigen.
         */
        if (GetString(buf) == NULL) {
                fprintf(stderr, "FEHLER: Kein Eingabestring\n");
                exit (1);
        }
        if (ReverseString(buf) == NULL) {
                fprintf(stderr, "FEHLER: Leerer String\n");
                exit (2);
        }
        printf("Umgekehrter String: %s\n", buf);

        return (0);
}
```

```c
/*
 * GetString()
 *
 * Benutzer zur Eingabe eines Strings auffordern, und Antwort im
 * Eingabepuffer sichern. Es wird ein Zeiger auf den Stringpuffer
 * oder NULL geliefert, falls ein Lesefehler auftritt.
 */

char *
GetString(str)
char *str;
{
        fputs("Eingabestring: ", stdout);
        if (gets(str) == NULL)
                return NULL;

        return (str);
}


/*
 * ReverseString()
 *
 * String umkehren.
 */

char *
ReverseString(char *str)
{
        char *p, *q;      /* Zeichenzeiger */
        char temp;        /* Vertauschpuffer */

        /*
         * Auf das Ende des Strings zeigen. Einen leeren String
         * melden, falls das erste Zeichen NUL ist.
         */
        p = str;                  /* erstes Zeichen */
        if (*p == '\0')           /* falls NUL -> String ist leer */
                return NULL;

        q = str;
        while(*q != '\0')
                ++q;
        --q;                      /* letztes Zeichen */
```

```
        /*
         * Umkehren des Strings, und einen Zeiger auf den Beginn des
         * modifizierten Stringpuffers liefern.
         */
        while (p < q) {
                temp = *p;          /* Vertauschen von Zeichen */
                *p = *q;
                *q = temp;
                ++p;                /* Zeiger anpassen */
                --q;
        }


        return (str);
}
```

Listing 10.2   Quellcode von REVERSE.C

Die *main( )*-Funktion in REVERSE.C setzt den Eingabepuffer *buf* und
ruft die Funktion *GetString( )* auf, die den Benutzer zur Eingabe eines
Strings auffordert und diesen in den Eingabepuffer einliest. Dann ruft sie
die Funktion *ReverseString( )* auf, die die Reihenfolge der Zeichen im
String umkehrt. Beide Funktionen liefern einen Zeiger auf Zeichen, und
zwar auf den Beginn des Eingabepuffers. Tritt ein Fehler in einer der
Funktionen auf, liefert die Funktion den Wert NULL.

NULL-Zeiger

NULL ist eine Zeigerkonstante, die den Wert 0 hat. Wenn Sie einem Zeiger den Wert NULL zuweisen, ist der Zeiger auf "nichts" gerichtet. Der
NULL-Zeiger wird in der Standardheaderdatei *stdio.h* als symbolische
Konstante mit dem Wert 0 definiert. NULL ist nicht das gleiche wie das
ASCII-NUL-Zeichen, '\0', obwohl beide den numerischen Wert 0 besitzen. NULL ist eine Zeigerkonstante, während NUL eine Zeichenkonstante
ist.

Als Zeigerkonstante deutet das Auftreten von NULL gewöhnlich auf eine
Fehlerbedingung oder das Ende eines Zeigerfeldes hin. Viele Standardbibliotheksfunktionen liefern den Wert NULL, wenn die gewünschte Operation (wie das Öffnen einer Datei oder das Lesen eines Strings von der
Tastatur) nicht erfolgreich ausgeführt werden kann.

Im Programm REVERSE wird in der Funktion *GetString( )* versucht, einen String durch den Aufruf der Standardbibliotheksroutine *gets( )* zu lesen. Falls *gets( )* den String nicht lesen kann, wird NULL zurückgegeben.
Dieser Wert wird von *GetString( )* an das aufrufende Programm weiterge-
leitet.

Einen String mit Zeigern bearbeiten

Die Funktion *ReverseString( )* (siehe Bild 10.1) benutzt die Zeichenzeiger *p* und *q* zur Bearbeitung des Eingabestrings. Beide Zeiger werden anfänglich auf den Beginn des Strings gerichtet. Die Schleife, die nur den Zeiger *q* einsetzt, arbeitet bis an das Stringende:

```
while (*q != '\0')
            ++q;

--q;
```

Die Schleife erkennt das Stringende, indem sie den Wert, auf den *q* gerichtet ist, mit dem Nullzeichen vergleicht. Ist das NUL-Byte erreicht, wird die Schleife beendet, und der Zeiger *q* wird dekrementiert (um eine Position zurückgesetzt), so daß er auf das letzte Textzeichen zeigt.

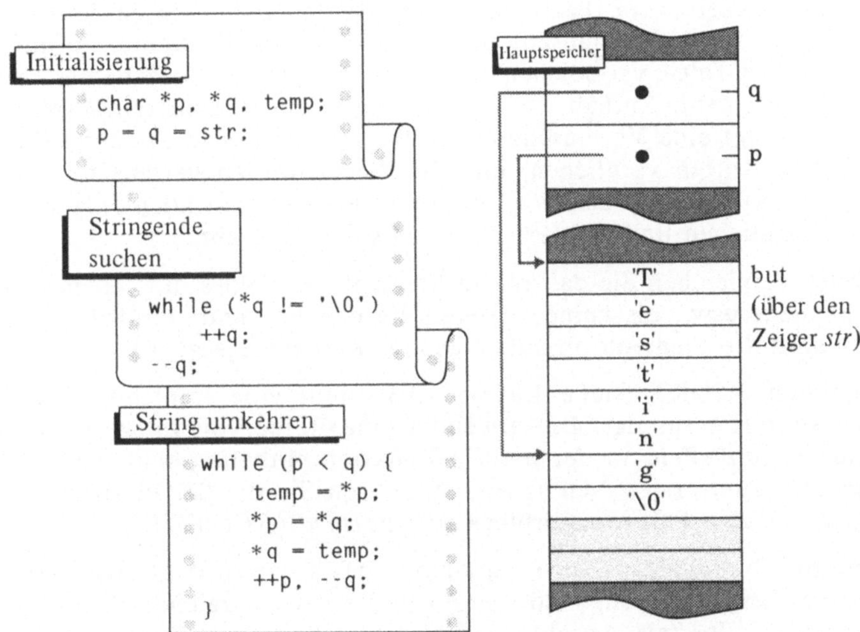

Bild 10.1 ReverseString( ) verwendet Zeiger zur Stringbearbeitung

Die zweite Schleife verwendet beide Zeiger. Am Anfang der Schleife zeigt der Zeiger *p* auf den Anfang und der Zeiger *q* auf das Ende des Strings. Die Schleife wird so lange durchlaufen, wie die in *p* enthaltene Adresse niedriger als die in *q* enthaltene Adresse ist. Bei jedem Schleifendurchlauf vertauscht die Schleife ein Zeichenpaar unter Verwendung der Temporärvariablen *temp*. Dann wird die Variable *p* erhöht, und die Variable *q* wird vermindert. Dadurch werden die Zeiger von den Stringen-

den aus in Richtung Stringmitte verschoben und dabei - bei jeder String-
position - Zeichen vertauscht. Das Ergebnis ist ein umgekehrter String.

Sortieren eines Feldes

Eine häufig benötigte Operation in Programmen ist das Sortieren von Daten in auf- oder absteigender Reihenfolge. Viele Sortieralgorithmen wurden mit der Zeit immer weiter entwickelt und sind nun ausgereift, wie
das Bubble-Sort, Shell-Sort, Quick-Sort und verschiedene Austauschsor-
tiermethoden. Jedes Sortierverfahren weist Vor- und Nachteile auf. Im
folgenden soll das Austauschsortieren untersucht werden, da es in Durchführung und Komplexität eine Zwischenform der anderen Methoden darstellt.

Der Austauschsortieralgorithmus bearbeitet die Daten in einer Schleife
und vergleicht Wertepaare. Paare, die nicht in der gewünschten Reihenfolge vorliegen, werden vertauscht. Zum Sortieren von Elementen in aufsteigender Reihenfolge vergleichen Sie das erste Element des Feldes mit
dem zweiten Element. Enthält das erste Element einen größeren Wert als
das zweite, erfolgt eine Vertauschung der Werte. Dann wird das erste Element mit dem dritten verglichen, und die Werte werden vertauscht, falls
dies nötig ist. Auf diese Weise wird das erste Element mit allen folgenden
Elementen verglichen und - sofern notwendig - vertauscht.

Als nächstes vergleichen Sie das zweite Element des Feldes mit jedem folgenden Element usw., bis keine weiteren Vergleiche mehr durchzuführen
sind. Nun sind die Elemente in aufsteigender Reihenfolge geordnet.

Das Programm XSORT (siehe Listing 10.3) stellt eine Implementierung
des Austauschsortierens dar. Es verwendet eine Reihe von Integerwerten,
die in einem *static*-Feld in der *main( )*-Funktion enthalten sind. Falls Sie
das Programm zum ersten Mal sehen, ignorieren Sie die SHOWME-Defi-
nitionszeile und den Präprozessorblock (#*if defined (SHOWME)*).

Die Funktion *ExchangeSort* im Programm XSORT übernimmt zwei Parameter: Einen Zeiger auf ein Feld (*array*) und einen vorzeichenlosen Integerwert (*nelem*), der (als Anzahl der Elemente) den zu sortierenden Teil
des Feldes spezifiziert.

```c
/*
 * X S O R T
 *
 * Sortieren eines Zahlenfeldes durch Austauschsortieren.
 */

#define SHOWME

#include <stdio.h>

void ExchangeSort(int *, unsigned int);

int
main(void)
{
        int n;              /* Schleifensteuervariable */
        int *ptr;           /* Integerzeiger */
        int size;           /* berechnete Feldgröße in Elementen */

        /* Felddaten */
        static int numbers[] = {
                82, 30, 12, 1, -6
        };

        /*
         * Berechnung der Feldgröße und Anzeige des
         * Feldes im Ursprungszustand.
         */
        size = sizeof numbers / sizeof (int);
        puts("Feld vor der Sortierung:");
        for (n = size, ptr = numbers; n-- > 0; ++ptr)
                printf("%5d  ", *ptr);
        putchar('\n');
        putchar('\n');

        /*
         * Sortieren des Feldes.
         */
        ExchangeSort(numbers, size);
```

```c
        /*
         * Anzeige des Feldes nach der Sortierung.
         */
        puts("\nFeld nach der Sortierung:");
        for (n = size, ptr = numbers; n-- > 0; ++ptr)
                printf("%5d  ", *ptr);
        putchar('\n');


        return (0);
}



/*
 * ExchangeSort()
 *
 * Einfache Funktion zum Austauschsortieren
 */

void
ExchangeSort(int *array, unsigned int nelem)
{
        int *p, *q;       /* Feldindizes */
        int temp;         /* Puffer für Vertauschen */
#if defined (SHOWME)
        int loopcount = 0;
        int *ptr;
#endif

        for (p = array; p < array + nelem - 1; ++p) {
#if defined (SHOWME)
                printf("Loop %d:\n", ++loopcount);
#endif
                for (q = p + 1; q < array + nelem; ++q) {
                        if (*p > *q) {
                                temp = *p;
                                *p = *q;
                                *q = temp;
                        }
```

```
#if defined (SHOWME)
                        /*
                         * Teilweise sortiertes Feld nach jedem inneren
                         * Schleifendurchlauf anzeigen.
                         */
                        for (ptr = array; ptr < array + nelem; ++ptr)
                                printf("%5d  ", *ptr);
                        putchar('\n');
#endif
                }
            }
}
```

Listing 10.3   Quellcode von XSORT.C

Zur Implementierung des Austauschsortierens werden ineinander ver-
schachtelte Schleifen eingesetzt. Die äußere Schleife setzt einen Zeiger auf
den Anfang des Feldes und bearbeitet alle Elemente (außer dem letzten).
Die innere Schleife beginnt bei dem Element unmittelbar hinter dem, auf
das die äußere Schleife den Zeiger positioniert hat und vergleicht die
restlichen Elemente mit diesem Element. Die Elemente werden vertauscht,
wenn sie nicht in der richtigen Reihenfolge vorliegen.

Der zusätzliche Quellcode in den bedingt abzuarbeitenden Blocks läßt erkennen, wie die Elemente nach jedem Durchlauf angeordnet sind. Hierbei
wird ein weiteres Leistungsmerkmal der Programmiersprache C vorgestellt: die bedingte Kompilation.

Bedingte Kompilation

In Kapitel 6 haben Sie die Präprozessordirektive *#define* kennengelernt,
mit der symbolische Konstanten definiert werden. Sie können *#define*
auch zur Definition eines Bezeichners verwenden, ohne ihm einen Wert
zuzuweisen. Die folgende Zeile, die am Anfang der Quelldatei XSORT
erscheint, definiert den Namen SHOWME:

```
#define SHOWME
```

Der Name SHOWME wird durch diese Anweisung in die Symboltabelle
des Programms aufgenommen.

Die Direktive *#if defined* überprüft die Symboltabelle dahingehend, ob
ein Symbol definiert wurde. Ist das Symbol nicht definiert, überspringt
der Compiler alle Zeilen der Quelldatei bis zur zugehörigen *#endif*-Di-
rektive. Falls das Symbol definiert ist, werden die von *#if defined* und
#endif umschlossenen Anweisungen zu einem Teil der Quelldatei, der in
den folgenden C-Compilerläufen bearbeitet wird.

Zur Demonstration des Austauschsortierens kompilieren Sie das Programm und lassen es ablaufen. In der Ausgabe wird gezeigt, wie die Werte ausgetauscht werden. Die innere Schleife hat dabei immer weniger Elemente zu bearbeiten, je höher die Adresse des durch die äußere Schleife bearbeiteten Elementes liegt.

Um die Anweisungen, die die Zwischenschritte des Austauschsortierens zeigen, aus dem Programm auszuklammern, löschen Sie die Zeile *#define SHOWME* und kompilieren das Programm erneut.

Fehlersuche in Programmen

Bei der Entwicklung von Programmen werden Sie über die Vielzahl der möglichen Fehler erstaunt sein. Einfache Tippfehler sind eine recht häufige Fehlerursache. Quick C hilft aber bei der Suche nach solchen Syntaxfehlern und gibt Warnmeldungen aus.

Syntaxfehler resultieren häufig aus der inkorrekten Eingabe von Konstanten-, Variablen- und Funktionsnamen, aus der Verwendung von unbekannten Operatorsymbolen oder treten aufgrund von nicht gesetzten Semikola, Klammern oder anderen Sonderzeichen auf. Der Compiler gibt Auskunft über solche Syntaxfehler und hilft bei der Lokalisierung.

Eine andere Art von Fehlern wird gewöhnlich nicht vom Compiler entdeckt. Dies sind semantische Fehler, die aus logischen Fehlplanungen resultieren und den Kompilierungsvorgang nicht direkt betreffen. Das Programm wird erfolgreich kompiliert, funktioniert aber nicht korrekt.

Der integrierte Debugger ist eines der Quick-C-Leistungsmerkmale, die das Produkt von anderen C-Compilern positiv unterscheiden. Der Debugger hilft bei der Suche nach semantischen Fehlern, auch wenn er diese nicht ohne Hilfe des Programmierers erkennen kann.

Willkürlich soll nun ein semantischer Fehler im Programm REVERSE (siehe Listing 10.2) erzeugt werden, der dann durch den Debugger diagnostiziert werden soll. Natürlich übernimmt der Debugger nicht die gesamte Fehlersuche und Korrektur, es muß vorgegeben werden, an welcher Stelle und welche Informationen abgefragt werden sollen. Das in Quick C mögliche Debugging auf Quellcodeebene ist zudem bedeutend einfacher als die früher übliche Fehlersuche im Maschinencode.

Starten Sie Quick C, und laden Sie die Datei REVERSE.C. In der Datei wird das erste Vorkommen der Zeile *--q;* gesucht (in der Funktion *ReverseString( )*) und die Zeile gelöscht. Hiermit wird ein Fehler eingebaut, der bei der Programmausführung zu unerwarteten Ergebnissen führt. Nach dem Sichern der Datei wird diese mit den Fehlersuch- und Zeigerprüfmöglichkeiten von Quick C kompiliert. An den entsprechenden Stellen in der Kompilierdialogbox erscheint das Zeichen X.

Durch das Kompilieren mit aktivierter Fehlersuchmöglichkeit speichert Quick C Fehlersuchinformationen im ausführbaren Programm. Die Benutzung der Zeigerprüfung ist eine Vorsichtsmaßnahme, die Programmierer nutzen sollten, für die der Einsatz von Zeigern in C-Programmen noch neu ist. Dadurch wird dem Programm Laufzeitcode hinzugefügt, der mögliche Fehler in Verbindung mit Zeigern sowie die Benutzung eines Zeigers vor dessen Initialisierung prüft. Da der zusätzliche Zeigerprüfcode die Ausführung eines Programmes entscheidend verlangsamt, sollte die Option nach erfolgreicher Fehlersuche desaktiviert und das Programm nochmals kompiliert werden.

Bei der Ausführung des modifizierten Programms REVERSE wird ein Eingabestring zwar korrekt übernommen, die Ausgabe ist aber immer ein leerer String. Es soll nun überlegt werden, wie das Problem angegangen wird?

Am besten beginnt man bei der Funktion *main( )*. Sie können hier beispielsweise den Wert der Variablen *buf* überprüfen, bevor und nachdem der String bearbeitet wurde. Hierzu müßten einige *printf( )*-Anweisungen zur Anzeige von Zwischenwerten beim Programmablauf eingefügt werden. Diese Vorgehensweise ist allerdings weder nötig noch üblich.

Statt dessen werden Überwachungsausdrücke und Unterbrechungspunkte (*Breakpoints*) verwendet. Ein Überwachungsausdruck ist ein Ausdruck, der in einem Überwachungsfenster im oberen Bildschirmbereich angezeigt wird. Er kann eine einfache Variable, ein Ausdruck - bestehend aus einer Kombination von Variablen -, ein Feld oder auch eine Struktur sein. Ein Unterbrechungspunkt ist eine Programmzeile, bei deren Erreichen die Ausführung temporär unterbrochen wird.

Hinzufügen von Überwachungsausdrücken

Fügen Sie einen Überwachungsausdruck hinzu, indem Sie in der entsprechenden Dialogbox den zu beobachtenden Ausdruck eingeben. Im Beispiel wird *buf* eingegeben und die Return-Taste angeschlagen, um die Eingabe zu beenden. Ein einzeiliges Fenster öffnet sich über dem Editierfenster und zeigt die folgenden Informationen an:

```
buf: <>
```

Auf diese Weise kann festgestellt werden, ob *buf* einen aussagefähigen Wert enthält. Durch das Hinzufügen weiterer Überwachungsausdrücke vergrößert sich das Überwachungsfenster.

Setzen von Unterbrechungspunkten

Die folgenden Stellen eignen sich zur Untersuchung der Variablen *buf*:

```
if (GetString(buf) == NULL) {
```

und

```
printf("Umgekehrter String: %s\n", buf);
```

Die erste Zeile enthält den String, wie er eingegeben wurde, und die zweite Zeile sollte den umgekehrten String enthalten. Durch einen Unterbrechungspunkt wird die Ausführung unterbrochen, bevor die durch den Unterbrechungspunkt gekennzeichnete Anweisung ausgeführt wird. Der Wert der Variablen wird also *vor* der Übergabe an die Funktion angezeigt.

Zum Setzen eines Unterbrechungspunktes in einer Zeile wird der Cursor in die Zeile positioniert und die Funktionstaste F9 betätigt. Die Funktionstaste stellt einen Umschaltbefehl dar. Das erste Drücken in einer gegebenen Zeile setzt den Unterbrechungspunkt, während ein zweites Drükken in derselben Zeile den Unterbrechungspunkt desaktiviert.

Durch das Setzen des Überwachungsausdrucks und der Unterbrechungspunkte sollten die bearbeiteten Zeilen fett dargestellt werden. Lassen Sie das Programm ausführen, und bei der Aufforderung nach der Eingabe eines Strings wird die Zeichenfolge *12345* eingegeben und die Return-Taste betätigt. Das Programm unterbricht die Ausführung in der Zeile, die den ersten Unterbrechungspunkt enthält, und das Überwachungsfenster zeigt den aktuellen Wert von *buf* an.

Das Feld ist 81 Zeichen lang, und enthält beim ersten Unterbrechungspunkt den Wert 12345\0, gefolgt von einer Reihe beliebiger Zeichen. Diese Zeichen sind die verbliebenen Daten von früheren Programmen in diesen Speicherstellen, haben jetzt jedoch keine Bedeutung mehr. Das NUL-Zeichen \0 hinter der Ziffer 5 beendet den in *buf* gespeicherten String. Alle nachfolgenden Zeichen sind für das Programm REVERSE nicht von Bedeutung.

Zur weiteren Abarbeitung wird die Funktionstaste F5 betätigt. Die Funktion *ReverseString( )* wird nun ausgeführt, und erst beim zweiten Unterbrechungspunkt erfolgt eine weitere Programmunterbrechung. Das an *printf( )* übergebene Argument ist der neue Wert von *buf*, und sollte nun der umgekehrte Eingabestring sein. Anhand der Anzeige im Überwachungsfenster wird deutlich, daß dies nicht der Fall ist.

Die Variable *buf* enthält nun die Zeichenfolge *\054321* (gefolgt von den zuvor erwähnten Zeichen und Symbolen). Das Problem besteht im ersten Zeichen - dem NUL-Zeichen -, das in C einem leeren String entspricht, wenn es das erste Zeichen einer Zeichenfolge ist. Der Fehler ist zwar nun gefunden, die fehlerhafte Stelle im Programm ist aber noch unbekannt.

Erkennbar ist lediglich, daß sie in der Funktion *ReverseString()* liegen muß.

Löschen Sie den Überwachungsausdruck und die Unterbrechungspunkte, so daß bei der nächsten Kompilation neue Überprüfungen vorgenommen werden können. Nun wird die Funktion *ReverseString()* in der Quelldatei bearbeitet und dort nach Anhaltspunkten gesucht. Mit einiger Erfahrung erkennen Sie den Grund des Problems sofort. Vorerst wird jedoch angenommen, daß der Fehler nicht erkannt wird.

Der Steuerausdruck einer Schleife eignet sich für die Überwachung von Werten in besonderer Weise. Im folgenden soll ein Unterbrechungspunkt bei der den Umkehrprozeß steuernden *while*-Schleife eingefügt werden. Dabei werden die Werte, auf die die Zeigervariablen p und q gerichtet sind, überwacht. Setzen Sie den Cursor auf die Schleifenanweisung, und betätigen Sie die Funktionstaste F9 zum Setzen des Unterbrechungspunktes. Danach definieren Sie die Überwachung von *p und *q.

Hinweis: Es müssen die Werte der Zeichenvariablen und nicht deren Adressen überwacht werden.

Starten Sie das Programm, und geben Sie den String *12345* ein. Die Ausführung endet vor dem ersten Durchlauf der Schleife und zeigt, daß in *p - wie erwartet - die Ziffer 1 enthalten ist und *q den Wert \0 enthält. *q sollte zu diesem Zeitpunkt aber die Ziffer 5 enthalten. Um das Problem zu lösen, fügen Sie die folgende Anweisung vor dem Einsprung in die Schleife ein:

```
--q;
```

Andere Fehlersuchaufgaben unterscheiden sich in Details, haben aber eines gemeinsam: Die Fehlersuche bedeutet die Eingrenzung des Problems auf einen Programmteil, wonach dieser Teilbereich korrigierend modifiziert wird. Ein sorgfältig unterteiltes Programm erleichtert diese Aufgabe.

Durch einen ausgereiften und durchdachten Programmentwurf kann bei der Fehlersuche viel Zeit eingespart werden.

Übungen

1. Welche der folgenden Zeigerausdrücke verändern den Wert des Zeigers?

```
ptr - 5          *(cp + 5) = 'A'
*cp = '?'        *cp++ != '\0'
ptr1 - ptr2      x = *ptr
ptr += 10        ptr1 = ptr2
```

2. Entwickeln Sie ein Programm, das den Benutzer zur Eingabe eines Strings auffordert. Der eingegebene String soll dann als Folge von ASCII-Codes angezeigt werden.

3. Was ist an folgendem Programmfragment falsch?

```
char str[20];
char *cp;
...
str[0] = 'R';
*cp = str[0];
```

4. Erklären Sie, warum die Funktion *ReverseString( )* einen Zeiger auf
    den Beginn des Strings liefert, den sie als Argument übernimmt.

5. Entwickeln Sie ein Programm, das einen String von der Tastatur liest
    und die darin enthaltene Anzahl der Zeichen in den folgenden drei
    Kategorien zählt: Buchstaben (*a-z* und *A-Z*), Ziffern (*0-9*) und an-
    dere Zeichen.

<u>Hinweis:</u> Benutzen Sie Makros isdigit() und isalpha() zur Zeichenklassifizierung. Diese Makros
sind in der Headerdatei ctype.h definiert.

6. Das Programm XSORT sortiert ein Feld von Integerwerten. Modifi-
    zieren Sie das Programm dahingehend, daß ein Feld mit Fließkom-
    mazahlen sortiert wird.

Kapitel 11

Strukturen, Unions und Bitfelder

Das bisher Gelernte über Zeiger können Sie nun nutzen, um noch leistungsfähigere Werkzeuge und Programme zu erstellen. Die Programmiersprache C ist zwar sehr flexibel, muß aber mit Bedacht gehandhabt werden, um einen Systemabsturz oder das Auftreten anderer Fehler zu vermeiden.

Zusätzlich zu Feldern bietet C mehrere zusammengesetzte Datentypen. Damit können Konstrukte entworfen werden, die Daten in einer bestimmten Art und Weise erscheinen lassen:

- Struktur (*structure*) - eine Struktur besteht aus einer Reihe von Informationen, deren Datentypen sich unterscheiden können, die jedoch einen gemeinsamen Bezeichner besitzen.

- Union - eine Union gleicht einer Struktur, wobei sich aber die Einsatzbereiche unterscheiden. Eine Union ist eine Variable, die Daten verschiedener Typen enthalten kann.

- Bitfeld - ein Bitfeld ist ein Teil eines Speicherwortes. Durch die Unterteilung eines Wortes in Bitfelder können durch ein Speicherwort mehrere Objekte beschrieben werden.

Jeder dieser Datentypen soll im folgenden behandelt werden. Zunächst werden die Strukturen untersucht, da der Einsatz von Unions und Bitfeldern darauf basiert.

Strukturen

Eine Struktur ist eine Reihe von miteinander verwandten Variablen, die verschiedene Datentypen haben können. Einer Struktur kann ein Name, auch *Tag* genannt, zugewiesen werden, der sich auf die Gesamtheit der Member (Elemente der Struktur) bezieht und so die Handhabung von Daten vereinfacht.

Strukturdeklarationen

Eine Struktur wird wie folgt deklariert:

```
struct [tag] {
        typ1 var1;
        typ2 var2;
.
.
.
};
```

Das Schlüsselwort *struct* identifiziert das Objekt als Struktur (*structure*), und die Angabe eines *tag* ist fakultativ (daher die eckigen Klammern). Durch die Verwendung eines Tags in der Deklaration kann man sich im Programm immer wieder auf die Struktur beziehen. Die Strukturdefinition beschreibt die einzelnen Daten der Struktur (als *Members* bezeichnet), indem ihre Datentypen und Namen aufgelistet werden. Die Strukturdeklaration reserviert keinen Speicherplatz, wenn nicht Variablennamen in der Deklaration vorkommen.

Verwendung von Struktur-Tags

Im folgenden sehen Sie die Deklaration einer Struktur mit dem Tag *template*:

```
struct template {
        int number
        char *text;
};
```

Um eine Struktur unter Verwendung dieses Gerüstes zu deklarieren, wird das Schlüsselwort *struct*, gefolgt vom Tag und einem Variablennamen verwendet:

```
struct template varname;
```

Die Deklaration reserviert Speicherplatz für einen *int*-Wert und einen Zeiger auf ein Zeichen (oder einen String) und weist dem gesamten Ausdruck die Bezeichnung *varname* zu. Der Variablenname kann nun entweder ein Feld oder eine einzelne Variable beschreiben. Die Deklaration einer Strukturvariablen entspricht der Deklaration einer anderen Variablen des vorgegebenen Typs - der Unterschied besteht in der Menge des vom Compiler belegten Speicherplatzes, die vom deklarierten Strukturgerüst abhängt.

Da die Struktur *template* mit Tag deklariert wurde, kann das Gerüst in nachfolgenden *struct*-Deklarationen verwendet werden. Der C-Compiler belegt bei jeder Verwendung genügend Speicherplatz für das vollständige Konstrukt.

Alle Variablen, aus denen sich die Struktur zusammensetzt, müssen beim
Einsatz der Struktur erneut definiert werden, falls bei der ersten Deklaration kein Tag benutzt wurde. In einem Texteditor zum Beispiel können
Sie eine Feldvariable *buffer* deklarieren, die auf der zuvor definierten
Struktur *template* basiert. Wird in der Deklaration ein Tag verwendet (wie
gezeigt), kann einfach folgende Deklaration eingesetzt werden:

```
struct template buffer[MAXLINES];
```

Die Deklaration kann nicht wiederverwendet werden, wenn die Angabe
des Tags nicht vorgenommen wurde. Statt dessen müssen Sie den neuen
Variablennamen zu der vorherigen Deklaration hinzufügen oder - wie
hier gezeigt - die Struktur als Ganzes deklarieren:

```
struct {
        int number;
        char *text;
} buffer[MAXLINES];
```

Die Verwendung von Struktur-Tags ist viel einfacher als die mehrfache
Erstellung von nur einmal genutzten Strukturen ohne Tag. In diesem Buch
werden daher Tags verwendet.

Einsatz von Strukturen

Im folgenden soll ein Beispiel einer Strukturdeklaration und der Deklaration einer Variablen des Strukturtyps betrachtet werden. Als Beispiel soll
eine Datei mit Geschäftsverbindungen (entsprechend einem Karteikasten)
eingesetzt werden, wobei jede "Karte" folgende Informationen enthält: den
Namen einer Person, die Geschäftsverbindung, die Telefonnummer, die
vollständige Adresse und eine Nummer, die die "Karte" (Datensatz) mit
einer Datei verknüpft, in der Dokumente und Korrespondenzhinweise abgelegt sind. Zuerst wird der folgende Strukturtyp deklariert:

```
struct card_st {
        char name[30];          /* Firmenname */
        char company[30];       /* Geschäftsverbindung */
        char phone[20];         /* Telefon mit Vorwahl */
        char street[25];        /* Straße */
        char city[25];          /* Stadt */
        char state[3];          /* Land */
        char zip[10];           /* Postleitzahl */
        unsigned serial;        /* 0 bedeutet keine Datei */
};
```

Zur Deklaration einer Variable dieses Typs fügen Sie einfach die folgende
Anweisung in die Quelldatei ein:

```
struct card_st form;
```

In Bild 11.1 werden die Auswirkungen der Deklaration der Struktur *form* im Hauptspeicherbereich gezeigt.

Die acht Members des Datensatzes hätten auch einzeln deklariert werden können: Bei der Verwaltung von zehn und mehr Datensätzen bedeutet dies aber einen enormen Mehraufwand. Indem Sie einmal ein Gerüst deklarieren, können Sie mehrere Variablendeklarationen (*struct card_st*) relativ einfach vornehmen. Der Compiler erledigt die Detailarbeit für Sie. Noch effizienter kann eine *struct*-Deklaration zum Anlegen eines Feldes eingesetzt werden. Zur Erstellung einer Datei mit 20 Datensätzen deklarieren Sie eine Feldvariable dieses Typs:

```
struct card_st file[FILESIZE];
```

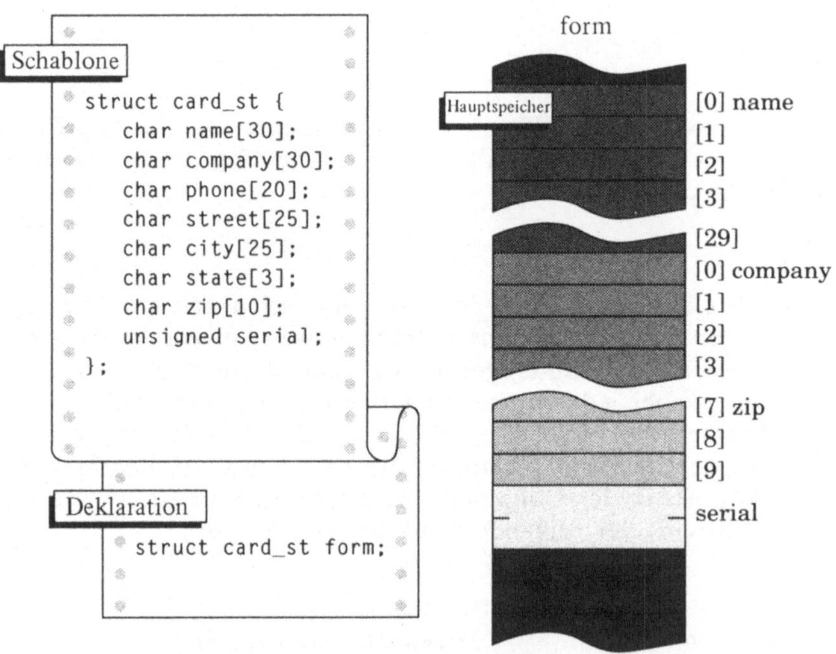

Bild 11.1   Die Deklaration der Struktur form unter Benutzung von card_st reserviert Speicherplatz für die Members

FILESIZE muß so gewählt werden, daß einerseits alle Daten aufgenommen werden können, andererseits darf aber auch der zur Verfügung stehende Hauptspeicherbereich nicht überlastet werden.

Zugriff auf Members

Nachdem Sie nun Datenstrukturen erzeugen und Strukturvariablen deklarieren können, müssen Daten ein- und ausgelesen werden. Der Punktoperator . dient dem Zugriff auf ein einzelnes Member einer Struktur.

Die Bezeichnung *form.name* ermöglicht den Zugriff auf das Member *name* der Struktur *form*. Andere Members werden auf die gleiche Art angesprochen. Zur Ausgabe der Datensatzinhalte werden die Werte wie folgt angezeigt:

```
printf("Firma: %s\n", form.company);
```

Zur Zuweisung eines Wertes an ein Member von *form* wird die gleiche Methode angewendet. Zum Beispiel weist die folgende einfache Zuweisungsanweisung dem Member *serial* der Struktur *form* den Wert 100 zu:

```
form.serial = 100;
```

Die Zuweisung eines Strings ist schwieriger. In der Definition *struct card_st* sind alle Members (außer dem letzten) Strings oder Zeichenfelder. Der Name eines Datenfeldes - zum Beispiel *company* - ist ein konstanter Zeiger, an den keine Zuweisung vorgenommen werden kann. *company* ist eine feste Adresse und keine Variable.

lvalues

Um zu verstehen, weshalb die Zuweisung eines Strings an einen Feldnamen unmöglich ist, muß eine Erklärung des Ausdrucks *lvalue* (*left value*) erfolgen. Ein *lvalue* ist ein Objekt, das das Ziel einer Zuweisungsanweisung sein kann. Die Bezeichnung resultiert aus der Tatsache, daß die Zielvariable bei einer Zuweisung immer links vom Gleichheitszeichen erscheint. Der vorgeschlagene ANSI-C-Standard empfiehlt hierfür die Verwendung des Begriffs *locator value*, da der Variablenname auf ein Objekt (*location*, Speicherplatz im Hauptspeicher) verweist und nicht den Wert selbst darstellt. Um den Wert zu erhalten, muß auf den Speicherplatz zugegriffen werden.

Zusätzlich zur Verwendung in Zuweisungsanweisungen werden *lvalues* in Verbindung mit dem Adreßoperator & und bei der Dekrementierung und Inkrementierung benötigt. Ein *lvalue* wird auch beim Einsatz des Adreßoperators verwendet (es wird die Speicherstelle des Operanden bestimmt). Die Operatoren zur Dekrementierung und Inkrementierung erfordern einen *lvalue*-Operanden, weil sie ebenfalls Zuweisungsoperatoren sind (*++n* entspricht *n = n + 1*).

Da ein Feldname kein *lvalue*, sondern eine feste Adresse ist, kann ihm kein String zugewiesen werden.

Die Funktion *scanf( )* liest einen vom Benutzer eingegebenen Wert in das
Feld ein.

```
printf("Firma: ");
scanf("&s", form.company);
```

Eine andere Lösung dieses Problems bietet sich durch die Standardbibliotheksfunktion *strcpy( )*.

<u>Hinweis:</u> Das zweite Argument in der scanf()-Anweisung erfordert den Einsatz des Operators &
nicht. Ein Feldname ist (auch als Member einer Struktur) eine Adresse, die der Funktion
scanf() übergeben werden muß.

Die Bibliotheksfunktion strcpy()

Die Funktion *strcpy( )* kopiert einen String, indem sie die einzelnen Zeichen nacheinander überträgt. Es soll ein Zeichenfeld *form.company*, das
als Ziel des Kopiervorganges dient, und ein Quellstring, auf den *str* zeigt,
existieren. Das folgende Programmfragment macht deutlich, wie *strcpy( )*
eingesetzt wird, damit die Daten in das Feld übertragen werden können:

```
char *str = {
    "Firmenname nicht verfügbar"
};
.
.
.
strcpy(form.company, str)
```

Es soll ein Standardstring nach *form.company* kopiert werden, falls der
Benutzer lediglich die Return-Taste betätigt (ohne Dateneingabe). Das
Feld *form.company* ist anfänglich nicht definiert. Nach der Ausführung
der letzten Anweisung enthält das Feld eine Kopie des Strings, auf den
str gerichtet ist. Bei dem Versuch, einen String durch die folgende Anweisung zuzuweisen, wird ein Fehler gemeldet:

```
/* FALSCH - form.company ist kein lvalue */
form.company = str;
```

Initialisieren von Strukturen

Sie können eine Strukturvariable bei der Kompilierung wie ein Feld initialisieren. Hierzu müssen der Deklaration einfach ein oder mehrere Werte
hinzugefügt werden. Members, die nicht ausdrücklich initialisiert sind,
wird der Wert 0 zugewiesen. Aus der folgenden Deklaration ergibt sich
eine Namenstabelle:

```
static struct silly_st {
        char first[15];
        char last[20];
```

```
} nametable[] = {
      {"Tom", "Collins"},
      {"Wanda", "Lust"},
      {"Jerry", "Mander"},
      {"Dee", "Bugger"},
      {"Manuel", "Writer"},
};
```

Da die Members als Zeichenfelder deklariert sind, wird bei der Deklaration der Strukturvariablen ein fester Speicherbereich reserviert. Anschließend werden die zur Verfügung stehenden Werte in die zugehörigen Zeichenpositionen gespeichert. Dabei werden jeweils die im String vorhandenen Zeichen plus einem abschließenden NUL-Zeichen abgelegt. Im Speicher sind alle Zeichenpositionen mit einem Speicherplatz verbunden, auch wenn einige Zeichenpositionen nicht verwendet werden.

Die Speicherung von Strings kann auch effizienter erfolgen. Hierzu werden die Members einer Struktur als Zeiger auf Strings deklariert und die Strings dann auf die übliche Weise initialisiert. In Bild 11.2 ist der Unterschied zwischen diesen beiden Arten der Strukturierung gezeigt. Jedes Member ist ein Zeiger auf einen String, der an anderer Stelle im Hauptspeicher abgelegt wird. Speicherkapazität, die nicht für Zeiger und Strings benötigt wird, bleibt so für weitere Felder oder andere Zwecke verfügbar.

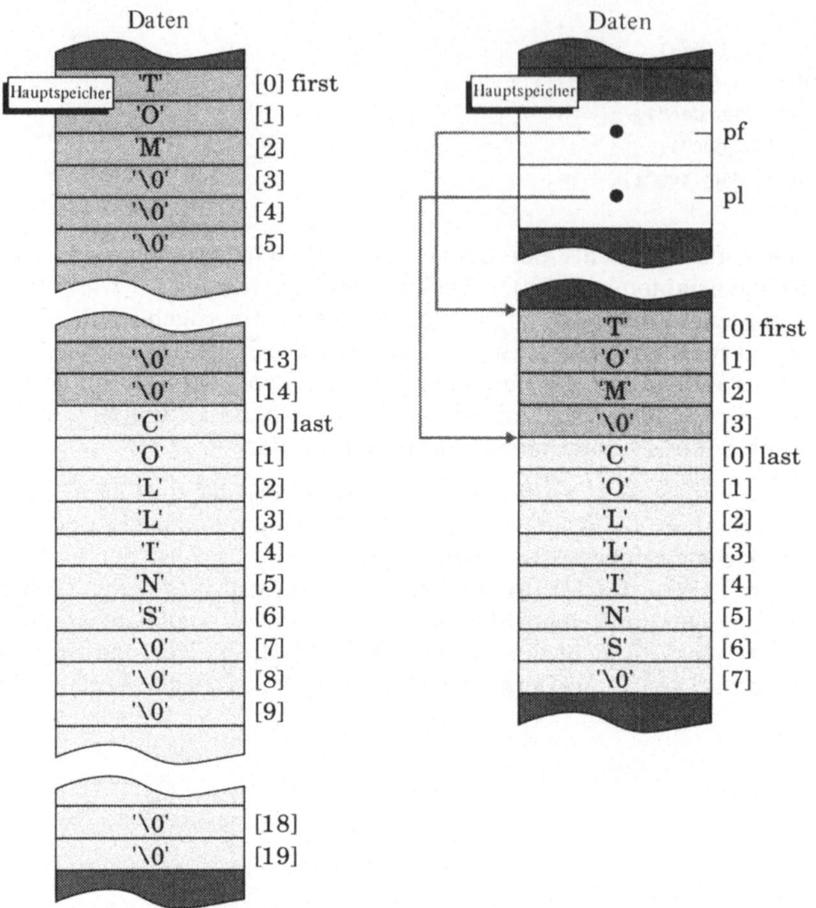

*Bild 11.2   Durch die Deklaration von Zeigern auf Felder in einer Struktur
(rechts) wird Speicherplatz effizienter genutzt als durch die
Deklaration von Feldern (fester Länge) in einer Struktur
(links).*

Das Programm STATES

In einem C-Programm, das eine Sammlung von Daten bearbeitet, sind
Strukturen häufig die beste Darstellungsart einzelner Datensätze. Die Datei STATES.H (siehe Listing 11.1) enthält die Strukturdefinition und die
Initialisierung des Feldes *States*.

Durch das Programm STATES.C werden Informationen der in STATES.H
initialisierten Tabelle angezeigt. Der Header enthält Informationen für

vier Datensätze. Sie können weitere Daten hinzufügen, indem Sie zusätzliche Initialisierungswerte bereitstellen. Das Feld wird nicht mit einer festen Dimension deklariert, statt dessen wird die Feldgröße bei der Kompilierung durch die folgende Zeile bestimmt:

```
#define NSTATES sizeof States / sizeof (struct state_st)
```

Der für NSTATES zur Verfügung gestellte Ausdruck berechnet die Anzahl der Datensätze in der Tabelle. Nachdem eine entsprechende Anzahl von Initialisierungswerten hinzugefügt wurde, kann das Programm erneut kompiliert werden. Durch die modifizierte Headerdatei STATES.H bildet der Wert von NSTATES die neue Tabellengröße.

```
/*
 * states.h
 *
 * Headerdatei zum Programm STATES
 */


/*
 * Datenstrukturdefinition und -initialisierung
 *
 * Initialisieren der Staatendaten im Datenstrukturfeld.
 * Die Liste enthält nur die Staaten, die der Autor als seine
 * "Heimat" bezeichnet. Weitere Daten können hinzugefügt werden.
 */

struct state_st {
        char *code;             /* Postcode des Staats */
        char *name;             /* Name des Staats */
        char *capital;          /* Hauptstadt */
        unsigned population;    /* in Tausend */
        unsigned area;          /* in Quadratmeilen */
} State[] = {
        { "CO", "Colorado", "Denver", 2208, 104247 },
        { "MA", "Massachusetts", "Boston", 5689, 8257 },
        { "MD", "Maryland", "Annapolis", 3923, 10577 },
        { "RI", "Rhode Island", "Providence", 950, 1214 }
};

#define NSTATES sizeof State / sizeof (struct state_st)
```

Listing 11.1   Quellcode der Headerdatei STATES.H

Die Datei STATES.C (siehe Listing 11.2) greift auf das Feld *States* zu und fragt den Benutzer nach einem Staatencode. Die Daten der Feldzeile werden angezeigt, die den eingegebenen Staatencode enthält.

```c
/*
 * S T A T E S
 *
 * Einsatz eines Feldes von Strukturvariablen, um Daten
 * über die Vereinigten Staaten abzulegen.
 */

#include <stdio.h>
#include <stdlib.h>
#include <string.h>
#include "states.h"

#define SCBUFSIZE 2              /* Eingabepuffer für Staatencode */

int StateData(char *);

int
main(void)
{
        char statecode[SCBUFSIZE + 1];

        /*
         * Benutzer zur Eingabe eines Staatencodes auffordern und
         * die Daten - sofern vorhanden - oder eine Meldung anzeigen.
         */
        printf("Staatencode (CO, MA usw.): ");
        scanf("%2s", statecode);
        if (StateData(statecode)) {
                fprintf(stderr, "%s: Staat nicht gefunden\n", statecode);
                exit (1);
        }

        return (0);
}
```

```
/*
 * StateData()
 *
 * Anzeige der Daten eines Staates, der durch den Postcode,
 * der als Argument bereitgestellt wird, spezifiziert ist.
 */


int
StateData(char *code)
{
        int rc = 0;      /* Rückgabecode */
        int index;       /* Feldindex */

        for (index = 0; index < NSTATES; ++index) {
                if (strcmp(strupr(code), State[index].code) == 0)
                        break;
        }

        /*
         * Falls der Index die Anzahl der Staaten im Feld erreicht,
         * wurde der Code nicht gefunden. Es wird ein Fehler gemeldet.
         */
        if (index == NSTATES)
                return (++rc);

        /*
         * Staatendatensatz wurde gefunden. Die angeforderten Daten
         * werden angezeigt.
         */
        printf(" Staatenname: %s\n", State[index].name);
        printf("  Hauptstadt: %s\n", State[index].capital);
        printf(" Bevölkerung: %u (in Tsd. Einwohnern)\n", State[index].population);
        printf("      Fläche: %u Quadratmeilen \n", State[index].area);

        return (0);
}
```

Listing 11.2   Quellcode von STATES.C

Die *main( )*-Funktion des Programms STATES fragt nach dem Staatencode
und liest die Antwort des Benutzers. Durch den Aufruf von *scanf( )* wird
ein aus zwei Zeichen bestehender String übernommen, der als Argument
an die Funktion *StateData( )* übergeben wird.

Werden mehr als zwei Zeichen eingegeben, ignoriert das Programm das
dritte und alle folgenden Zeichen (aufgrund der Angabe von *%2s* als Formatspezifikation). Beim Lesen von Tastatureingaben verbleiben Zeichen,

die von der Funktion *scanf( )* nicht übernommen werden, im Eingabepuffer und werden bei einem nachfolgenden Leseversuch übernommen (was
meist zu Fehleingaben führt). Zwischen wiederholten Leseversuchen der
Tastatur muß die Funktion *fflush( )* eingesetzt werden, die den Eingabepuffer löscht:

```
fflush(stdin);
```

Die Funktion *StateData( )* führt eine einfache sequentielle Suche in der
Tabelle *States* (in STATES.H) durch, um den Datensatz zu finden, der
den vom Benutzer eingegebenen Staatencode enthält. *StateData( )* ruft die
Standardbibliotheksfunktion *strupr( )* zur Umwandlung der Benutzereingabe in Großbuchstaben auf. Der Benutzer kann folglich einen oder auch
beide Buchstaben in Kleinschreibung eingeben, ohne daß davon das Ergebnis des Programms beeinflußt würde. Die Standardfunktion *strcmp( )*
wird eingesetzt, um die Eingabe mit dem Code-Member jedes Datensatzes
in der Tabelle zu vergleichen.

Falls der Benutzer einen bekannten Staatencode eingibt, zeigt das Programm die zugehörigen Daten an. Wird der Code hingegen nicht in der
Tabelle *States* gefunden, liefert die Funktion *StateData( )* einen Fehlercode ungleich Null an das aufrufende Programm. Dieses kann den Fehlercode entweder ignorieren oder aufgrund dieser Angabe eine Aktion ausführen. Im Programm STATES fragt die Funktion *main( )* den Fehlerrückgabecode ab, um bei einem Rückgabecode ungleich Null eine Fehlermeldung auszugeben und das Programm zu beenden.

Unions

Eine Abart der Struktur ist der C-Datentyp *Union*. Während der Compiler
für eine Struktur genügend Speicherplatz für alle deklarierten Members
der Struktur zur Verfügung stellt, reserviert eine Union nur die Speicherkapazität, die zur Aufnahme des größten deklarierten Members der Union
benötigt wird. Der Zweck einer Union ist es, einen Speicherplatz zur
Verfügung zu stellen, der zu verschiedenen Zeiten Werte verschiedenen
Datentyps enthalten kann. Members einer Strukturvariablen belegen jeweils eigene Speicherplätze, während Members einer Union einander
überlappen.

Sie werden Unions wahrscheinlich nur selten verwenden. Diese werden
zwar häufig zur Programmierung auf der Systemebene eingesetzt, aber
auch ein Anfänger in der C-Programmierung kann vom Wissen über
Unions und ihrer Anwendung profitieren.

Deklarieren einer Union

Zur Deklaration einer Union wird eine Anweisung der folgenden Form
verwendet:

```
union tag {
        typ_1 var_1;
        typ_2 var_2;
        .
        .
        .
        typ_n var_n;
};
```

Die Definition einer Union ähnelt der einer Struktur, es wird jedoch das
Schlüsselwort *union* eingesetzt.

Deklaration und Verwendung einer Union-Variablen

Eine Variablendeklaration für eine Union folgt dem Muster der Struktur-
variablendeklarationen:

```
union tag varname;
```

Der Zugriff auf Union-Members erfolgt ebenfalls analog zum Zugriff auf
Struktur-Members. Es wird der Punktoperator zur Trennung des Varia-
blennamens und der Member-Bezeichnung eingesetzt (wie in *varna-
me.var_1* oder *varname.var_2*). Das Programm muß dabei aber wissen,
welches Member der Union-Variablen derzeit aktiv ist und welche Größe
es hat.

Falls bei der Deklaration einer Union-Variablen ein Initialisierungswert
bereitgestellt wird, muß dieser vom gleichen Typ wie das erste Member
der Union sein. Bei der Deklaration kann kein anderes Member initialisiert werden.

Das Programm UNION_1 (siehe Listing 11.3) zeigt die Definition und
Benutzung einer einfachen Union:

```c
/* U N I O N _ 1
 *
 * Einsatz einer Union zum Zugriff auf den gleichen
 * Speicherbereich als Integer- und dann als float-Zahl.
 *
 */

#include <stdio.h>

/*
 * Uniondeklaration
 */
union my_union {
        float float_num;
        int int_num;
};

int
main(void)
{
        /*
         * Deklaration der Union-Variablen union_mem zum Zugriff
         * auf die Members der Union.
         */
        union my_union union_mem;

        /*
         * Sichern eines Integerwertes in my_union und
         * Ausgabe des Wertes.
         */
        union_mem.int_num = 29;
        printf("\nAktueller Wert von my_union: %d", union_mem.int_num);

        /*
         * Sichern eines float-Wertes in my_union und
         * Ausgabe des Wertes.
         */
        union_mem.float_num = 19.58;
        printf("\nAktueller Wert von my_union: %.2f", union_mem.float_num);

        return (0);
}
```

Listing 11.3   Quellcode von UNION_1.C

Die Union *my_union* wird mit zwei Members deklariert, einer Fließkommazahl *float_num* und einem Integerwert *int_num*. Als nächstes wird die Union-Variable *union_mem* in der *main( )*-Funktion für den Zugriff auf die Members von *my_union* deklariert. Durch die Angabe von *union_mem*, gefolgt von einem Punkt und dem Namen des Union-Members, können der Union Werte zugewiesen und - anschließend - wieder abgefragt werden.

Das Programm UNION_2

Es soll eine Union definiert werden, auf deren Speicherbereich der Zugriff in Form von zwei vorzeichenlosen Zeichen oder als *short*-Integerwert (ebenfalls vorzeichenlos) möglich ist. Zuerst wird eine Struktur definiert, die aus zwei *unsigned char*-Members besteht:

```
struct bytes {
        unsigned char low;      /* Niederwertiges Byte */
        unsigned char high;     /* Höherwertiges Byte */
        };
```

Nun wird die Union aus dieser Struktur und ein *unsigned short*-Integerwert definiert:

```
union word {
        unsigned short word;  /* 16-bit-Wort */
        struct bytes byte;    /* zwei 8-bit-Bytes */
};
```

Um die Variable *data* als Union dieses Typs zu deklarieren, wird die folgende Anweisung verwendet:

```
union word data;
```

In Bild 11.3 ist die Auswirkung der Definitionen und der Variablendeklaration von *data* gezeigt. Die Variable *data* kann entweder einen *short*-Integerwert (ohne Vorzeichen) oder zwei Zeichen (ohne Vorzeichen) aufnehmen. Der Zugriff auf die Members der Union ist als Wort - in der Form *data.word* - oder als zwei Bytes - in der Form *data.byte.low* und *data.byte.high* - möglich.

Im Programm UNION_2 (siehe Listing 11.4) wird gezeigt, wie die Struktur- und Union-Datentypen verwendet werden, um in Wort- und Byteeinheiten auf Speicherplatz zuzugreifen. Dem Union-Member *word* wird ein Integerwert (Member der Einheitengröße Wort) zugewiesen, der anschließend in Form der Members *low* und *high* (Members der Einheitengröße Byte) ausgegeben wird. Zusätzlich wird der Wert der zugewiesenen Integerzahl mit einem Wert verglichen, der aus den beiden Byte-Komponenten berechnet wurde.

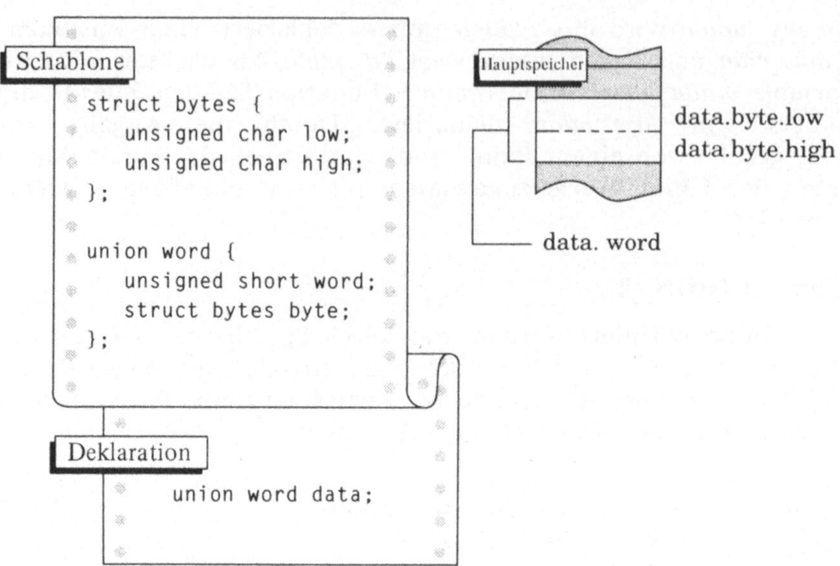

Bild 11.3   Die Members einer Union überlappen sich im Speicher

```
/*
 * U N I O N _ 2
 *
 * Einsatz einer Union zum Zugriff auf den gleichen
 * Speicherbereich als zwei Bytes und als ein Wort.
 */

/*
 * Datenstrukturdefinitionen.
 */
struct bytes {
        unsigned char low;
        unsigned char high;
};

union word {
        unsigned short word;
        struct bytes byte;
};
```

```c
int
main(void)
{
        union word data;
        unsigned short temp;

        /*
         * Speichern einer Zahl im Hauptspeicher als Wort mit
         * anschließender Ausgabe in Dezimal- und Hexadezimalnotation.
         */
        data.word = 1000;
        printf("Wort = %u (%04X hex)\n", data.word, data.word);


        /*
         * Ausgabe der Werte des nieder- und höherwertigen Bytes
         * des Wortes (unabhängig voneinander).
         */
        printf("Niederwertiges Byte = %u (%02X hex)\n",
                data.byte.low, data.byte.low);
        printf("Höherwertiges Byte = %u (%02X hex)\n",
                data.byte.high, data.byte.high);


        /*
         * Ausgabe des Wort-Wertes, der aus den höher- und
         * niederwertigen Bytes berechnet ist. Die Berechnung
         * folgt dieser Formel:
         * (256 * höherwertiges Byte) + niederwertiges Byte
         */
        temp = (data.byte.high << 8) | data.byte.low;
        printf("Berechneter Wort-Wert = %u (%04X hex)\n", temp, temp);


        return (0);
}
```

Listing 11.4   Quellcode von UNION_2.C

Das Programm berechnet den Wert des Wortes, indem es den Wert des
niederwertigen Bytes zum Ergebnis der Multiplikation des höherwertigen
Bytes mit 256 addiert:

```c
temp = (data.byte.high << 8) | data.byte.low;
```

Die Multiplikation des höherwertigen Bytewertes erfolgt durch eine
Linksverschiebung der Bits um acht Stellen, da Verschiebeoperationen
schneller als Multiplikationen sind. Die Addition wird durch eine logische
ODER-Operation bewirkt, die auf das verschobene höherwertige Byte angewendet wird (der zweite Operand ist das niederwertige Byte). Eine die-

sem Prozeß entsprechende, jedoch wesentlich langsamere Anweisung ist im folgenden abgedruckt:

```
temp = 256 * data.byte.high + data.byte.low;
```

Mit der Funktion *printf( )* erfolgt unter Verwendung der Formatspezifikation *%0nX* (für *n* ist eine Zahl einzusetzen) eine Ausgabe der Werte in hexadezimaler Notation mit vorangestellten Nullen, die normalerweise unterdrückt werden.

Bitfelder

Eine weitere C-Struktur ist das Bitfeld. Ein Bitfeld ist eine Sammlung von Bits (eines oder mehrere), die eine kompakte Speicherung von Werten mit begrenztem Wertebereich bietet.

In einem umfangreichen Programm werden beispielsweise mehrere Integervariablen eingesetzt, die verschiedene Modi steuern. Hierbei soll ein Modus aktiv sein, wenn die zugehörige Variable den Wert 1 besitzt, ein Wert 0 bedeutet, daß der Modus desaktiviert ist. Statt nun für jeden Modus eine eigene *int*-Variable zu deklarieren, kann eine Variable des Typs *int* eingesetzt werden, die logisch in mehrere Felder von der Größe eines Bits unterteilt ist. Durch den Zugriff auf die einzelnen Bitfelder kann dann der Status der verschiedenen Modi gesetzt und abgefragt werden.

Definition eines Bitfeldes

Die allgemeine Form einer Bitfelddefinition basiert auf einer Struktur, wie die folgende Syntax zeigt:

```
struct tag {
        unsigned feld1 : breite1;
        unsigned feld2 : breite2;
        .
        .
        .
};
```

Jedes Feld besitzt einen Namen und eine damit verbundene Breite, die die Anzahl der Bits dieses Feldes spezifiziert.

Deklarieren von Bitfeldvariablen

Die Deklaration und der Zugriff auf Variablen und deren Felder erfolgt analog zu anderen Strukturen: Das folgende Programmfragment definiert die Bitfeldstruktur *flag_st*, und dann wird - darauf basierend - ein Bitfeld deklariert und auf ein Member-Feld zugegriffen:

```
struct flag_st {
        unsigned mode: 1
        unsigned light: 1
        unsigned lock: 1
};
.
.
.
struct flag_st flag;

flag.light = 1;
if (flag.light == 1)
        printf("Das Licht ist an.\n");
else
        printf("Das Licht ist aus.\n");
```

Ein Bitfeld ist auf einen Integerwert beschränkt. Die Breite eines Bitfeldes kann folglich die Breite eines *int*- oder *unsigned int*-Wertes nicht überschreiten. Zudem darf keine bestimmte Reihenfolge der Felder vorausgesetzt werden, da diese von der Implementierung abhängig ist. Der Operator & kann zum Zugriff auf ein Bitfeld nicht eingesetzt werden, da es keine eigene Adresse hat.

Ein logisches Puzzle

Das Programm FARMER (siehe Listing 11.5) zeigt den Einsatz von Bitfeldern, mit denen eine Reihe von Daten verwaltet werden. In diesem logischen Puzzle versucht ein Farmer, den Fluß mit einem Fuchs, einer Henne und einem Bündel Getreide zu überqueren. Jeder der vier Akteure wird durch ein Bitfeld dargestellt, dessen Wert anzeigt, ob sich der Akteur auf dem westlichen oder östlichen Ufer des Flusses befindet.

Das Programm ist recht umfangreich. Zusätzlich zur Demonstration des Einsatzes von Bitfeldern zeigt es, wie ein Problem in seine Komponenten und wie die verschiedenen Aufgaben in Funktionen unterteilt werden. Die Bitfeldvariable *Player* wird als global deklariert, da in vielen Funktionen darauf bezug genommen wird. Bild 11.4 zeigt das Bitfeld, wie es im Speicher abgelegt ist.

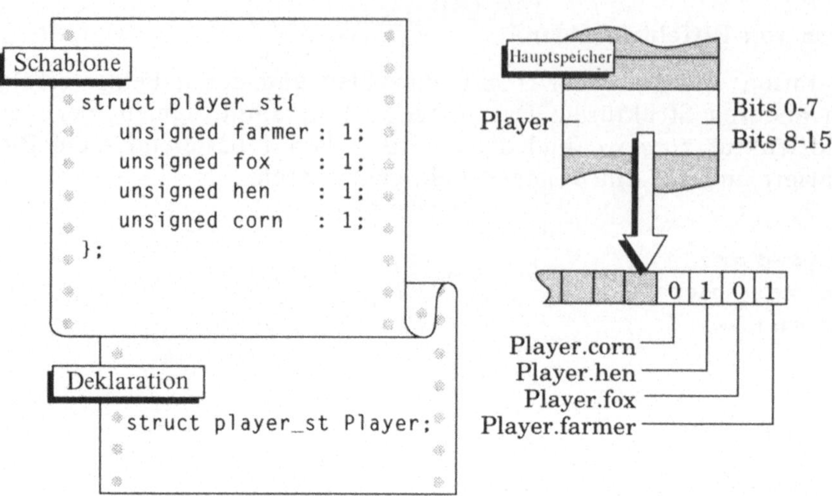

*Bild 11.4   Bitfeldvariable Player im Hauptspeicher nach dem ersten Zug.
Die Reihenfolge der Bits ist computerspezifisch, es darf keine
Bitfeldreihenfolge vorausgesetzt werden.*

```
/*
 * F A R M E R
 *
 * Das Problem mit der Flußüberquerung
 */

#include <stdio.h>
#include <stdlib.h>
#include <conio.h>

#define BEL    7
#define K_ESC  27
#define NBYTES 80

/*
 * Datenstrukturdefinition (Bitfelder).
 */
struct player_st {
     unsigned farmer : 1;
     unsigned fox : 1;
     unsigned hen : 1;
     unsigned corn : 1;
};
```

```c
struct player_st Player;          /* "allgemeine" Bitfeldvariable */

/*
 * Funktionsprototypen
 */
void Instruct(void);
int GetMove(int);
void DoMove(int);
int CheckMap(int);
int MadeIt(void);
void YouLose(void);
void PrintMap(void);


int
main()
{
        int bank;               /* 0 - Farmer ist auf linkem Ufer */
        int move;               /* Tastencode des geforderten Zuges */
        int trips;              /* Anzahl der Flußüberquerungen */
        char reply[NBYTES];     /* Benutzerantwort */

        /*
         * Anfangsbedingungen initialisieren. Alle Akteure sind am
         * Westufer; es haben keine Überquerungen stattgefunden.
         */
        Player.farmer = Player.fox = Player.hen = Player.corn = 0;
        bank = Player.farmer;
        trips = 0;

        printf("\n=========== FARMER ===========\n");
        printf("Esc-Taste für Programmbeendigung.\n\n");
        printf("Benötigen Sie Instruktionen? (J oder N): ");
        gets(reply);
        if (reply[0] == 'j' || reply[0] == 'J' || reply[0] == '\0')
                Instruct();
        PrintMap();
        while (1) {
                move = GetMove(bank);
                DoMove(move);
                ++trips;
                bank = Player.farmer;
                PrintMap();
                if (CheckMap(bank))
                        YouLose();
```

```c
                if (MadeIt())
                        break;
        }
        printf("Glückwunsch! Sie haben es geschafft!\n");
        printf("Es wurden %d Überquerungen benötigt.\n", trips);

        return (0);
}


/*
 * Instruct()
 *
 * Spielregeln anzeigen.
 */

void
Instruct()
{
        puts("Ein Farmer muß in einem Boot einen Fluß überqueren.");
        puts("Er hat bei sich: Fuchs, Henne und Getreide.");
        puts("Der Farmer kann im Boot nur jeweils eines der");
        puts("Tiere oder das Getreidebüschel mitnehmen. ");
        puts("Der Fuchs darf nicht mit der Henne alleine");
        puts("zurückbleiben, ebenso wie die Henne nicht mit");
        puts("dem Getreide alleingelassen werden kann. Die");
        puts("Tiere verhalten sich gesittet, wenn der Farmer");
        puts("sich bei ihnen befindet. Sie sind der Farmer und");
        puts("versuchen, vom West- zum Ostufer des Flusses über-");
        puts("zusetzen. Dabei darf Ihnen weder ein Tier noch das");
        puts("Getreidebüschel verloren gehen, und es sollen");
        puts("möglichst wenig Flußüberquerungen benötigt werden.");
}


int
GetMove(bank)
int bank;
{
        int key;
```

```c
        /*
         * Dem Benutzer die verfügbaren Befehle anzeigen.
         */
        printf("\nBefehl: A(llein) ");
        if (Player.fox == bank)
                printf("F(uchs) ");
        if (Player.hen == bank)
                printf("H(enne) ");
        if (Player.corn == bank)
                printf("G(etreide) ");
        printf(": ");
        while (1) {
                key = toupper(getch());
                if (key == 'A')
                        break;
                else if (key == 'F' && Player.fox == bank)
                        break;
                else if (key == 'H' && Player.hen == bank)
                        break;
                else if (key == 'G' && Player.corn == bank)
                        break;
                else if (key == K_ESC) {
                        putchar('\n');
                        exit (0);
                }
                else
                        putchar(BEL);   /* Falscher Befehl */
        }
        putchar('\n');
        return (key);
}


void
DoMove(move)
int move;
{
        switch (move) {
        case 'A':
                break;
        case 'F':
                Player.fox = !Player.fox;
                break;
        case 'H':
                Player.hen = !Player.hen;
                break;
```

```c
        case 'G':
                Player.corn = !Player.corn;
                break;
        }
        Player.farmer = !Player.farmer;
}



/*
 * CheckMap()
 *
 * Sicherstellen, daß keine zwei sich wiedersprechenden Akteure
 * auf einem Ufer alleingelassen werden.
 * Rückgabe von 1, falls Ja oder 0, wenn Nein.
 */
int
CheckMap(bank)
int bank;
{
        int status = 0;

        if (Player.fox != bank && Player.hen != bank)
                status = 1;
        if (Player.hen != bank && Player.corn != bank)
                status = 1;


        return (status);
}



/*
 * PrintMap()
 *
 * Anzeige der aktuellen Situation des Farmers,
 * der Tiere und des Getreides.
 */
void
PrintMap()
{
        char wc, ec;

        /* Farmer */
        wc = ec = ' ';
        if (Player.farmer)
                ec = 'F';
```

```c
        else
                wc = 'F';
        printf("\n%c ^^^^^ %c\n", wc, ec);


        /* Fuchs */
        wc = ec = ' ';
        if (Player.fox)
                ec = 'f';
        else
                wc = 'f';
        printf("%c ^^^^^ %c\n", wc, ec);


        /* Henne */
        wc = ec = ' ';
        if (Player.hen)
                ec = 'h';
        else
                wc = 'h';
        printf("%c ^^^^^ %c\n", wc, ec);


        /* Getreide */
        wc = ec = ' ';
        if (Player.corn)
                ec = 'g';
        else
                wc = 'g';
        printf("%c ^^^^^ %c\n", wc, ec);
}



/*
 * MadeIt()
 *
 * Bestimmen, ob beide Tiere und das Getreide sicher das
 * Ostufer des Flusses erreicht haben.
 */
int
MadeIt()
{
        int status;

        status = 0;
        if (Player.farmer && Player.fox &&
            Player.hen && Player.corn)
                status = 1;
```

```
        return (status);
}



void
YouLose()
{
        printf("Leider - Sie haben verloren.  ");
        if (Player.fox == Player.hen)
                printf("Der Fuchs fraß die Henne.\n");
        else if (Player.hen == Player.corn)
                printf("Die Henne fraß das Getreide.\n");

        exit (1);
}
```

Listing 11.5   Quellcode von FARMER.C

Nach dem Programmstart wird der Benutzer gefragt, ob er Hilfestellung
benötigt. Eine Antwort, die mit dem Buchstaben *j* oder *J* beginnt, führt
zum Aufruf der Funktion *Instruct( )*, die eine Spielanleitung anzeigt. Falls
der Benutzer die Return-Taste ohne Angabe eines Buchstabens betätigt,
erfolgt die Anzeige der Instruktionen ebenfalls.

Die Funktion *GetMove( )* übernimmt ein Argument. Hierdurch wird das
Ufer angezeigt, auf dem sich der Farmer derzeit befindet. Dem Benutzer
werden nur die derzeit verfügbaren Befehle angezeigt, was das Programm
sehr benutzerfreundlich macht. Der Befehl *Allein* ist immer verfügbar, er
läßt den Farmer im Boot ohne Begleiter übersetzen. Der Beendigungsbe-
fehl (Betätigung der Esc-Taste) ist ebenfalls zu jedem Zeitpunkt verfügbar, während die anderen Befehle nur zur Verfügung stehen, wenn dies
einen Sinn ergibt. So kann zum Beispiel der Farmer die Henne nicht mit-
nehmen, wenn sie sich auf der anderen Seite des Flusses befindet.

Versuchen Sie sich an diesem Puzzle. Es kann in sieben Zügen gelöst
werden. Bei der Ausführung eines falschen Zuges zeigt das Programm den
Fehler an (wer von wem gefressen wurde). Nachdem Sie alle Akteure sicher über den Fluß gebracht haben, "gratuliert" Ihnen das Programm.

Benutzerdefinierte Datentypen

Zur Erstellung von Datentypen für komplizierte Situationen werden Ty-
pendefinitionen unter Verwendung von Strukturen, Unions und Bitfeldern
herangezogen. C kennt hierfür das Schlüsselwort *typedef*, das einer Ty-
pendefinition einen symbolischen Namen zuweist. Dadurch läßt sich ein
C-Programm übersichtlicher und kürzer gestalten, und den benutzerdefi-

nierten Datentypen können beschreibende Namen gegeben werden. Im
folgenden sehen Sie das Format einer *typedef*-Anweisung:

```
typedef typ aliasname;
```

Die Bezeichnung *aliasname* wird durch die Ausführung dieser Anweisung
zu einem Äquivalent des Datentyps *typ*.

Für die Struktur vom Kapitelbeginn, die eine Textzeile in einem Editier-
puffer beschreibt, kann mit dem folgenden Programmfragment der Aliasname LINE definiert werden:

```
/* Typdefinition */
typedef struct {
        int number;
        char *text;
} LINE;


/* Variablendeklaration */
LINE buffer[MAXLINES];
```

Nach der Definition kann LINE anstelle der vollständigen Strukturdefinition als Datentypangabe verwendet werden. Zur Deklaration eines alterna-
tiven Textpuffers fügen Sie einfach die folgende Anweisung in die Quelldatei ein:

```
LINE altbuf[MAXLINES];
```

Ebenso wie die Verwendung eines Tag in einer Strukturdefinition wird
durch den Einsatz eines *typedef*-Aliasnamens eine erneute Angabe der
einzelnen Member-Deklarationen vermieden. Ein Aliasname hat aber einen weiteren Gültigkeitsbereich als ein Tag, das nur das Datentypschlüs-
selwort in der Deklaration ersetzt. Ein einmal definierter Aliasname wird
im Programm zu einem inoffiziellen Schlüsselwort.

In diesem Kapitel haben Sie die Verwendung und das Einsatzgebiet von
Strukturen, Unions und Bitfeldern kennengelernt. Nach einiger Übung
können Sie komplizierte Datenstrukturen erstellen, indem Sie die Elemente auf verschiedene Art und Weise kombinieren und Zeiger auf solche
Objekte benutzen.

Übungen

1. Benennen und beschreiben Sie die zusammengesetzten Datentypen
    der Programmiersprache C. Wozu verwendet man zusammengesetzte
    Datentypen?

2. Weshalb werden Struktur-Tags verwendet? Kann eine Struktur ohne
    Tag definiert werden? Wenn Ja: Wann wird eine Struktur ohne Tag
    benutzt?

3. Deklarieren Sie eine Struktur, die Datumsangaben umfaßt (Jahr, Monat, Tag), sowie eine Variable *Datum* dieses Typs. Weisen Sie der Variablen das Datum eines Nationalfeiertags zu. Die Members, einschließlich der Monate, sollen als Integerwerte dargestellt werden.

4. Fügen Sie der Datenstruktur aus Übung 3 ein String-Member hinzu, das für den Namen des Monats eine aus drei Zeichen bestehende Abkürzung speichern kann (Jan, Feb usw.). Dann schreiben Sie eine Funktion, die den numerischen Wert des Monats aus der Variablen *Datum* liest und den entsprechenden Text im neuen Member der Variablen speichert.

5. Deklarieren Sie ein Bitfeld, das die Schalterstellungen von fünf Lichtschaltern beschreibt (0 = AUS; 1 = EIN). Alle Schalterstellungen sollen auf den Zustand AUS initialisiert werden.

6. Deklarieren Sie eine Struktur, die Members für den Familiennamen, Vornamen und eine Note enthält. Schreiben Sie ein Programm, das Dozenten zur Eingabe des Namens jedes Studenten und zugehöriger Testnoten auffordert (Eingabe über die Tastatur). Der Wert −1 soll ebenfalls akzeptiert werden (der Student hat die Prüfung nicht bestanden). Nach der Dateneingabe geben Sie eine zusammenfassende Tabelle (Namen und Noten) sowie den Notendurchschnitt aus.

7. Schreiben Sie eine *typedef*-Anweisung zur Definition des Typs SIGNAL, und deklarieren Sie eine Variable dieses Typs. Die Definition sollte alle möglichen Verkehrssignalmuster einer aus vier aufeinandertreffenden Straßen bestehenden Kreuzung beschreiben. An jeder Straße befindet sich eine Ampel mit den Lichtern Rot, Grün und Gelb sowie einem Rechtsabbiegerpfeil.

8. Modifizieren Sie das Programm STATES. Das Programm soll nun Befehle annehmen, die in verschiedenen Ausgaben resultieren:

Befehl	Beschreibung der Ausgabe
A	Spaltenorientierte Tabelle aller Daten (nach Staaten).
C	Tabelle der Hauptstädte der Staaten.
P	Tabelle der Bevölkerungsdaten (nach Staaten).
S	Ausgewählte Daten von Staaten (nach Postleitzahl auswählen).
Q/Esc	Verlassen des Programms.

Der Befehl S ist die Standardvorgabe des in diesem Kapitel gezeigten STATES-Programms.

9. Entwickeln Sie ein interaktives Tic-Tac-Toe-Spiel. Hierzu ist der im folgenden dargestellte Brettaufbau und das Numerierungsschema zu verwenden:

```
1 | 2 | 3
4 | 5 | 6
7 | 8 | 9
```

Verwenden Sie den Buchstaben X, um einen Zug des Benutzers zu bezeichnen und den Buchstaben O für einen Zug des Computers. Ein Spieler spezifiziert einen Zug, indem er die Nummer eines Quadrates eingibt. Nach jedem Zug wird die aktuelle Spielsituation erneut angezeigt. Der Spieler soll keine Quadrate wählen dürfen, die bereits von einem X oder O belegt sind. Nachdem in einer Richtung (waagerecht, senkrecht oder diagonal) drei identische Symbole (X oder O) erscheinen, wird der Gewinner bekanntgegeben.

Hinweis: **Was passiert beim ersten Zug?**

Kapitel 12

Dateiein-/-ausgabe

Die Dateiein- und -ausgabe dient dem Speichern von Informationen in Dateien auf Diskette/Festplatte, woraufhin die Dateiinhalte zu einem späteren Zeitpunkt abgerufen werden können. Programme und Daten auf Disketten, Platten, Magnetbändern und anderen dauerhaften Speichermedien liegen in Dateien vor. Unter MS-DOS und Unix werden auch die Tastatur und der Bildschirm als Dateien behandelt, ebenso wie andere Geräteeinheiten (Drucker und Kommunikationsports).

Die Dateiein-/-ausgabe ist eine der Basisoperationen eines Computers, auf die in Programmen häufig nicht verzichtet werden kann. Sicherlich sollen größere Datenbestände nicht bei jeder Programmausführung erneut eingegeben, sondern aus einer Datei übernommen werden.

Speichern und Laden

Im elften Kapitel wurde eine Datenstruktur eingesetzt, die vom Informationsgehalt her einer Karteikarte entspricht. Das gezeigte Programm ist ohne eine dauerhafte Speicherung der eingegebenen Informationen aber nur wenig sinnvoll. Falls keine dauerhafte Speicherung vorgenommen wird, gehen alle eingegebenen Informationen beim Ausschalten des Computers verloren. Die Informationen könnten auch bereits in Form einer Datei vorliegen, die nun durch das Programm verarbeitet werden soll.

Tatsächlich haben Sie bereits mit der Dateiein-/-ausgabe gearbeitet; bei jeder Wahl der Lade- oder Speicherbefehle des Dateimenüs von Quick C werden Dateien geladen oder gespeichert. Im folgenden finden Sie eine Erklärung der wichtigsten Konzepte der Ein-/Ausgabe, außerdem werden die Unterschiede der Speichermedien erläutert.

Primär- und Sekundärspeicher

Die im *Haupt-* oder *Primärspeicher* des Computers enthaltenen Informationen gehen verloren, sobald das System abgeschaltet wird. Dies kann auch ungewollt durch einen Stromausfall oder eine Spannungsschwankung im Stromnetz geschehen.

Der primäre Speicher ist ein wahlfreier Schreib-/Lesespeicher, in dem Daten in einer beliebigen Reihenfolge gelesen und geschrieben werden können. Die Änderungen im Hauptspeicher erfolgen sehr schnell.

Der *Massenspeicher* (auch *Sekundärspeicher* genannt) hingegen speichert Informationen dauerhaft. Dabei bleiben einmal abgelegte Daten auch erhalten, nachdem die Stromversorgung abgeschaltet wurde. Disketten und Festplatten sind - wie auch das Magnetband - sekundäre Speichermedien.

Der Prozeß des Lesens oder Beschreibens von Sekundärspeicher ist im allgemeinen sehr viel langsamer als das Lesen und Schreiben im Primärspeicher. In Bild 12.1 werden die zwei Arten von Schreib-/Lesespeicher gezeigt.

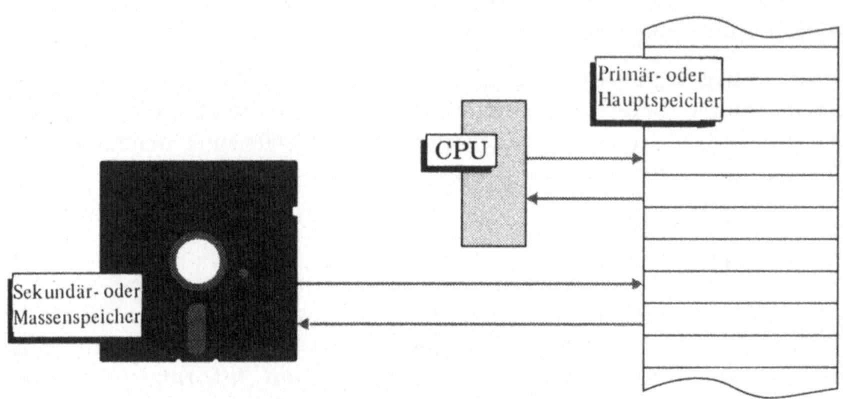

Bild 12.1   Der Zugriff auf den sekundären Speicher erfolgt nicht so schnell wie auf den Primärspeicher, dafür bleiben die Daten aber auch nach dem Abschalten der Stromversorgung erhalten.

C und Ein-/Ausgabe von Dateien

Der Kern der Programmiersprache C kennt keine Ein-/Ausgabe von Dateien. Diese Tatsache ist auf den ersten Blick besonders dann erstaunlich, wenn Sie bereits Erfahrung mit anderen Programmiersprachen gesammelt haben. Die Auslagerung der Ein-/Ausgabe aus der eigentlichen Sprachdefinition bietet verschiedene Vorteile und macht einen Großteil der Flexibilität der Programmiersprache C aus. Da verschiedene Computersysteme unterschiedliche Zugriffsmethoden auf Plattendateien einsetzen, wurde die gesamte Funktionalität der Dateiein-/-ausgabe in einer Standardbibliothek zusammengefaßt. Diese Standardbibliothek ist eine Sammlung von allgemein einsetzbaren Routinen (Funktionen und Makros).

Der Inhalt der Headerdatei *stdio.h* muß durch eine *#include*-Direktive in die Quelldatei eingebunden werden, damit die Standardein-/-ausgabe in Ihrem Programm zur Verfügung steht. Nach der Ausführung dieser Anweisung können Sie eine Vielzahl von C-Routinen benutzen, die Dateien bearbeiten. Die Headerdatei enthält alle benötigten Daten- und Makrodefinitionen sowie die Funktionsprototypen der Standardein- und -ausgabefunktionen.

Bevor die Dateiein-/-ausgaberoutinen im einzelnen untersucht werden, sollen Informationen über Dateien und die Ein- und Ausgabe im allgemeinen gegeben werden. Hierzu werden die verschiedenen Arten der Dateiein-/-ausgaberoutinen betrachtet sowie die beiden Arten von Dateien, die es unter MS-DOS gibt.

Arten der Dateiein-/-ausgabe

In der Programmiersprache C kann auf zwei Arten auf Dateien zugegriffen werden: Zum einen wird die Ein-/Ausgabe als Datenstrom (*stream*) verstanden, und zum zweiten kann die Ein-/Ausgabe auf der unteren Ebene erfolgen. Beide Ebenen bieten diverse Funktionen zum Zugriff auf Dateien, die sich zwar in der Aufgabe ähneln, in mehreren wichtigen Punkten aber unterscheiden.

Die datenstromorientierte Ein-/Ausgabe, die Sie in diesem Kapitel kennenlernen werden, wird häufiger verwendet als die Ein-/Ausgaberoutinen der unteren Ebene, da sie einfacher einzusetzen ist und keine tiefergehende Kenntnis der Dateistrukturen voraussetzt.

In C wird die stromorientierte Ein-/Ausgabe gepuffert. Durch die Pufferung können Daten schneller und effizienter gespeichert, geladen und bearbeitet werden.

Ein weiterer Vorteil bei der Verwendung der datenstromorientierten Ein-/Ausgabe besteht in der Vielzahl der zur Konvertierung und Formatierung zur Verfügung stehenden Routinen. Ohne diese Routinen würden die Programme weitaus komplizierter werden. *scanf( )* und *printf( )* sind Funktionen, die der formatierten Ein- bzw. Ausgabe dienen.

Die Ein-/Ausgabe auf der unteren Ebene erfordert die Berücksichtigung einer Reihe von Details beim Dateizugriff, die bei der Verwendung der stromorientierten Ein-/Ausgabe von den Bibliotheksroutinen übernommen werden. Insbesondere führen die Ein-/Ausgaberoutinen der unteren Ebene keine Pufferung aus. Das Anlegen und Verwalten eines Puffers muß in diesem Fall durch das Programm selbst erfolgen. Umwandlungen in den Zieldatentyp und die Formatierung der Ein-/Ausgabe müssen ebenfalls vollständig vom Programm vorgenommen werden. Ein deutlicher Vorteil der Ein-/Ausgabe der unteren Ebene ist aber die Geschwindigkeit, mit der Daten übertragen (geladen und gespeichert) werden.

Zwei Dateiarten

Es muß grundsätzlich zwischen zwei Arten von Dateien unterschieden werden: *Textdateien* und *binäre Dateien*. Der Unterschied liegt in der Art der Information, die in den Dateien enthalten ist.

Text- oder *ASCII-Dateien* bestehen aus alphanumerischen Zeichen, Satzzeichen und einigen Steuerzeichen (besondere ASCII-Zeichen mit Codes zwischen 0 und 127). Textdateien enthalten im allgemeinen für den Menschen verständliche Informationen; so sind zum Beispiel alle C-Quelldateien Textdateien. Jedes Zeichen wird durch die niederwertigen sieben Bits eines Bytes beschrieben. ASCII-Dateien sind in Byte-Folgen unterteilt, die auf dem Bildschirm als Zeilen erscheinen.

Binäre Dateien enthalten Daten, die durch acht Bits beschrieben werden und besitzen keine Zeilenstruktur. Solche Dateien sind gewöhnlich dem Benutzer unverständlich, ergeben aber für den Computer einen Sinn. Ausführbare Dateien (wie Quick C selbst) sind binäre Dateien.

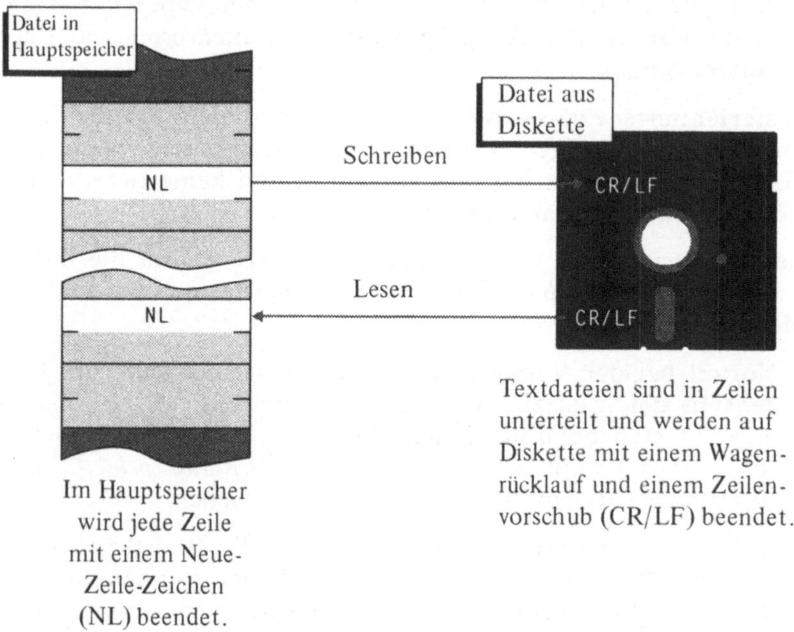

Bild 12.2   Das Schreiben/Lesen einer Datei im Textmodus erfordert eine Konvertierung der Zeilenendezeichen

Ein Problem bei der Behandlung von Textdateien stellt das zur Zeilenbeendigung verwendete Zeichen dar. Die MS-DOS-Umgebung setzt ein aus zwei Zeichen bestehendes Zeilenende ein, während unter dem Betriebssystem Unix (bzw. Xenix) zu diesem Zweck ein einzelnes Zeichen benutzt wird. Die aus zwei Zeichen bestehende Sequenz stammt aus der Zeit, in der in erster Linie Terminals eingesetzt wurden. Diese verwendeten das Zeichen *Wagenrücklauf* (CR; *carriage return*), um den Cursor auf den Anfang der aktuellen Zeile zu positionieren, die Verschiebung des Cursors um eine Zeile nach unten erfolgte dann durch das Steuerzeichen *Zeilenvorschub* (LF; *linefeed*).

In der Programmiersprache C, die ursprünglich aus der Unix-Welt stammt, wird ein einzelnes Zeilenvorschubzeichen zur Zeilenbeendigung verwendet. Bei der Speicherung einer Datei durch das C-Programm im Textmodus werden die *Neue-Zeile-Zeichen* (NL; *new line*) in die Zeichenfolge CR/LF übersetzt. Umgekehrt wird diese Zeichenfolge beim Laden der Datei im Textmodus in NL-Zeichen umgewandelt.

Text- und binäre Dateien unterscheiden sich auch in der Art und Weise, wie Zahlen abgelegt werden. In Textdateien werden Zahlen als Folge von ASCII-Zeichen gespeichert (jede Ziffer entspricht einem ASCII-Zeichen). In binären Dateien hingegen werden Zahlen so gespeichert, wie sie im Hauptspeicher vorliegen (als ein Wert, nicht als Folge von Ziffern).

Der *short*-Integerwert 8134 zum Beispiel belegt in einer Textdatei vier Bytes, weil er aus vier Ziffern besteht. In einer binären Datei wird die gleiche Zahl in zwei Bytes gespeichert, weil ein *short*-Wert eine Länge von zwei Bytes aufweist.

Hinweis: Obwohl unter MS-DOS Text- und binäre Dateien voneinander verschieden sind, treffen andere Betriebssysteme, insbesondere Unix (und Xenix) keine Unterscheidung. Falls Ihre Programme in verschiedenen Betriebsumgebungen ablauffähig sein sollen, müssen diese Unterschiede beim Programmentwurf und bei der Kodierung berücksichtigt werden.

Beim Einsatz des Betriebssystems MS-DOS Version 3.0 (oder neuere Versionen) in Verbindung mit Microsoft C, Version 5.0 (und neuere), wird die genaue Dateigröße aus dem Verzeichnis gelesen. Ein Versuch, hinter dem letzten Byte der Datei zu lesen, verursacht die Erfüllung der EOF-Bedingung (Ende der Datei). Für ältere Versionen mußte das EOF-Zeichen ^Z (Ctrl-Z, Hex 1A, dezimal 26) in der Datei erscheinen, damit der Compiler das Dateiende korrekt erkennt.

Die Benutzung des Steuerzeichens ^Z ist ein Überbleibsel der ersten MS-DOS-Version, in der versucht wurde, die Kompatibilität zum 8-bit-Vorgängerbetriebssystem CP/M zu bewahren. Die aktuellen MS-DOS- und Microsoft C-Versionen erkennen das Zeichen ^Z zwar noch, dieses muß aber zur Gewährleistung eines korrekten Programmablaufs nicht verwendet werden. MS-DOS beendet die Verarbeitung einer Textdatei beim Auftreten des Zeichens ^Z in einer Eingabe.

Hinweis: Der Wert ^Z hat in binären Dateien keine besondere Bedeutung.

Grundlagen der Ein-/Ausgabeprogrammierung

Zur Bearbeitung von Datenströmen in Programmen sind die folgenden Schritte auszuführen:

1. Deklarieren eines Dateizeigers.

2. Öffnen einer Datei.

3. Zugriff auf eine Datei.

4. Schließen der Datei.

Die einzelnen Schritte werden im folgenden detailliert erläutert.

Deklarieren eines Dateizeigers

Ein Dateizeiger bezeichnet eine Datei oder einen *Stream* (*Datenstrom*). Zur Deklaration eines Dateizeigers wird der Datentyp FILE eingesetzt, ein in der Headerdatei *stdio.h* vordeklarierter *struct*-Datentyp. Eine Dateizeigerdeklaration hat folgende Form:

```
FILE *name;
```

Hierbei ist *name* der Name des zu deklarierenden Zeigers. Für jede gleichzeitig geöffnete Datei muß ein Zeiger deklariert werden, dessen Name in allen der Deklaration folgenden Operationen eingesetzt wird, die sich auf die zugehörige Datei beziehen. Hierzu gehört das Öffnen der Datei, der Zugriff auf die in der Datei enthaltenen Daten und das Schließen der Datei.

Die folgende Anweisung deklariert den Zeiger *fp*:

```
#include <stdio.h>
  .
  .
  .
FILE *fp;
```

Der Dateizeigervariablenname ist *fp*. Diese Anweisung kann gelesen werden als *fp ist ein Zeiger (durch das Asteriskzeichen * kenntlich gemacht) auf ein Objekt des Typs FILE.*

Öffnen einer Datei

Vor dem Zugriff auf eine Datei muß diese geöffnet werden. Nachdem ein Dateizeiger deklariert ist, wird der Zeigername als Argument der Funktion *fopen( )* zum Öffnen der Datei eingesetzt. Die Syntax einer Anweisung für das Öffnen einer Datei ist folgende:

```
zeiger = fopen(dateiname, zugriffsmodus);
```

In dieser Anweisung ist *zeiger* der Name des zuvor deklarierten Dateizeigers, das Argument *dateiname* ist der Name der zu öffnenden Datei, und das Argument *zugriffsmodus* bestimmt den Modus, in dem auf die Datei zugegriffen werden kann. Beide Argumente sind Strings, die entweder in Form von literalen Zeichenketten oder als Stringvariablen übergeben werden können.

Die folgende Liste enthält die zulässigen Dateizugriffsmodi:

Modus Beschreibung

"r"   Datei nur zum Lesen öffnen. Die Datei muß bereits existieren.

"w"   Eine leere Datei zum Schreiben öffnen. Wenn die Datei existiert, wird die Dateilänge auf Null gesetzt (dies entspricht einer Löschung des bestehenden Dateiinhalts).

"a"   Datei nur zum Schreiben öffnen und neue Daten am Ende der Datei anhängen. Die Datei wird erstellt, wenn sie noch nicht existiert.

"r+"   Datei sowohl zum Lesen als auch zum Schreiben öffnen. Die Datei muß existieren.

"w+"   Datei sowohl zum Lesen als auch zum Schreiben öffnen. Die Datei wird erstellt, wenn sie nicht existiert. Die Länge einer existenten Datei wird auf Null gesetzt, d.h., der Dateiinhalt wird gelöscht.

"a+"   Datei sowohl zum Lesen als auch zum Anhängen an das Ende der Datei eröffnen. Die Datei wird erstellt, wenn sie noch nicht existiert.

Hinweis: Die Zugriffsmodi w und w+ sind mit Bedacht einzusetzen, da hierbei der Inhalt einer existierenden Datei des angegebenen Namens gelöscht wird.

Das Symbol + bei den letzten drei Zugriffsmodi bedeutet das Öffnen der Datei für die Aktualisierung (*Update-Modus*). Dabei kann die Datei sowohl gelesen als auch geschrieben werden. Zwischen diesen beiden Operationen muß jedoch eine Positionierung des Dateizeigers durch die Verwendung der Funktionen *fseek( )*, *rewind( )* und *fsetpos( )* stattfinden.

Dateien werden im Text- oder binären Modus geöffnet. Als zweites Argument der Funktion *fopen( )* kann entweder der Modusspezifikator *t* (für *Text*) oder *b* (für *binär*) verwendet werden. Falls kein Modusspezifikator angegeben wird, setzt C standardmäßig den Wert der globalen Variable *_fmode* ein, der den Wert *t* enthält.

Die folgenden Anweisungen deklarieren den Zeiger *src_file* und öffnen
die existierende Datei DATEI.TXT zum Lesen:

```
#include <stdio.h>
.

.

.

FILE *src_file;
src_file = fopen("DATEI.TXT", "rt");
```

Das Asteriskzeichen * wird in diesem Zusammenhang als Umleitungsoperator eingesetzt, da *src_file* eine Zeigervariable ist. Die Funktion *fopen( )*
liefert einen Zeiger, der der Variablen *src_file* zugewiesen wird. Die Datei DATEI.TXT wird explizit im Textmodus geöffnet, um den Einsatz des
Modusspezifikators zu demonstrieren.

Bei erfolgreichem Aufruf der Funktion *fopen( )* enthält *src_file* einen
gültigen Zeiger auf eine Struktur, in der Daten (Anfangsposition, aktuelle
Position usw.) über die geöffnete Datei - den Datenstrom - enthalten
sind. Falls der Aufruf aus irgendeinem Grund nicht erfolgreich beendet
werden kann, ist der *src_file* zugewiesene Wert NULL (Zeiger mit dem
Wert 0). Die Rückgabe eines NULL-Zeigers bedeutet also, daß ein Fehler
aufgetreten ist. Ein Fehler tritt beispielsweise bei dem Versuch auf, eine
nicht existente Datei zum Lesen zu öffnen.

Das Programm sollte Fehlersituationen abfragen und entsprechend reagieren können. Im Beispiel sind drei Reaktionen auf einen Fehler möglich:

● Eine Fehlermeldung wird dargestellt und das Programm beendet.

● Der Benutzer wird zur Eingabe eines anderen Dateinamens aufgefordert und das Öffnen dieser Datei versucht.

● Der Fehler wird ignoriert, und die Anweisungen zum Dateizugriff
   werden nicht ausgeführt.

<u>Hinweis:</u> Die letzte Möglichkeit findet beispielsweise beim Einsatz von optionalen Konfigura-
tionsdateien Verwendung. Falls eine Konfigurationsdatei gefunden wird, resultiert dies in der
Benutzung der darin enthaltenen Vorgaben. Im anderen Fall werden die Anweisungen zum Lesen der Datei einfach übersprungen.

Zugriff auf eine Datei

Bei der Rückgabe eines gültigen Dateizeigers durch die Funktion *fopen( )*
wird hierüber auf die Datei zugegriffen. Anweisungen, die in der geöff-
neten Datei lesen und schreiben, verwenden den Dateizeiger (und nicht
den Dateinamen). Der Zugriff kann nur in dem Modus erfolgen, der in
der Dateiöffnungsanweisung angefordert wird.

Schließen einer Datei

Falls eine Datei in einem Programm nicht mehr benötigt wird, sollte sie sofort geschlossen werden, um den ungewollten Zugriff darauf zu verhindern und Systemressourcen (wie Dateipuffer) freizugeben. Das Schließen einer Datei zeigt dem Betriebssystem an, daß die Bearbeitung der Datei beendet ist. Beim Schließen führt das Betriebssystem eine Reihe von Schritten aus:

- Die zur Zwischenspeicherung benutzten Puffer werden geleert (eventuell noch nicht gespeicherte Daten werden auf den Datenträger übertragen).

- Die Verbindung zwischen dem Dateizeiger und der Datei wird abgebrochen, so daß die Zeigervariable anschließend zum Zugriff auf eine andere Datei verwendet werden kann;

- Der Systembereich der Festplatte wird aktualisiert, so daß der aktuelle Status der Datei angezeigt wird (Größe, Position, Datum/Zeitpunkt der letzten Modifikation usw.).

Dem Schließen einer Datei dient die Funktion *fclose( )*, die ein Dateizeigerargument übernimmt. Es wird die folgende Aufrufsyntax eingesetzt:

```
fclose(zeiger);
```

In der Anweisung bezieht sich *zeiger* auf eine geöffnete Datei (einen Datenstrom).

Das folgende Programmfragment zeigt die Anweisungen, die für das Öffnen - im Lesemodus - und Schließen einer Textdatei benötigt werden:

```
#include <stdio.h>
  .

  .

  .
FILE *fp;                        /* Dateizeiger */
static char fname[] = {"DATEI.TXT"}    /* Dateiname */


/* Öffnen der Datei zum Lesen; Programm beenden, wenn Datei nicht vorhanden */
fp = fopen(fname, "r")
if (fp == NULL) {
        printf("Datei %s kann nicht geöffnet werden.\n", fname);
        exit(1);
}
```

```
/* Öffnung ok - Programmteil für den Dateizugriff beginnt hier */
.

.

.
fclose(fp); /* Fertig - Datei schließen */
```

Im Dateiöffnungsteil des Programmfragmentes ist eine minimale Fehlerprüfung implementiert. Das Beispielprogramm zeigt eine Fehlermeldung
an und beendet die Verarbeitung, wenn die Datei – gleich aus welchem
Grund – nicht geöffnet werden kann. Das Programm muß die Datei nicht
schließen, da sie nie geöffnet wurde, und es darf auch kein Dateizugriff
auf eine nicht geöffnete Datei versucht werden.

Statt eines literalen Strings wird das Zeichendatenfeld *fname* eingesetzt.
Die Verwendung einer Variablen bietet größere Flexibilität als das direkte
Kodieren von Dateinamen in Programmen.

Arbeiten mit Dateien

Nachdem Sie nun eine Datei öffnen und schließen können, wird im folgenden die Manipulation – insbesondere das Lesen und Schreiben – von
Dateiinhalten gezeigt.

Puffern

Häufige Ein-/Ausgabeoperationen sind das Lesen und Schreiben einzelner
Zeichen in eine Datei oder einen Datenstrom. C-Programme arbeiten üblicherweise mit einzelnen Zeichen, sie sind zeichenorientiert. Disketten
und Festplatten hingegen sind blockorientierte Geräte – auf Daten wird
dort in Sektoren (MS-DOS) oder Blöcken (Unix/Xenix) fester Größe zugegriffen.

Das Betriebssystem setzt Puffer zur Zwischenspeicherung von Daten ein,
die zwischen einer Platte und dem Hauptspeicher übertragen werden. Ein
Puffer enthält also temporär Daten, die gelesen oder geschrieben werden.
Beim ersten Systemstart setzt das Betriebssystem eine Standardzahl von
Systempuffern. Durch Puffer wird das Zusammenwirken von Einheiten,
die mit verschiedenen Geschwindigkeiten arbeiten oder Daten auf verschiedene Weise bearbeiten, erst möglich.

Lesen von Zeichen aus einer Datei

Zum Lesen des Dateiinhalts muß das Programm die Datei im Lesemodus
öffnen und eine Variable eines entsprechenden Datentyps deklarieren, der
die gelesenen Daten aufnimmt. Das Programm LIST_1 (siehe Listing 12.1)
liest den Inhalt der Datei DATEI.TXT und zeigt den Inhalt auf dem Bildschirm an.

Das Programm deklariert die Integervariable *ch* zur Speicherung für ein aus der Datei gelesenes Zeichen. Die Variable ist vom Typ *int* (nicht *char*), da die Funktion *fgetc( )* einen *int*-Wert liefert.

<u>Hinweis:</u> Ein int-Wert wird eingesetzt, da die Variable jedes beliebige ASCII-Zeichen (Codes 0 bis 127) plus dem EOF-Zeichen aufnehmen können muß. In stdio.h ist EOF als -1 definiert, bei anderen Implementierungen der Programmiersprache C könnte der Wert aber außerhalb des char-Wertebereiches liegen.

```c
/*
 * L I S T _ 1
 *
 * Anzeige der Inhaltes einer ASCII-Textdatei
 * auf dem Bildschirm. Einfache Programmversion.
 */


#include <stdio.h>

int
main(void)
{
        int ch;                 /* Eingabezeichen */
        FILE *fp;               /* Dateizeiger */

        /*
         * Öffnen der genannten Datei zum Lesen.
         */
        fp = fopen("DATEI.TXT", "r");

        /*
         * Lesen des Dateiinhaltes und anzeigen
         * jedes Zeichens nach dem Lesen.
         */
        while ((ch = fgetc(fp)) != EOF)
                putchar(ch);

        /*
         * Schließen der Datei.
         */
        fclose(fp);

        return (0);
}
```

Listing 12.1   Quellcode von LIST_1.C

Der EOF-Indikator ist kein Zeichen, sondern ein Code, der eine aufgetretene Bedingung kennzeichnet. Sobald die Funktion *fgetc( )* versucht, hinter dem letzten Zeichen in einer Datei oder einem Datenstrom zu lesen, wird EOF geliefert. Sie können diesen Code in Ihrem Programm abfragen und - bei gefundenem EOF-Indikator - die Verarbeitung beenden oder eine andere Aktion durchführen.

Die Deklaration von *fp* erzeugt einen Zeiger auf eine FILE-Datenstruktur. Die Verknüpfung der Datei mit dem Dateizeiger erfolgt über den Aufruf der Funktion *fopen( )*, der die Argumente "DATEI.TXT" (Dateiname) und "r" (Dateizugriffsmodus) übergeben werden.

Eine *while*-Schleife steuert den Vorgang des Dateilesens. Die Funktion *fgetc( )* liest jeweils ein Zeichen aus der Datei, die durch den Dateizeiger *fp* bezeichnet wird. Jedes gelesene Zeichen der Datei wird der Variablen *ch* zugewiesen. Ein Member der Struktur, auf die *fp* zeigt, wird so aktualisiert, daß es auf das nächste zu lesende Zeichen gerichtet ist.

Das Programm vergleicht den Wert der Variablen *ch* mit EOF, um zu bestimmen, ob das Ende der Datei erreicht wurde. Solange von der Funktion *fgetc( )* ASCII-Zeichen gelesen werden, zeigt die Funktion *putchar( )* sie in der *while*-Schleife auf dem Bildschirm an. Nachdem die gesamte Datei gelesen wurde, schließt *fclose( )* die Datei.

Das Programm LIST_2.C (siehe Listing 12.2) entspricht im wesentlichen dem Programm LIST_1.C, hierbei wird aber die Eingabe eines Dateinamens vom Benutzer gefordert. Im Programm LIST_1.C war der Name der Datei (DATEI.TXT) fest kodiert.

```
/*
 * L I S T _ 2
 *
 * Anzeige des Inhaltes einer ASCII-Textdatei
 * auf dem Bildschirm.
 *
 * HINWEIS: In dieser Version gibt der Benutzer den Dateinamen an.
 */


#include <stdio.h>

#define MAXPATH 64

int
main(void)
{
        int ch;                 /* Eingabezeichen */
        FILE *fp;               /* Dateizeiger */
```

```c
    char pathname[MAXPATH]; /* Dateinamenpuffer */

    /*
     * Benutzer zur Eingabe eines Dateinamens auffordern und
     * Eingabe lesen.
     */
    printf("Dateiname: ");
    gets(pathname);
    if (*pathname == '\0')  /* Es wurde kein Name eingegeben */
            return (0);

    /*
     * Öffnen der angegebenen Datei zum Lesen.
     */
    fp = fopen(pathname, "r");

    /*
     * Inhalt der Datei lesen und jedes
     * gelesene Zeichen anzeigen.
     */
    while ((ch = fgetc(fp)) != EOF)
            putchar(ch);

    /*
     * Schließen der Datei.
     */
    fclose(fp);

    return (0);
}
```

Listing 12.2   Quellcode von LIST_2.C

Die Variable *pathname* ist ein Zeichenfeld von MAXPATH Bytes Länge. In diesem Feld wird der vom Benutzer eingegebene Dateiname gespeichert, der durch die Funktion *scanf( )* von der Tastatur gelesen wird. Der Wert von *pathname* wird zum Dateinamenargument des Funktionsaufrufs *fopen( )*. Das Programm LIST_2 weist keine Fehlerbehandlung auf. Folglich wird auch keine Meldung ausgegeben, wenn das Programm zum Beispiel eine Datei nicht öffnen kann. Geben Sie in Beantwortung der vom Programm angezeigten Eingabeaufforderung den Namen einer nicht existenten Datei ein. Das Programm erzeugt keine brauchbare Ausgabe, zeigt aber auch nicht an, welcher Fehler aufgetreten ist.

Schreiben von Zeichen in eine Datei

Das Schreiben in eine Datei besteht grundsätzlich aus den gleichen Schritten wie das Lesen aus einer Datei. Dabei werden natürlich Daten vom Hauptspeicher in die Datei übertragen, was der Übertragungsrichtung beim Lesen der Datei entgegengesetzt ist. Im Programm WRITE.C (siehe Listing 12.3) wird gezeigt, wie eine Zeile in eine Datei geschrieben wird.

```
/*
 * W R I T E
 *
 * Schreiben einer Textzeile in eine Datei.
 */


#include <stdio.h>

#define MAXPATH 64

int
main(void)
{
        int ch;                 /* Eingabezeichen */
        FILE *fp;               /* Dateizeiger */
        char pathname[MAXPATH]; /* Dateinamenspuffer */

        /*
         * Benutzer zur Eingabe eines Dateinamens auffordern und
         * Eingabe lesen.
         */
        printf("Dateiname: ");
        gets(pathname);
        if (*pathname == '\0')  /* Es wurde kein Name eingegeben */
                return (0);

        /*
         * Öffnen der Datei zum Schreiben.
         */
        fp = fopen(pathname, "w");

        /*
         * Zeichen von der Tastatur bis zu einem Neue-Zeile-Zeichen
         * lesen und die Zeile in die angegebene Datei schreiben.
         */
        while ((ch = getchar()) != '\n')
                fputc(ch, fp);
        fputc('\n', fp);        /* Zeile beenden */
```

```
    /*
     * Schließen der Datei.
     */
    fclose(fp);


    return (0);
}
```

Listing 12.3   Quellcode von WRITE.C

Das Programm deklariert drei Variablen: den Integerwert *ch* zur Aufnahme jedes Zeichens, das auf die Platte geschrieben wird, den Dateizeiger *fp* und das Zeichenfeld *pathname*, das den Namen der Ausgabedatei aufnimmt.

Die *while*-Schleife fragt das Neue-Zeile-Zeichen '\n' ab; das heißt, daß die Funktion *fgetc( )* Zeichen liest, bis die Return-Taste betätigt wird. Die Angabe der Klammern um den linken Teil des Steuerausdrucks ist notwendig, um das gelesene Zeichen der Variablen *ch* vor der Durchführung des Vergleichs zuzuweisen. Aufgrund der Standardabarbeitungsfolge der Programmiersprache würde der Test auf Ungleichheit sonst vor der Zuweisung ausgeführt.

Solange die Bedingung im Steuerausdruck der *while*-Schleife wahr ist, schreibt die Funktion *fputc( )* das aktuelle Zeichen in die Ausgabedatei. Die Zeichen werden vorläufig in einem Puffer abgelegt, dessen Inhalt erst in die Datei übertragen wird, wenn der Puffer voll ist oder die Datei geschlossen wird. Nachdem die Schleife beendet ist, hängt das Programm ein Neue-Zeile-Zeichen an, um die Zeile zu beenden. Das durch die Betätigung der Return-Taste indirekt eingegebene Neue-Zeile-Zeichen wird zwar gelesen, aber nicht geschrieben. Nachdem alle Zeichen übertragen sind, wird die Datei geschlossen.

Hängen Sie ein Semikolon an das Ende der Zeile an, die das Schlüsselwort *while* enthält, und lassen Sie das Programm erneut ablaufen. Mit dem Programm LIST_2 kann die resultierende Datei eingesehen werden. Versuchen Sie die Fehlersuche aufgrund der Ergebnisse. Diese Übung zeigt, wie schwierig die Suche nach einem typischen Programmierfehler sein kann. Nach der Übung sollte das Semikolon entfernt werden.

Lesen von Strings aus einer Datei

Es ist häufig sinnvoll, eine gesamte Zeile statt der einzelnen Zeichen zu lesen. Das Programm LIST_3.C (siehe Listing 12.4) entspricht in der Funktionalität dem Programm LIST_2, liest aber jeweils eine vollständige Zeile der Eingabedatei.

```
/*
 * L I S T _ 3
 *
 * Anzeigen des Inhaltes einer ASCII-Textdatei
 * auf dem Bildschirm.
 *
 * HINWEIS: Diese Version nutzt Stringfunktionen.
 */


#include <stdio.h>

#define MAXPATH 64
#define MAXLINE 256

int
main(void)
{
        int ch;                 /* Eingabezeichen */
        FILE *fp;               /* Dateizeiger */
        char pathname[MAXPATH]; /* Dateinamenpuffer */
        char line[MAXLINE];     /* Zeilenpuffer für fgets() */

        /*
         * Benutzer zur Eingabe des Dateinamens auffordern und
         * Eingabe lesen.
         */
        printf("Dateiname: ");
        gets(pathname);
        if (*pathname == '\0')
                return (0);

        /*
         * Öffnen der Datei zum Lesen.
         */
        fp = fopen(pathname, "r");
```

```
    /*
     * Lesen des Dateiinhaltes und zeilenweise
     * nach dem Lesen anzeigen.
     */
    while (fgets(line, MAXLINE, fp) != NULL)
            fputs(line, stdout);


    /*
     * Schließen der Datei.
     */
    fclose(fp);


    return (0);
}
```

Listing 12.4   Quellcode von LIST_3.C

Die Funktion *fgets( )* erwartet drei Argumente. Das erste Argument ist die
Adresse des Daten aufnehmenden Feldes, und das zweite Argument ist die
Größe des Datenfeldes. Das dritte Argument ist ein Dateizeiger, der die
Quelle des zu lesenden Strings kennzeichnet.

Die Angabe des Größenargumentes ist notwendig, da durch die Funktion
fgets( ) nicht mehr Zeichen gelesen werden dürfen als der Puffer *line*
aufnehmen kann. Die Funktion liest Zeichen aus der Quelldatei bis zum
nächsten Neue-Zeile-Zeichen oder bis die im Funktionsaufruf spezifizierte maximale Anzahl von Zeichen gelesen wurde. *fgets( )* liest dabei ein
Zeichen weniger als durch das Größenargument spezifiziert ist, da die
letzte Zeichenposition im Puffer für das beendende NUL-Byte reserviert
ist.

Nachdem eine Zeile aus der Datei gelesen wurde, gibt das Programm die
Zeile durch einen Aufruf der Funktion *fputs( )* aus. Die Funktion übernimmt zwei Argumente. Das erste Argument ist der auszugebende String.
Der Name *line* ist hierbei ein konstanter Zeiger auf den Anfang eines
Feldes. Das zweite Argument bezeichnet den Datenstrom, in den die Ausgabe geschrieben wird. *stdout* (*standard output*) ist der Standardausgabestrom, wodurch eine Ausgabe gewöhnlich auf den Bildschirm geschrieben
wird.

Das Programm wiederholt die Anweisungen in der Schleife und liest die
restlichen Zeilen der Datei. Es ist keine Eingabe mehr vorhanden, wenn
die Funktion *fgets( )* den Wert NULL liefert.

Das Programm schließt die Datei und wird beendet. Aufgrund des gerin-
gen Umfangs von DATEI.TXT werden Sie in der Ausführungsgeschwin-
digkeit der Programme LIST_3 und LIST_1 keinen Unterschied erkennen. Bei der Bearbeitung großer Dateien ist die Verwendung stringorien-
tierter Operationen aber wesentlich effizienter.

Schreiben von Strings in eine Datei

Das Programm WRITE_2.C (siehe Listing 12.5) zeigt, wie Eingaben des
Benutzers gelesen und zeilenweise in eine Datei geschrieben werden. Zur
Beendigung des Programms betätigt der Benutzer die Return-Taste in ei-
ner leeren Zeile.

```c
/*
 * W R I T E _ 2
 *
 * Schreiben einer Textzeile in eine Datei. Die Eingabe wird
 * durch die Betätigung der Return-Taste in einer leeren Zeile
 * beendet.
 */


#include <stdio.h>

#define MAXPATH 64
#define MAXLINE 256


int
main(void)
{
        int ch;                 /* Eingabezeichen */
        FILE *fp;               /* Dateizeiger */
        char pathname[MAXPATH]; /* Dateinnamenpuffer */
        char line[MAXLINE];     /* Zeilenpuffer */

        /*
         * Benutzer zur Eingabe eines Dateinamens auffordern und
         * diesen lesen.
         */
        printf("Dateiname: ");
        gets(pathname);
        if (*pathname == '\0')  /* kein Name eingegeben */
                return (0);

        /*
         * Öffnen der Datei zum Schreiben.
         */
        fp = fopen(pathname, "w");
```

```
    /*
     * Textzeilen von der Tastatur lesen und in die angegebene
     * Datei schreiben. Programm beenden, wenn eine leere Zeile
     * eingegeben wird.
     */
    while (1) {
            fgets(line, MAXLINE, stdin);
            if (line[0] == '\n')    /* leere Zeile */
                    break;
            fputs(line, fp);
    }


    /*
     * Schließen der Datei.
     */
    fclose(fp);

    return (0);
}
```

Listing 12.5   Quellcode von WRITE_2.C

Mit der Funktion *fgets( )* liest das Programm die Eingabe und schreibt die
Zeilen per *fputs( )* in die Datei. Die Abbruchbedingung der *while*-Schleife
ist die Konstante 1, wodurch eine Endlosschleife programmiert wird, die
in der Schleife selbst abgebrochen werden muß.

Der Ausdruck *line[0] == '\n'* wird wahr (ungleich Null), wenn eine leere
Zeile eingegeben wird. Dies entspricht der Betätigung der Return-Taste in
einer leeren Zeile. Die *break*-Anweisung bewirkt die Beendigung der
Schleife, und die Datei wird geschlossen und das Programm abgebrochen.

Nach dem Programmstart geben Sie einige Zeilen in die Datei ein und
betätigen dann die Return-Taste in einer leeren Zeile, um die Eingabe
und das Programm zu beenden. Mit dem Programm LIST_3 können Sie
sich den Inhalt der so erstellten Datei anzeigen lassen.

Standardein-/-ausgabeströme

Mehrere Standardein-/-ausgabeströme werden bei jedem Programmstart
unter MS-DOS und Unix automatisch geöffnet. Drei der Standardströme
sind unter MS-DOS und Unix identisch: *stdin* (Standardeingabestrom),
stdout (Standardausgabestrom) und *stderr* (Standardfehlerstrom). Zwei
weitere werden nur in einer MS-DOS-Umgebung geöffnet: *stdaux* (Stan-
dardhilfsport) und *stdprn* (Standarddruckerstrom). In Bild 12.3 sind die
fünf Standardströme gezeigt, die unter MS-DOS geöffnet werden.

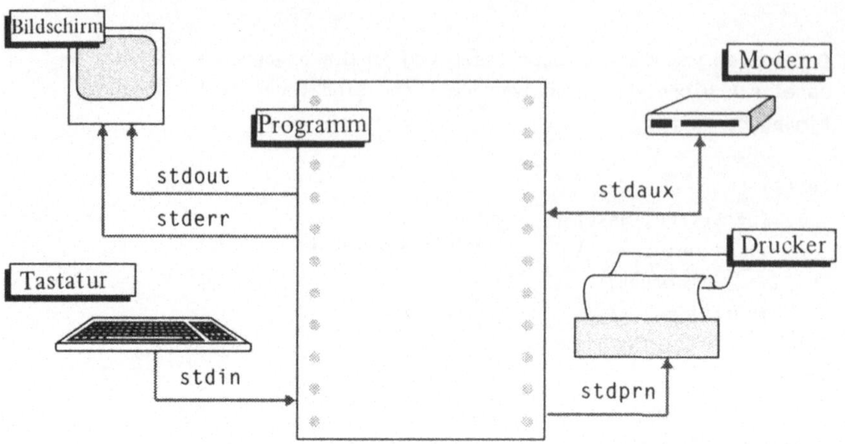

Bild 12.3   *Standardströme ermöglichen die Kommunikation zwischen
Programm und Umgebung (einschließlich peripherer Einheiten)*

Sie haben bereits mit einer Reihe der Standardein- und -ausgabeströme
gearbeitet, ohne davon Kenntnis zu haben. Die Funktion *printf( )*, die der
Anzeige von Daten auf dem Bildschirm dient, verwendet *stdout*. Diese
Funktion ist eine Spezialversion der allgemeineren Funktion *fprintf( )*, die
in jeden Strom schreiben kann. Die folgenden beiden Anweisungen sind
in ihren Auswirkungen identisch:

```
#include <stdio.h>
.
.
.
printf("Adios, grausame Welt!\n");
fprintf(stdout, "Adios, grausame Welt!\n");
```

Um zu gewährleisten, daß Fehlermeldungen in jedem Fall auf dem Bildschirm angezeigt werden, wird der Strom *stderr* eingesetzt. Dieser Strom
ist nicht gepuffert und kann unter MS-DOS auch nicht umgeleitet werden. Hierdurch können Meldungen nicht in einer Pipe oder durch einen
Umleitungsbefehl verlorengehen.

Analysieren von Dateien

Bisher wurden die grundlegenden Elemente der Ein-/Ausgabe vorgestellt:
das Öffnen/Schließen einer Datei und das Lesen/Schreiben von Zeichen
und Strings. Durch die Ein-/Ausgabe ist aber ein umfassenderes Lei-
stungsspektrum gegeben. So können Programme den ein- oder ausgehen-
den Datenstrom analysieren.

Zählen von Zeichen in einer Datei

Das Programm CHARCNT.C (siehe Listing 12.6) zählt die Anzahl der
Zeichen in einer Datei.

```
/*
 * C H A R C N T
 *
 * Zählen der Anzahl der Zeichen in einer Datei. CHARCNT
 * kann nur ASCII-Textdateien korrekt bearbeiten.
 */


#include <stdio.h>
#include <stdlib.h>        /* für exit()-Prototyp */


#define MAXPATH 64


int
main(void)
{
        int ch;                    /* Eingabezeichen */
        long charcnt;              /* Zeichenzähler */
        FILE *fp;                  /* Dateizeiger */
        char pathname[MAXPATH];    /* Dateinamenpuffer */

        /*
         * Benutzer zur Eingabe eines Dateinamens auffordern und
         * diesen lesen.
         */
        printf("Dateiname: ");
        scanf("%s", pathname);
        putchar('\n');
```

```c
    /*
     * Genannte Datei im Textmodus zum Lesen öffnen.
     * Fehler beim Öffnen der Datei berichten und Programm mit
     * einem Fehlerhinweis beenden.
     */
    fp = fopen(pathname, "r");
    if (fp == NULL) {
            fprintf(stderr, "%s kann nicht geöffnet werden.\n", pathname);
            exit(1);
    }


    /*
     * Inhalt der Datei lesen und Zeichenzähler bei jedem
     * gelesenen Zeichen inkrementieren.
     */
    charcnt = 0;
    while ((ch = fgetc(fp)) != EOF)
            ++charcnt;
    if (ferror(fp) != 0) {
            fprintf(stderr, "Fehler beim Lesen von %s\n", pathname);
            exit(2);
    }


    /*
     * Dateiname und Zeichenzähler berichten.
     * Schließen der Datei.
     */
    printf("Datei %s enthält %ld Zeichen.\n",
            pathname, charcnt);
    if (fclose(fp) != 0) {
            fprintf(stderr, "Fehler beim Schließen von %s\n",
                    pathname);
            exit(3);
    }


    return (0);
}
```

Listing 12.6   Quellcode von CHARCNT.C

Im Programm CHARCNT wird auch gezeigt, wie man die Fehlerbehandlung in ein Programm integriert. Nach der Abfrage des Namens der zu öffnenden Datei prüft das Programm, ob der Zeiger auf einen NULL-Wert gerichtet ist. In diesem Fall kann die Funktion *fopen( )* die Datei nicht öffnen, und für den Benutzer wird eine Meldung angezeigt. Das Programm wird mit einem Rückgabecode (DOS-Errorlevel) ungleich Null beendet.

Der Rückgabecode wird von der Funktion *exit( )* geliefert. Die Headerdatei *stdlib.h* wird per *#include*-Direktive in das Programm einbezogen, um den Funktionsprototyp der Funktion *exit( )* zu erhalten. Hierdurch kann der C-Compiler die Funktionsargumente und Rückgabetypen bereits frühzeitig überprüfen.

Ein Fehlertest wird auch durchgeführt, nachdem der Eingabestrom gelesen wurde. Das Programm benutzt hier das Makro *ferror( )*, das einen Wert ungleich Null (logisch wahr) zurückgibt, wenn ein Fehler in dem durch das Argument spezifizierten Strom auftritt. Das Makro liefert bei fehlerfreier Ausführung den Wert Null.

Der letzte Fehlertest findet am Ende des Programms - beim Schließen der Datei - statt. Falls die Funktion *fclose* einen Wert ungleich Null zurückgibt, konnte die Datei nicht erfolgreich geschlossen werden. Für den Benutzer wird wiederum eine den Fehler betreffende Meldung angezeigt, und das Programm endet mit einem Rückgabecode ungleich Null.

Das Zählen der Zeichen erfolgt während des Lesens des Eingabestroms. Der Variablen *charcnt* wird - unmittelbar vor dem Lesen des Stroms - der Wert 0 zugewiesen. Bei jeder Iteration der *while*-Schleife wird der Zählerstand um den Wert Eins erhöht. Nach der Beendigung der *while*-Schleife (es wird vorausgesetzt, daß kein Fehler aufgetreten ist) wird auf dem Bildschirm eine Meldung angezeigt, die den Benutzer von der Anzahl der gelesenen Zeichen informiert. Die Ausgabe erfolgt über die Funktion *printf( )*.

<u>Hinweis:</u> Die Anzahl der Zeichen, die von CHARCNT zurückgegeben werden, unterscheidet sich von dem Wert, der durch den MS-DOS-Befehl DIR geliefert wird. Dies hat folgenden Grund: Jede Zeile einer ASCII-Textdatei endet mit der Zeichenfolge Wagenrücklauf/Zeilenvorschub, während C das Ende einer Zeile nur mit einem Neue-Zeile-Zeichen markiert. Beim Lesen einer aus fünf Zeilen bestehenden Eingabedatei ist der von CHARCNT zurückgegebene Wert folglich um fünf Zeichen niedriger das Ergebnis des MS-DOS-Befehls DIR.

Zählen von Wörtern in einer Datei

Ein weiteres nützliches Programm, WORDCNT (siehe Listing 12.7), zählt
die Worte in einer Datei:

```
/*
 * W O R D C N T
 *
 * Zählen der Anzahl der Worte in einer Datei.
 * WORDCNT bearbeitet nur ASCII-Textdateien korrekt.
 */


#include <stdio.h>
#include <stdlib.h>      /* für exit()-Prototyp */


#define MAXPATH 64

typedef enum { FALSE, TRUE } BOOLEAN;


int
main(void)
{
        int ch;                 /* Eingabezeichen */
        BOOLEAN wordflag;       /* Steuerflagge */
        long wordcnt;           /* Wortzähler */
        FILE *fp;               /* Dateizeiger */
        char pathname[MAXPATH]; /* Dateinamenpuffer */

        /*
         * Benutzer zur Eingabe eines Dateinamens auffordern und
         * diesen lesen.
         */
        printf("\nWORDCNT:\tDateiname eingeben und Return-Taste betätigen.\n");
        printf("Dateiname: ");
        gets(pathname);
        if (*pathname == '\0')
                return (0);     /* kein Dateiname -- Programm beenden */

        /*
         * Datei zum Lesen öffnen.
         * Fehler beim Öffnen der Datei berichten und
         * Programm mit entsprechendem Rückgabecode beenden.
         */
        fp = fopen(pathname, "r");
```

```c
if (fp == NULL) {
        fprintf(stderr, "%s kann nicht geöffnet werden.\n", pathname);
        exit(1);
}


/*
 * Lesen des Dateiinhaltes und Zähler von
 * Zeichen, Worten und Zeilen inkrementieren.
 */
wordcnt = 0;
wordflag = FALSE;
while ((ch = fgetc(fp)) != EOF)  {
        if (ch == ' ' || ch == '\t' || ch == '\n')
                wordflag = FALSE;
        else if (wordflag == FALSE) {
                ++wordcnt;
                wordflag = TRUE;
        }
}
if (ferror(fp)) {
        fprintf(stderr, "Fehler beim Lesen von %s\n", pathname);
        exit(2);
}


/*
 * Dateiname und Anzahl der Worte berichten.
 * Schließen der Datei.
 */
printf("Datei %s: %d Worte\n", pathname, wordcnt);
if (fclose(fp)) {
        fprintf(stderr, "Fehler beim Schließen von %s\n", pathname);
        exit(3);
}


return (0);
}
```

Listing 12.7   Quellcode von WORDCNT.C

Wie das Programm CHARCNT überprüft auch WORDCNT den Inhalt einer Datei zeichenweise. Hierbei werden aber nicht die Zeichen, sondern die Wörter gezählt. Das Programm definiert ein Wort recht einfach: Jede zusammenhängende Folge druckbarer Zeichen wird als Wort verstanden. Leer-, Tabulator- oder Neue-Zeile-Zeichen oder eine Kombination daraus dienen der Trennung von Wörtern.

WORDCNT bestimmt durch diese Zeichen, wann die "zeichenlesende" Schleife sich außerhalb eines Wortes befindet. Alle anderen Zeichen signalisieren anschließend wieder den Beginn eines Wortes. Wenn eines der Zeichen gefunden wird, wird die Variable *wordflag* gelöscht (ihr wird der Wert *logisch falsch* zugewiesen). Das Auftreten eines anderen Zeichens bewirkt, daß das Programm die Variable *wordflag* setzt (logisch wahr) und den Wert der Variablen *wordcnt* um Eins erhöht.

Zusammenfassung

Die Ein-/Ausgabe ist in der Programmiersprache C - wie in jeder anderen Programmiersprache auch - von großer Bedeutung. Die Kenntnisse, die Sie bei der Bearbeitung dieses Kapitels erlangt haben, werden Ihnen bei der Untersuchung weiterer Dateiein-/-ausgabefunktionen helfen.

Hinweis: Ein-/Ausgaberoutinen der unteren Ebene sollten nie zusammen mit datenstromorientierten Ein-/Ausgaberoutinen eingesetzt werden. Ein solcher Versuch kann zu Problemen bei der Dateipositionierung und zum Datenverlust führen.

Übungen

1. Beschreiben Sie mit eigenen Worten den Unterschied zwischen der Ein-/Ausgabe der unteren Ebene und der datenstromorientierten Ein-/Ausgabe.

2. Was ist der Zweck der Pufferung bei der Ein-/Ausgabe und wie wird sie bewirkt?

3. Beschreiben Sie die Eigenschaften und Attribute von Text- und binären Dateien.

4. Welche Schritte sind erforderlich, um eine Datei zu lesen? Fragen Sie Fehlerbedingungen im Programm ab.

5. Ändern Sie das Programm WRITE_2 so ab, daß Zeichen an die Datei angehängt werden können. Der Inhalt einer existenten Datei soll einerseits nicht verloren gehen, andererseits soll die Datei angelegt werden, falls sie noch nicht existiert. Verwenden Sie das Programm LIST_2.C zur Anzeige der Ergebnisse.

6. Modifizieren Sie das Programm WRITE_2 nochmals. Die Eingabe von Leerzeilen soll nun auch möglich sein. Die Programmbeendigung erfolgt durch die Eingabe eines Punktes . in einer leeren Zeile und der Betätigung der Return-Taste.

7. Verknüpfen sie die Funktionalität der Programme CHARCNT und WORDCNT und implementieren Sie zudem das Zählen von Textzeilen in einem Programm namens WDC.

Kapitel 13

Graphikprogrammierung

Einer der vielen leistungsstarken Anwendungsbereiche der Programmiersprache C ist die Computergraphik, die vormals FORTRAN- und Assemblerprogrammierern vorbehalten war. Immer häufiger jedoch greifen Graphikprogrammierer auf C zurück:

- Schnelligkeit.

- Flexibilität.

- Leistungsfähigkeit.

- Kürze und Prägnanz.

- Verfügbarkeit in einer Vielzahl von Computerumgebungen.

Die Graphikprogrammierung wird in Zukunft im Rahmen der benutzerfreundlichen Schnittstellen immer wichtiger werden. Die Graphikroutinen von Quick C können Ihnen einen ersten Einblick in die Graphikmöglichkeiten auf einem IBM PC geben.

Einführung in Graphikprogrammierung

Zur Entwicklung und Ausführung von Graphikprogrammen wird graphikfähige Hardware benötigt. In diesem Kapitel werden auch die Softwarekonzepte und -verfahrensweisen beschrieben, auf denen Graphikprogramme basieren.

Die in diesem Kapitel getroffenen Aussagen treffen auf den IBM PC und Kompatible zu. Programme, die in Quick C geschrieben wurden, sind nicht unmittelbar in jede andere Computerumgebung übertragbar (eine vollständige Kompatibilität besteht nur zu Microsoft C Version 5.0). Bei anderen C-Dialekten müssen gegebenenfalls geringfügige Modifikationen vorgenommen werden, die vorgestellten Konzepte und Verfahrensweisen sind in der Graphikprogrammierung aber allgemein einsetzbar.

Rasterbilder

Die Bilder auf den CRT-Bildschirmen von PCs werden durch einen (oder mehrere) Elektronenstrahl erzeugt, der ständig den Bildschirm beschreibt. Dabei bewegt sich der Elektronenstrahl von links nach rechts und von oben nach unten. Jeder horizontale Lauf eines Strahls erzeugt eine Rasterzeile, die als Folge von *Bildpunkten* (auch *Bildelemente* oder *Pixel* genannt) angesehen werden kann.

Ein *Bildpunkt* ist das kleinste adressierbare Bildschirmobjekt. In Graphikmodi können Programme jeden einzelnen Bildpunkt ansprechen, ihn an-
oder ausschalten und – bei farbfähiger Bildschirmhardware – dessen Farbe festlegen. Gruppen von Bildpunkten können Objekte bilden, so setzen
sich zum Beispiel die auf dem Bildschirm angezeigten Zeichen aus einzelnen Bildpunkten zusammen. Bildschirmmodi, die den Zugriff auf einzelne
Bildpunkte erlauben, werden APA-Modi (*all points addressable*) genannt.

Hinweis: Bis vor kurzem konnten Graphikbilder nur mit Kathodenstrahlröhren (CRT) erzeugt
werden (Kathodenstrahlröhren werden auch in den meisten Fernsehgeräten verwendet). Die
hier gegebene Beschreibung zur Darstellung von Rasterbildern basiert auf der CRT-Technolo-
gie. Gasplasma-, Flüssigkristall- und andere Anzeigetechnologien, die in jüngster Zeit verwendet werden, funktionieren so nicht. Für alle genannten Anzeigetypen treffen jedoch die gleichen
grundlegenden Begriffe auf die Erzeugung von graphischen Bildern zu.

Bildschirmmodi

Im allgemeinen wird ein Bildschirmmodus durch zwei Charakteristika definiert – seine Auflösung und die Anzahl der anzeigbaren Farben. Zur
Darstellung einer Graphik benötigen Sie eine Bildschirmgraphikkarte und
einen dazu passenden Monitor (Bildschirm). Im folgenden finden Sie eine
Aufzählung häufig verwendeter Graphikadapter:

    MDA   Monochromanzeigeadapter

    CGA   Farb-/Graphikadapter

    EGA   Enhanced Graphics Adapter

    VGA   Video Graphics Array

Folgende Monitore kommen sehr häufig zum Einsatz:

    MD   Monochrombildschirm

    CD   Farbbildschirm

    ECD   Enhanced-Farbbildschirm

    VD   VGA-Bildschirm

In Tabelle 13.1 finden Sie die Standard-IBM-Bildschirmmodi in Verbindung mit der benötigten Hardware und den Charakteristika jedes Modus.
Die Leistungsfähigkeit des Bildschirms (in einem vorgegebenen APA-Mo-
dus) wird in Bildpunkten spezifiziert und setzt sich aus dem Produkt der
Gesamtzahl der Bildpunkte in senkrechter und horizontaler Richtung zusammen. Der CGA hat seine höchste Auflösung in Modus 6. Das Bild ist
hier 640 Bildpunkte breit und 200 Bildpunkte hoch (640x200), woraus
sich insgesamt 128.000 Bildpunkte ergeben. Die höchste EGA-Auflösung
wird in den Modi 15 und 16 erreicht (640x350), was einer Kapazität von
224.000 Bildpunkten entspricht.

Eine höhere Auflösung ist mit mehr Bildpunkten gleichzusetzen und bedeutet gleichzeitig höhere Bildschirmspeicheranforderungen. Der Bildschirmadapter benötigt zur Beschreibung eines Bildpunktes mindestens ein Bit. In diesem Fall ist nur eine einfarbige Anzeige möglich (*Pixel ein* und *Pixel aus*). Zur Beschreibung der Pixel einer Farbdarstellung werden hingegen mindestens zwei (oder mehr) Bits benötigt. Je mehr Farben ein System gleichzeitig anzeigen kann, desto mehr Bits werden pro Bildpunkt eingesetzt. Zwischen der Zahl der anzeigbaren Farben und der Größe des angezeigten Bildes besteht aufgrund der begrenzten Bildschirmspeicherkapazität ein Verhältnis. Ein CGA kann im Modus 4 (Farbmodus mittlerer Auflösung) jeden der 64.000 Bildpunkte in einem von vier möglichen Zuständen zeigen. Im hochauflösenden Modus 6 zeigt der gleiche Adapter zweimal so viele Bildpunkte an, 128.000, ermöglicht dafür aber nur eine einfarbige Darstellung.

Die Ausführung eines Graphikprogramms, das einen hochauflösenden Graphikmodus verlangt, der über die Kapazität Ihres Bildschirmsystems hinausgeht, ist entweder gar nicht möglich, oder die Darstellung erfolgt in verminderter Bildqualität.

Modus-nummer	Modus	Adapter-typ	Monitor-typ	Größe[1] (H × V)	Farben[2]
0	Monochromtext	CGA, EGA	CD, ECD	40 × 25	16 Schattierungen
1	Farbtext	CGA, EGA	CD, ECD	40 × 25	16
2	Monochromtext	CGA, EGA	CD, ECD	80 × 25	16 Schattierungen
3	Farbtext	CGA, EGA	CD, ECD	80 × 25	16
4	Farbgraphik	CGA, EGA	CD, ECD	320 × 200	4
5	Monochromgraphik	CGA, EGA	CD, ECD	320 × 200	4 Schattierungen
6	Monochromgraphik	CGA, EGA	CD, ECD	640 × 200	2 S/W
7	Monochromtext	MDA	MD	80 × 25	2 S/W
8	Hercules graphics	HGC	CD, ECD	720 × 348	2 S/W
9–10	(PCjr-Modi)				
11–12	(Reserviert)				
13 (0Dh)	Farbgraphik	EGA	CD, ECD	320 × 200	16
14 (0Eh)	Farbgraphik	EGA	CD, ECD	640 × 200	16
15 (0Fh)	Monochromgraphik	EGA	ECD	640 × 350	2 S/W
16 (10h)	Farbgraphik	EGA	ECD	640 × 350	4 oder 16
17 (11h)	Monochromgraphik	VGA	VD	640 × 480	2 S/W
18 (12h)	Farbgraphik	VGA	VD	640 × 480	16
19 (13h)	Farbgraphik	VGA	VD	320 × 200	256

Tabelle 13.1   Bildschirmmodi für IBM PCs und Kompatible

1   Textbreiten werden als Anzahl der anzeigbaren Spalten mal Anzahl der anzeigbaren Zeilen angegeben; Angaben in Graphikmodi erfolgen in Bildpunkten. Bei einer gegebenen Bildschirmkapazität (Gesamtzahl der adressierbaren Pixel) variiert die Auflösung mit den Bildschirmabmessungen.

2   Bei Monochrombildschirmen entspricht die Anzahl der Farben in Wirklichkeit der Anzahl der anzeigbaren Schattierungen der Bildschirmfarbe (meist Grün, Bernstein oder Weiß).

Graphikkonzepte

In einer APA-Bildschirmumgebung werden Bildpunktwerte gelesen und geschrieben. Das Schreiben eines Bildpunktwertes oder eines Musters von Bildpunkten ist eine Operation der unteren Ebene. Zur Erreichung einer hohen Darstellungsgeschwindigkeit müssen die Routinen für das Lesen

und Schreiben von Bildpunkten effizient sein. Alle anderen Bildschirm-
operationen greifen auf diese Operationen zurück.

Eine Gerade ist auf dem Bildschirm einfach eine lineare Anordnung von
Bildpunkten. Ein Rechteck setzt sich aus vier Geraden zusammen, und ein
gefülltes Rechteck besteht aus Vielzahl aneinandergrenzender vertikaler
oder horizontaler Liniensegmente. Andere graphische Formen ergeben
sich aus ähnlichen Zusammensetzungen.

In der Graphikdarstellung kommt es häufig zu Problemen, wenn man mit
zu niedrigen Auflösungen arbeitet. Statt einer stetigen Kurve erscheint die
Darstellung in "Treppenform". Dies resultiert aus der Tatsache, daß einige
der berechneten Punkte entlang einer Linie zwischen zwei physikalischen
Bildpunkten liegen. Die darstellende Hardware kann dann nur den Bildpunkt aktivieren, der der tatsächlichen Position am nächsten kommt.

In der fortgeschrittenen Graphikprogrammierung werden Schattierungen
nahegelegener Bildpunkte eingesetzt, um die Sichtbarkeit der "zackigen"
Darstellung reduzieren. Auch steuern Graphikkarten mit hoher Auflösung
oftmals genügend Bildpunkte an, um die meisten Darstellungen für das
menschliche Auge als stetig erscheinen zu lassen.

Die Anzahl der Bits, die zur Beschreibung eines Bildpunktes verwendet
werden, legt die Anzahl der Farben fest, die ein Bildpunkt annehmen
kann. Ein einzelnes Bit kann nur zwei Zustände beschreiben, so daß der
Bildpunkt entweder an- oder ausgeschaltet sein muß. Bei einem Grün-
bildschirm erscheint der Bildpunkt dann entweder schwarz (aus) oder
grün (an).

Durch die Verwendung von zwei Bits pro Bildpunkt vergrößert sich die
Farbauswahl auf vier Zustände. Gewöhnlich wird der Wert, der durch die
beiden Bits gebildet wird, als Index auf eine Palette oder Farbtabelle eingesetzt. Die Quick C-Farbpalette bei mittlerer Auflösung besteht neben
Schwarz aus drei weiteren Farben.

Farbnummer	Bildpunktfarbe (Musterpalette)
0	Schwarz
1	Türkis
2	Magenta
3	Weiß (tatsächlich Hellgrau)

Falls Sie über einen EGA oder ein VGA mit passendem Monitor verfügen, können Sie einen Modus mit höherer Auflösung und/oder mehr Farben wählen.

Quick C-Graphikroutinen

In Tabelle 13.2 finden Sie eine Auflistung der Graphikunterroutinen von
Quick C. Anschließend werden einige der Funktionen detailliert beschrieben. In der Graphikbibliothek finden sich auch Graphikroutinen für den
CGA und EGA, die auch in ausgewählten Modi des VGA eingesetzt werden können.

Routine	**Beschreibung**
Konfiguration	
_displaycursor	Cursor ein-/ausschalten
_getvideoconfig	aktuelle Bildschirmumgebung bestimmen
_setactivepage	Bildschirmbereich zum Schreiben von Bildern setzen
_setvideomode	aktuelle Bildschirmumgebung setzen
_setvisualpage	angezeigten Bildschirmbereich setzen
Koordinaten setzen	
_getlogcoord	physikalische in logische Koordinaten umwandeln
_getphyscoord	logische in physikalische Koordinaten umwandeln
_setcliprgn	Clipping-Bereich setzen
_setlogorg	Position des logischen Ursprungs setzen
_setviewport	Ausgabebereich begrenzen; Ursprung setzen
Palette setzen	
_remapallpalette	allen Pixelwerten Farben zuordnen
_remappalette	einem Pixelwert eine Farbe zuordnen
_selectpalette	vordefinierte Palette wählen
Attribute setzen	
_getbkcolor	aktuelle Hintergrundfarbe bestimmen
_getcolor	aktuelle Farbe bestimmen
_getfillmask	aktuelle Füllmaske bestimmen
_getlinestyle	aktuelles Linienmuster bestimmen
_setbkcolor	aktuelle Hintergrundfarbe setzen
_setcolor	aktuelle Farbe setzen
_setfillmask	aktuelle Füllmaske setzen
_setlinestyle	aktuelles Linienmuster setzen
Textausgabe	
_gettextcolor	aktuelle Textfarbe bestimmen
_gettextposition	aktuelle Textausgabeposition bestimmen
_outtext	Text an aktueller Position anzeigen
_settextposition	aktuelle Textausgabeposition setzen
_settextcolor	aktuelle Textfarbe setzen
_settextwindow	Textfenster einrichten
_wrapon	Zeilenumschlag ermöglichen/unterbinden

Bildausgabe

_arc	Kreisbogen zeichnen
_clearscreen	Bildschirm auf Hintergrundfarbe löschen
_ellipse	Ellipse zeichnen
_floodfill	Bereich mit aktueller Farbe füllen
_getcurrentposition	aktuelle Graphikausgabeposition bestimmen
_getpixel	aktuellen Pixelwert bestimmen
_lineto	Linie zeichnen
_moveto	Graphikausgabeposition verschieben
_pie	"Tortenstück" zeichnen
_rectangle	Rechteck zeichnen

Bildübertragung

_getimage	Bildschirmdarstellung speichern
_imagesize	Bildgröße in Bytes liefern
_putimage	Bildschirmdarstellung wiederherstellen

Tabelle 13.2   Quick C-Graphikroutinen

Im folgenden werden die Graphikroutinen untersucht und deren Verwendung gezeigt. Am Ende des Kapitels finden Sie einige Beispielprogramme.

Die Headerdatei graph.h

In alle Quick C-Graphikprogramme muß die Headerdatei *graph.h* eingebunden werden, die Datendefinitionen (Strukturschablonen), Funktionsprototypen und Konstantendefinitionen enthält.

Vor der Beschäftigung mit der Graphikprogrammierung sollten Sie die Datei *graph.h* ausdrucken, die Datenstrukturen studieren und sich mit den Beziehungen zwischen den Daten und den Graphikfunktionen vertraut machen. Zum Beispiel setzen mehrere Routinen in der Graphikbibliothek Koordinatensysteme, Positionen und Farben. Die anderen Graphikroutinen ziehen diese Daten heran, um Punkte zu plotten, Linien zu ziehen und Text anzuzeigen.

In der Datei sind auch symbolische Konstanten enthalten, die von den Funktionen der Graphikbibliothek eingesetzt werden. Sie stehen für eine Reihe von Daten wie Bildschirmmodi, Farben und Bildschirmattribute sowie verschiedener Steuerwerte.

Schritte zur Graphikprogrammierung

Graphikprogramme beginnen im allgemeinen mit dem Einbinden der Headerdateien (insbesondere *graph.h*), Deklarieren von Variablen und der Definition von symbolischen Konstanten. Der Rest des Programms besteht aus Programmanweisungen, die die folgenden vier Aufgaben erledigen:

1. *Setzen des geforderten Bildschirmmodus.* Dabei muß ein Bildschirmmodus gewählt werden, der den Programmanforderungen entspricht. Da MS-DOS das System im Textmodus nutzt, muß zuerst ein Graphikmodus aktiviert werden. Falls die Hardware den gewünschten Modus nicht unterstützt, muß das Programm beendet werden.

2. *Bestimmen der Bildschirmkonfiguration.* Nachdem ein Bildschirmmodus erfolgreich gesetzt werden konnte, muß das Programm die Bildschirmparameter abfragen. Auf diese Weise erhält man Informationen wie die Auflösung des Bildschirms in Bildpunkten, die Anzahl der zur Verfügung stehenden Farben sowie weitere wichtige Daten.

3. *Programmieren der Anwendung.* Die Graphikbibliothek gibt Ihnen Werkzeuge an die Hand, mit denen viele Graphikaufgaben leicht gelöst werden können.

4. *Wiederherstellen der ursprünglichen Bildschirmumgebung.* Falls das Programm den ursprünglichen Bildschirmmodus vor dem Verlassen nicht wiederherstellt, kann es zum Blockieren des Computers kommen, sobald der Benutzer das nächste Programm startet.

Diese Prozedur soll im folgenden auf ein einfaches Graphikprogramm angewendet werden. Konzentrieren Sie sich dabei auf die Konzepte, und verwenden Sie die Programme dieses Kapitels als Grundlage für eigene Graphikprogramme.

Setzen der Modi

Zur Aktivierung eines Bildschirmmodus ist lediglich der Aufruf der Funktion *_setvideomode()* nötig. Die Modi werden durch symbolische Konstanten repräsentiert, die in der Headerdatei *graphics.h* definiert sind. Die Konstanten finden Sie in Tabelle 13.3.

Vor der Ausführung von Graphikoperationen sollten Sie den Rückgabewert des *_setvideomode()*-Funktionsaufrufs prüfen, um festzustellen, ob das Setzen des Modus erfolgreich war. Der Rückgabewert 0 meldet einen Fehler, der gewöhnlich dadurch bewirkt wird, daß ein Programm versucht, einen nicht unterstützten Bildschirmmodus zu setzen.

Modusname	Beschreibung
_TEXTBW40	40x25 Monochromtextdarstellung
_TEXTC40	40x25 Farbtextdarstellung
_TEXTBW80	80x25 Monochromtextdarstellung
_TEXTC80	80x25 Farbtextdarstellung
_MRES4COLOR	320x200 4-Farben-Graphikdarstellung
_MRESNOCOLOR	320x200 Monochromgraphikdarstellung
_HRESBW	640x200 Monochromgraphikdarstellung
_TEXTMONO	80x25 Monochromtextdarstellung
_MRES16COLOR	320x200 16-Farben-Graphikdarstellung
_HRES16COLOR	640x200 16-Farben-Graphikdarstellung
_ERESNOCOLOR	640x350 Monochromgraphikdarstellung
_ERESCOLOR	640x350 4- oder 16-Farben-Graphikdarstellung
_VRES2COLOR	640x480 Monochromgraphikdarstellung
_VRES16COLOR	640x480 16-Farben-Graphikdarstellung
_MRES256COLOR	320x200 256-Farben-Graphikdarstellung

Tabelle 13.3   Symbolische Konstanten für Bildschirmmodi

Das folgende Programmfragment prüft, ob das Setzen eines Modus erfolgreich war, wobei der Rückgabewert 0 als symbolische Konstante MO-
DE_ERR definiert ist:

```
#define MODE_ERR    0
 .

 .

 .

if (_setvideomode(_MRES16COLOR) == MODE_ERR) {
      fprintf(stderr, "Dieses Programm benötigt einen EGA\n");
      exit(1);
}
```

Alternativ kann die Überprüfung so erfolgen, daß in einen CGA-Modus
umgeschaltet wird, wenn der Test auf den EGA-Modus fehlschlägt. Das
Programm kann dann – wenn auch mit weniger Farben – mit einem CGA
oder kompatiblen Bildschirmsystem ablaufen, wenn kein EGA zur Verfügung steht.

```
#define MODE_ERR    0
 .

 .

 .

if (_setvideomode(_MRES16COLOR) == MODE_ERR)
      (_setvideomode(_MRES4COLOR) == MODE_ERR) {
            fprintf(stderr, "Modus nicht verfügbar\n");
            exit(1);
}
```

Vor Programmende sollte der ursprüngliche Bildschirmmodus wiederhergestellt werden. Durch einen anderen Aufruf der Funktion _setvideomo-
de( ) wird unter Verwendung des Parameters _DEFAULTMODE die vor-
hergehende Bildschirmumgebung wieder aktiviert.

Bildschirmkonfigurationsparameter

Die Graphikroutinen benötigen Informationen über die Hardware und den
aktuellen Bildschirmmodus. Eine in *graph.h* definierte Datenstruktur kann
diese Daten aufnehmen. Die Struktur *_videoconfig* ist im folgenden dargestellt:

```
/* Struktur für _getvideoconfig(), wie der Benutzer sie sieht */
struct videoconfig {
        short numxpixels;     /* Anzahl der Pixel auf der x-Achse */
        short numypixels;     /* Anzahl der Pixel auf der y-Achse */
        short numtextcols;    /* Anzahl der Textspalten */
        short numtextrows;    /* Anzahl der Textzeilen */
        short numcolors;      /* Anzahl der verfügbaren Farben */
        short bitsperpixel;   /* Anzahl der Bits pro Pixel */
        short numvideopages;  /* Anzahl der verfügbaren Bildschirmseiten */
        short mode;           /* aktueller Bildschirmmodus */
        short adapter;        /* aktiver Bildschirmadapter */
        short monitor;        /* aktiver Bildschirm */
        short memory;         /* Bildschirmadapterspeicher in Kbyte */
};
```

Die in der Struktur enthaltenen Daten können in ein Programm übernommen werden, indem eine Struktur dieses Typs deklariert und die Funktion
_getvideoconfig mit der Adresse der Struktur aufgerufen wird:

```
struct videoconfig vidconfig;
.
.
.
_getvideoconfig(&vidconfig);
```

Durch den Zugriff auf die Member der Variablen *vidconfig* können Sie
die Parameter der Bildschirmkonfiguration bestimmen.

Einfache Graphikprogramme

Im Programm GBASICS (siehe Listing 13.1) werden die vier grundlegenden Elemente eines Graphikprogrammes vorgestellt. Das Programm versucht, auf einen Farbgraphikmodus mittlerer Auflösung umzuschalten.
Falls das Programm auf einem System ausgeführt wird, das ein VGA oder
einen EGA bzw. CGA besitzt, wird eine Meldung angezeigt und das Programm nach dem Betätigen einer Taste durch den Benutzer beendet. Falls

das Programm hingegen auf einem System abläuft, das keine Farbgraphik
mittlerer Auflösung unterstützt, wird eine Fehlermeldung angezeigt und
das Programm abgebrochen.

```
/*
 * G B A S I C S
 *
 * Demonstration der vier grundlegenden Schritte
 * in der Graphikprogrammierung in Quick C.
 *
 */


#include <stdio.h>
#include <stdlib.h>
#include <conio.h>
#include <graph.h>
#include <math.h>


#define MODE_ERR          0


int
main(void)
{
        struct videoconfig vidconfig; /* Bildschirmkonfigurationsdaten */
        short x_org, y_org;           /* logischer Ursprung */


        /*----- Schritt 1: Setzen des Bildschirmmodus -----*/


        /*
         * Versuch, Farbmodus mittlerer Auflösung zu setzen.
         */
        if (_setvideomode(_MRES16COLOR) == MODE_ERR)
                if (_setvideomode(_MRES4COLOR) == MODE_ERR) {
                        fprintf(stderr,
                                "Farbgraphik mittlerer Auflösung wird nicht
unterstützt\n");
                        exit (1);
                }
```

```c
/*-- Schritt 2: Bildschirmkonfigurationsparameter bestimmen --*/

/*
 * Aktualisieren der Bildschirmkonfigurations-Members
 * der Struktur vidconfig.
 */
_getvideoconfig(&vidconfig);


/*----- Schritt 3: Ihre Anwendung -----*/

/*
 * Daten zur aktuellen Bildschirmkonfiguration anzeigen.
 */
switch (vidconfig.mode) {
case _MRES16COLOR:
        puts("Sehr gut -- Graphik und 16 Farben!");
        break;
case _MRES4COLOR:
        puts("Auch gut -- nur vier Farben.");
        break;
default:
        break;
}

/*
 * Programm unterbrechen und auf Tastendruck warten.
 */
fprintf(stderr, "\n\tTaste betätigen...");
if (getch() == '\0')
        getch();


/*----- Schritt 4: Wiederherstellen der Originalumgebung -----*/

/*
 * Originalbildschirmmodus wiederherstellen und
 * Kontrolle an das Betriebssystem zurückgeben.
 */
_setvideomode(_DEFAULTMODE);
return (0);
}
```

Listing 13.1   Quellcode von GBASICS.C

Das Programm VMODES.C (siehe Listing 13.2) ist eine erweiterte und verbesserte Version von GBASICS.C. Das Programm versucht, den optimalen von der Hardware unterstützten Graphikmodus zu setzen, und gibt die Recherche auf dem Bildschirm aus.

Für das Programm VMODES ist der "optimale" Bildschirmmodus derjenige, der die höchste Auflösung mit der größten Anzahl von Farben vereint. Da im allgemeinen die Auflösung wichtiger als die Anzahl der Farben ist, sollte man einen Modus mit 16 Farben bei 640 x 480 Bildpunkten einem mit 256 Farben bei 320 x 200 Bildpunkten vorziehen.

```c
/*
 * V M O D E S
 *
 * Programm, das den optimalen Bildschirmmodus für
 * eine verfügbare Hardware sucht.
 */


#include <stdio.h>
#include <stdlib.h>
#include <conio.h>
#include <graph.h>
#include <math.h>


/*
 * Funktionsprototypen.
 */
int SetBestColorGraphicsMode(void);

#define K_ESC           27
#define MODE_ERR        0


/*
 * Tabelle der Bildschirmmodi und Namen.
 */
struct mode_st {
        int number;     /* interne Modusnummer */
        char *name;     /* symbolischer Name */
        char *desc;     /* Beschreibung */
} Mode[] = {
        0,      "_TEXTBW40",      "40x25 Monochromtext",
        1,      "_TEXTC40",       "40x24 Farbtext",
        2,      "_TEXTBW80",      "80x25 Monochromtext",
        3,      "_TEXTC80",       "80x25 Farbtext",
        4,      "_MRES4COLOR",    "320x200 4-Farbgraphik",
        5,      "_MRESNOCOLOR",   "320x200 Monochromgraphik",
        6,      "_HRESBW",        "640x200 Monochrom",
```

```
    7,      "_TEXTMONO",            "80x25 Monochromtext (MDA)",
   -1,      "",                     "(nicht unterstützt)",
   -1,      "",                     "(nicht unterstützt)",
   -1,      "",                     "(nicht unterstützt)",
   -1,      "",                     "(nicht unterstützt)",
   -1,      "",                     "(nicht unterstützt)",
   13,      "_MRES16COLOR",         "320x200 16-Farbgraphik",
   14,      "_HRES16COLOR",         "640x200 16-Farbgraphik",
   15,      "_ERESNOCOLOR",         "640x350 Monochromgraphik",
   16,      "_ERESCOLOR",           "640x350 Farbe (4/16) Graphik",
   17,      "_VRES2COLOR",          "640x480 Monochromgraphik",
   18,      "_VRES16COLOR",         "640x480 16-Farbgraphik",
   19,      "_MRES256COLOR",        "320x200 256-Farbgraphik"
};

int
main(void)
{
        struct videoconfig vidconfig;    /* Bildschirmkonfigurationsdaten */

        /*
         * Versuch, Modus mit der höchsten verfügbaren
         * Graphikauflösung und mit möglichst
         * vielen Farben zu setzen.
         */
        if (SetBestColorGraphicsMode() == MODE_ERR) {
                fprintf(stderr,
                        "Keine mittlere Auflösung mit Farbe möglich\n");
                exit (1);
        }

        /*
         * Aktualisieren der Bildschirmkonfigurations-Members
         * der Struktur vidconfig.
         */
        _getvideoconfig(&vidconfig);

        /*
         * Informationen zur aktuellen Bildschirmkonfiguration anzeigen.
         */
        printf("\nBildschirmmodusbezeichnung: %s\n", Mode[vidconfig.mode].name);
        printf("[%s]\n\n", Mode[vidconfig.mode].desc);
        printf("Horizontale Pixel = %d\n", vidconfig.numxpixels);
        printf("Vertikale Pixel = %d\n", vidconfig.numypixels);
        printf("Textzeilen = %d\n", vidconfig.numtextrows);
        printf("Textspalten = %d\n", vidconfig.numtextcols);
```

```c
        printf("Anzahl der Farben = %d\n",
                vidconfig.numcolors);
        printf("Bits pro Pixel = %d\n", vidconfig.bitsperpixel);
        printf("Bildschirmseiten = %d\n", vidconfig.numvideopages);
        printf("Bildschirmspeicherkapazität = %d Kbytes\n", vidconfig.memory);


        /*
         * Programm unterbrechen und auf Tastenanschlag warten.
         */
        fprintf(stderr, "\n\tTaste betätigen ...");
        if (getch() == '\0')
                getch();


        /*
         * Originalbildschirmmodus wiederherstellen und
         * Kontrolle an Betriebssystem zurückgeben.
         */
        _setvideomode(_DEFAULTMODE);
        return (0);
}



/*
 * SetBestColorGraphicsMode()
 *
 * Versuch, den optimalen Farbgraphikmodus zu setzen.
 */

int SetBestColorGraphicsMode()
{
        int rc = MODE_ERR;        /* Schlechtesten Fall annehmen. */


        /*
         * Diese Routine nimmt an, daß die Auflösung wichtiger
         * als die Anzahl der verfügbaren Farben ist.
         */
        if (_setvideomode(_VRES16COLOR))
                rc = _VRES16COLOR;
        else if (_setvideomode(_ERESCOLOR))
                rc = _ERESCOLOR;
        else if (_setvideomode(_HRES16COLOR))
                rc = _HRES16COLOR;
        else if (_setvideomode(_MRES256COLOR))
                rc = _MRES256COLOR;
        else if (_setvideomode(_MRES16COLOR))
                rc = _MRES16COLOR;
```

```
        else if (_setvideomode(_MRES4COLOR))
              rc = _MRES4COLOR;


    /*
     * Der aufrufenden Funktion mitteilen, welcher Modus gesetzt
     * wurde. Der Rückgabecode MODE_ERR bedeutet die nicht
     * erfolgreiche Beendigung; Farbfähigkeit ist nicht gegeben.
     */
    return (rc);
}
```

Listing 13.2   Quellcode von VMODES.C

Die Funktion *SetBestColorGraphicsMode( )* bestimmt den geeigneten Bildschirmmodus. Diese Funktion ist Teil des Programms und keine Graphik-
bibliotheksroutine; in der Funktion werden jedoch die Graphikbiblio-
theksroutinen verwendet. Zuerst setzt die Funktion den Rückgabecode *rc*
auf MODE_ERR und versucht dann, jeden akzeptablen Bildschirmmodus
zu setzen. Dabei wird mit dem besten (höchste Auflösung, möglichst viele
Farben) Modus begonnen. Falls einer der Modi von der Hardware unterstützt wird, liefert die Funktion einen internen Code, der den gesetzten
Modus in der Funktion *main( )* beschreibt. Falls keiner der Modi gesetzt
werden kann, liefert die Funktion den Wert MODE_ERR.

Der Anwendungsteil des Programms stellt eine Reihe von Werten auf dem
Bildschirm dar:

● Die Moduskennung und eine kurze Textbeschreibung.

● Die Anzahl der Bildpunkte in x- und y-Richtung.

● Die Anzahl der Textzeilen und -spalten.

● Die Anzahl der anzeigbaren Farben.

● Die Anzahl der Bildschirmseiten.

● Den Betrag von Bildschirmspeicherplatzes in Kilobytes.

Ein echtes Graphikprogramm würde diese Daten nicht auf dem Bildschirm ausgeben, sondern sie stattdessen verwenden, um die Ausgaben an
die verwendete Hardware anzupassen.

nicht explizit implementiert werden. Die Festlegung eines Clipping-Rechtecks allein reicht aus, um dieses Programmverhalten zu initiieren.

Die Festlegung des Clipping-Rechtecks erfolgt durch den Aufruf der Funktion _setcliprgn(). Durch die Angabe der oberen linken und unteren rechten Ecke definieren Sie einen rechteckigen Bereich des Bildschirms, in dem die Anzeige erfolgt. Ein Aufruf von _setcliprgn() verändert nicht den logischen Ursprung des Bildschirms.

Die Funktion _setviewport() ist mit _setcliprgn() bis auf die Tatsache identisch, daß erstere Funktion den logischen Ursprung auf die obere linke Ecke des spezifizierten Bereichs setzt. Die Routine _setviewport ändert also den Blickwinkel des Benutzers.

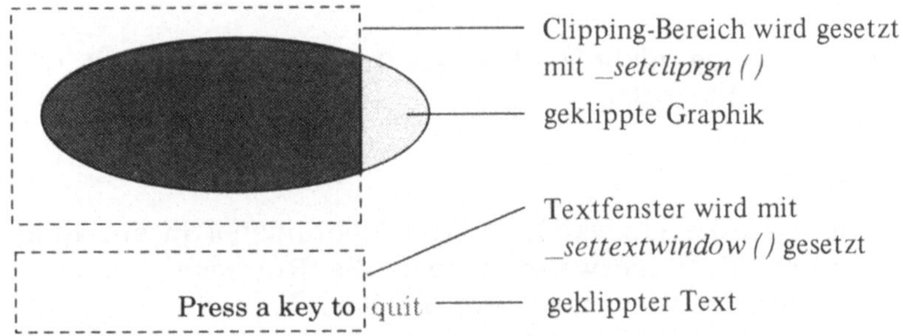

Bild 13.2   Clipping-Rechteck und Textfenster

Textfenster

Die Funktion _settextwindow() ähnelt dem Clippen von Graphikdarstellungen, wird aber ausschließlich für Textstrings benutzt. Sie setzt einen Clipping-Textbereich, dafür müssen gültige Zeilen- und Spaltengrenzen angegeben werden. Sie können die Funktion _outtext() verwenden, um einen String in ein Textfenster zu schreiben.

In Bild 13.2 erkennen Sie einen Teil eines Strings, der außerhalb des aktuellen Textfensters erscheint, und folglich nicht auf den Bildschirm geschrieben wird. Das Beispiel trifft so nur zu, wenn der Zeilenumschlag desaktiviert ist.

Der Zeilenumschlag ist ein Merkmal, das bestimmt, ob ein hinter das Ende des Textfensters fallender Text abgeschnitten (Zeilenumschlag ist desaktiviert) oder in der nächsten Zeile angezeigt wird (Zeilenumschlag ist aktiviert). Bei aktivem Zeilenumschlag kann der Text im Fenster - soweit notwendig - gerollt werden, und erlaubt so die Darstellung von zusätzlichem Text.

Logisches Koordinatensystem

Alle Quick C-Graphikroutinen verwenden das logische Koordinatensystem. Der logische Ursprung des Bildschirms kann hierbei auf jede im gewählten Bildschirmmodus gültige physikalische Koordinate gesetzt werden.

Durch die Verwendung der Funktion _setlogorg( ) wird der logische Ursprung gesetzt. Der Aufruf aktualisiert die Member einer Variablen, die der Strukturvariablen *xycoord* entspricht, die in *graph.h* wie folgt definiert ist:

```
struct xycoord {
        short xcoord;            /* x-Koordinate */
        short ycoord;            /* y-Koordinate */
};
```

Falls der logische Ursprung nicht explizit gesetzt wird, ist er mit dem physikalischen Ursprung identisch.

Koordinatenumwandlung

Zwei Routinen erledigen die Umwandlung von Koordinaten in ein anderes Koordinatensystem. Typischerweise werden die Routinen _getphyscoord( ) und _getlogcoord( ) verwendet, um die Koordinaten eines Punktes umzuwandeln. Die Routinen aktualisieren eine Strukturvariable des Typs *xycoord*.

Um die Position eines Bildpunktes von physikalischen in logische Koordinaten umzusetzen, werden die folgenden Anweisungen eingesetzt:

```
short x, y;          /* physikalische Koordinate */
struct xycoord xy;   /* Koordinatenvariable */
.

.

.

xy = _getlogcoord(x, y);
```

Zum Zugriff auf die zurückgegebenen logischen Koordinatenwerte kann die folgende Anweisungsfolge verwendet werden:

```
short lx, ly;            /* logische Koordinaten */
.

.

.

lx = xy.xcoord;
ly = xy.xcoord;
```

Graphikzeiger

In Graphikprogrammen erfolgen alle Lese- und Schreibvorgänge relativ zu einer Bildpunktposition. Auf diese Position, die *aktuelle Graphikausgabeposition* genannt wird, ist der Graphikzeiger im logischen Koordinatensystem gerichtet.

Nachdem das logische Koordinatsystem gesetzt ist (oder die Vorgabe eingesetzt wird), kann die Funktion *_moveto( )* verwendet werden, um die Graphikzeigerposition zu setzen. Mit der Funktion *_getcurrentposition( )* kann die aktuelle Graphikzeigerposition jederzeit abgefragt werden.

Linien zeichnen

Vor dem Zeichnen einer Linie wird die Funktion *_moveto( )* verwendet, um einen Endpunkt der Linie (*x0,y0*) zu setzen. Anschließend wird unter Verwendung der Funktion *_lineto( )* eine Linie bis zum anderen Ende (*x1,y1*) gezeichnet.

```
_moveto(x0,y0);
_lineto(x1,y1);
```

Durch die Funktionen der Quick C-Graphikbibliothek ist die vollständige Steuerung der Linienformate gegeben. Es können zum Beispiel durchgehende, gepunktete und gestrichelte Linien gezogen werden. Durch den Aufruf der Funktion *_setlinestyle( )* wird ein Linienmuster festgelegt, ein nachfolgender Aufruf von *_lineto( )* führt zur Darstellung einer Linie in diesem Muster.

Das Linienmuster ist ein 16-bit-Wert, der als vorzeichenloser *short*-Integerwert gespeichert wird. Jedes Bit in der Maske repräsentiert einen Bildpunkt in einem Liniensegment. Ein aktiviertes Bit (mit dem Wert 1), bewirkt, daß der zugehörige Bildpunkt auf die aktuelle Farbe gesetzt wird. Bildpunkte, die mit desaktivierten Bits (0) verknüpft sind, werden nicht gesetzt. Es ergibt sich zum Beispiel aus folgenden Anweisungen eine gestrichelte Linie, wobei jeweils vier Bildpunkte gesetzt und vier Bildpunkte nicht gesetzt werden:

```
unsigned short mask;
.
.
.
mask = \x0F0F;          /* gestricheltes Linienformat */
_setlinestyle(mask);
```

Textoperationen

Textzeichen werden in einem aus Zeilen und Spalten bestehenden Raster
dargestellt. Die linke obere Bildschirmecke befindet sich bei Zeile 1 und
Spalte 1. Die Quick C-Textroutinen können Text in Text- und Graphikmodi darstellen.

Setzen der Textposition

Textoperationen finden immer an der aktuellen Textposition statt, die sich
vom Graphikzeiger unterscheiden kann. Unter Verwendung der Funktion
_settextposition( ) wird die aktuelle Textposition gesetzt. Die Funktion er-
wartet zwei Argumente: einen Zeilen- und einen Spaltenwert.

```
short row = 20, col = 40;
   .
   .
   .
_settextposition(row, col);
```

Nach dieser Festlegung wird ein Aufruf der textorientierten Graphikroutinen oder der Standardein-/-ausgaberoutinen ausgeführt.

Schreiben von Text

Jede Textinformation ist einfach eine Kette von Zeichen, ein *String*. Die
Funktion *_outtext( )* übernimmt ein Stringargument und schreibt die
übergebene Zeichenkette ab der aktuellen Textposition auf den Bildschirm.

Die textorientierten Graphikroutinen bieten die Leistungsmerkmale der
Datentypumwandlung und Formatierung nicht; aus diesem Grund müssen
numerische Werte vor der Ausgabe im Graphikmodus in ihre Stringent-
sprechungen umgewandelt werden. Die Funktion *sprintf( )* dient der Umwandlung in ein Textformat im Speicher, bevor *_outtext( )* zur Ausgabe
auf den Bildschirm verwendet wird.

Clipping und Viewports

Alle Graphiken, die von Funktionen der Graphikbibliothek dargestellt
werden, können an Rechteckgrenzen geclippt werden. Das Clippen an einem Clipping-Rechteck ist eine Programmiertechnik, durch die außerhalb
eines spezifizierten Bildschirmbereichs keine Daten angezeigt werden.

Beim Zeichnen einer Ellipse, die teilweise aus einem Clipping-Rechteck
hinausragt (siehe Bild 13.2), wird nur der Teil des Graphikbildes angezeigt, der im Clipping-Rechteck erscheint. Punkte, die außerhalb dieses
Bereiches liegen, werden nicht gezeichnet. Im Programm muß diese Logik

nicht explizit implementiert werden. Die Festlegung eines Clipping-Rechtecks allein reicht aus, um dieses Programmverhalten zu initiieren.

Die Festlegung des Clipping-Rechtecks erfolgt durch den Aufruf der Funktion _setcliprgn( ). Durch die Angabe der oberen linken und unteren rechten Ecke definieren Sie einen rechteckigen Bereich des Bildschirms, in dem die Anzeige erfolgt. Ein Aufruf von _setcliprgn( ) verändert nicht den logischen Ursprung des Bildschirms.

Die Funktion _setviewport( ) ist mit _setcliprgn( ) bis auf die Tatsache identisch, daß erstere Funktion den logischen Ursprung auf die obere linke Ecke des spezifizierten Bereichs setzt. Die Routine _setviewport ändert also den Blickwinkel des Benutzers.

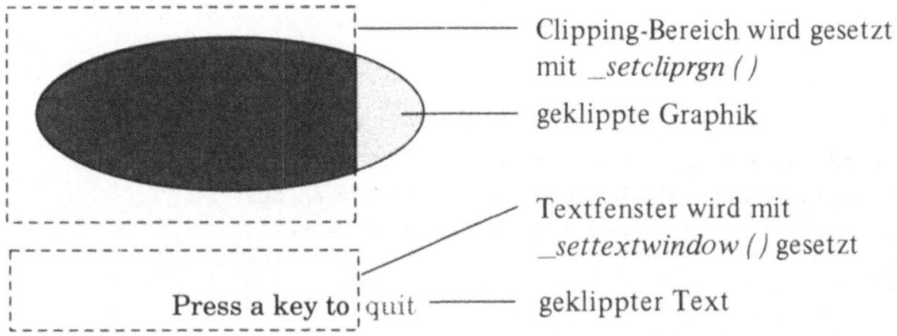

Bild 13.2   Clipping-Rechteck und Textfenster

Textfenster

Die Funktion _settextwindow( ) ähnelt dem Clippen von Graphikdarstellungen, wird aber ausschließlich für Textstrings benutzt. Sie setzt einen Clipping-Textbereich, dafür müssen gültige Zeilen- und Spaltengrenzen angegeben werden. Sie können die Funktion _outtext( ) verwenden, um einen String in ein Textfenster zu schreiben.

In Bild 13.2 erkennen Sie einen Teil eines Strings, der außerhalb des aktuellen Textfensters erscheint, und folglich nicht auf den Bildschirm geschrieben wird. Das Beispiel trifft so nur zu, wenn der Zeilenumschlag desaktiviert ist.

Der *Zeilenumschlag* ist ein Merkmal, das bestimmt, ob ein hinter das Ende des Textfensters fallender Text abgeschnitten (Zeilenumschlag ist desaktiviert) oder in der nächsten Zeile angezeigt wird (Zeilenumschlag ist aktiviert). Bei aktivem Zeilenumschlag kann der Text im Fenster - soweit notwendig - gerollt werden, und erlaubt so die Darstellung von zusätzlichem Text.

Das Leistungsmerkmal des Zeilenumschlags wird durch die Routine
_wrapon( ) gesteuert. Das zu übergebende Argument ist entweder
_GWRAPON, um den Umschlag zu ermöglichen (Standard) oder
_GWRAPOFF, um den Umschlag zu unterbinden. Die folgende Anwei-
sung schaltet den Zeilenumschlag aus:

```
_wrapon(_GWRAPOFF);
```

Das Programm GDEMO

Ein weiteres Beispiel für die Graphikprogrammierung ist das Programm
GDEMO.C (siehe Listing 13.3). Hierbei wird deutlich, wie leicht Text
und Graphik in der Programmiersprache C in einer Bildschirmdarstellung
kombiniert werden können.

```
/*
 * G D E M O
 *
 * Dies ist ein Graphikprogramm in C. Es zeigt, wie ein Graphik-
 * modus gewählt wird und einige Figuren und Text dargestellt
 * werden. Anschließend erfolgt die Rückgabe der Kontrolle an das
 * Betriebssystem, nachdem die ursprüngliche Umgebung wiederher-
 * gestellt wurde.
 */


#include <stdio.h>
#include <stdlib.h>
#include <conio.h>
#include <graph.h>
#include <math.h>


#define A_BRIGHTYELLOW  14
#define K_ESC           27
#define MSG_ROW         25
#define MSG_COL          2
#define MSG_WIDTH       38
#define M_NOWAIT         0
#define M_WAIT           1
#define MODE_ERR         0
#define NCOLORS         16
#define R_HORIZ       -140
#define R_VERT           0
#define R_HEIGHT        80
#define R_WIDTH        150
#define R_BORDER         0
#define R_FILL           1
```

```c
/*
 * Funktionsprototypen.
 */
void Message(short, short, char *, short);
void Rectangle(short, short, short, short, short);

int
main(void)
{
        struct videoconfig config;   /* Bildschirmkonfigurationsdaten */
        short x_org, y_org;          /* Koordinaten des Ursprungs */
        short x_ul, y_ul;            /* obere linke Ecke */
        short x_lr, y_lr;            /* untere rechte Ecke */
        short x, y;                  /* aktuelle Koordinaten */
        short x_offset, y_offset;    /* Offsets */
        short color;                 /* Farbnummer */
        short divisor;               /* um Farbnummer im gültigen Bereich zu halten
*/
        short delta;                 /* Offset für Verschiebung */


        /*
         * Setzen des Graphikmodus mittlerer Auflösung,
         * setzen des logischen Ursprungs auf Bildschirmmittelpunkt,
         * und initialisieren eines Textfensters.
         */
        divisor = 16;
        if (_setvideomode(_MRES16COLOR) == MODE_ERR) {
                divisor = 4;
                if (_setvideomode(_MRES4COLOR) == MODE_ERR) {
                        fprintf(stderr, "Graphikmodus nicht verfügbar\n");
                        exit (1);
                }
        }
        _getvideoconfig(&config);
        x_org = config.numxpixels / 2 - 1;
        y_org = config.numypixels / 2 - 1;
        _setlogorg(x_org, y_org);
        _settextwindow(MSG_ROW, MSG_COL, MSG_ROW,
                        MSG_COL + MSG_WIDTH - 1);
        _settextposition(MSG_ROW, MSG_COL);
        _settextcolor(A_BRIGHTYELLOW);
```

```c
/*
 * Mehrere Rechtecke in verschiedenen Farben zeichnen.
 */
x = R_HORIZ;
y = R_VERT;
x_offset = 0;
y_offset = 0;
for (color = 0; color < NCOLORS; ++color) {
        _setcolor(color % divisor);
        Rectangle(R_FILL, y + y_offset, x + x_offset,
                    y + R_HEIGHT + y_offset, x + R_WIDTH +
                    x_offset);
        _setcolor((NCOLORS - 1 - color) % divisor);
        Rectangle(R_BORDER, y + y_offset, x + x_offset,
                    y + R_HEIGHT + y_offset,
                    x + R_WIDTH + x_offset);
        x_offset += 8;
        y_offset -= 6;
}


/*
 * Anlegen eines Textfensters und Beendigungsmeldung von
 * rechts nach links in das Fenster ziehen.
 * Auf einen Tastenanschlag warten.
 */
_wrapon(_GWRAPOFF);
for (delta = MSG_WIDTH; delta >= 0; --delta)
        Message(MSG_ROW, MSG_COL + delta,
                    "Taste zum Beenden betätigen.", M_NOWAIT);
Message(MSG_ROW, MSG_COL + delta,
"Taste zum Beenden betätigen.", M_WAIT);


/*
 * Originalbildschirmmodus wiederherstellen und
 * Kontrolle an das Betriebssystem zurückgeben.
 */
_setvideomode(_DEFAULTMODE);


return (0);
}
```

```c
/*
 * Rectangle()
 *
 * Zeichnen eines Rechtecks in der aktuellen Farbe. Der
 * Parameter type legt fest, ob das Rechteck als Umriß oder
 * ausgefüllt dargestellt wird.
 */

void
Rectangle(short type, short top, short left, short bottom,
          short right)
{
        short x, y;

        switch (type) {
        case R_BORDER:
                /*
                 * Rahmen aus vier Liniensegmenten zusammensetzen.
                 */
                _moveto(left, top);
                _lineto(right, top);
                _lineto(right, bottom);
                _lineto(left, bottom);
                _lineto(left, top);
                break;
        case R_FILL:
                /*
                 * Rahmen durch nebeneinanderliegende
                 * horizontale Linien füllen.
                 */
                for (y = top; y <= bottom; ++y) {
                        _moveto(left, y);
                        _lineto(right, y);
                }
                break;
        default:
                break;
        }
}
```

```c
/*
 * Message()
 *
 * Anzeige des Meldungstextes bei der angegebenen Position
 * (row, col). Falls wait ungleich Null ist, wird gewartet,
 * bis der Benutzer eine Taste betätigt. Dann wird das eingegebene
 * Zeichen aus dem Tastaturpuffer entfernt, so daß es nicht zu
 * Problemen mit dem aufrufenden Programm nach der Rückkehr
 * kommen kann.
 */

void
Message(row, col, text, wait)
short row, col; /* Textposition */
char *text;     /* Textzeiger */
short wait;     /* wait-Flagge */
                /* (wait != 0 bedeutet: Auf Tastenanschlag warten) */
{
        int k;      /* Tastencode */

        /*
         * Eingabeaufforderung an die spezifizierte Stelle schreiben.
         */
        _settextposition(row, col);
        _outtext(text);

        /*
         * Bei gesetzter wait-Flagge: warten, bis Taste betätigt
         * wurde, dann Code aus dem Tastaturpuffer löschen. Erweiterte
         * Codes werden durch Übernahme von zwei Bytes bearbeitet,
         * wobei das erste Byte immer NUL ist.
         */
        if (wait) {
                k = getch();            /* Zeichen lesen */
                if (k == '\0')
                        /* erweiterter Code -- Scan-Code holen */
                        getch();
        }
}
```

Listing 13.3   Quellcode von GDEMO.C

Das Programm schaltet durch die Verwendung der Funktion *_setvideomode( )* auf einen Graphikmodus mittlerer Auflösung um. Falls dieser Versuch mißglückt, zeigt das Programm eine Fehlermeldung an und wird beendet.

Der für die Graphikausgabe zuständige Teil des Programms erzeugt eine Reihe von Rechtecken. Hierbei kommt wiederholt die Funktion *Rectangle( )* zum Einsatz. *Rectangle( )* stellt entweder einen Kasten um den spezifizierten Bereich (*type* = *R_BORDER*) oder ein gefülltes Rechteck (*type* = *R_FILL*) dar.

Ein nur als Begrenzung dienendes Rechteck besteht aus vier Liniensegmenten, die gemeinsame Eckpunkte aufweisen. Zur Darstellung eines gefüllten Rechtecks zeichnet die Funktion noch eine Reihe nebeneinanderliegender Linien.

Im Textteil des Programms GDEMO wird der Benutzer zur Betätigung einer Taste aufgefordert, bevor der ursprüngliche Bildschirmmodus wiederhergestellt und das Programm beendet wird. Die Meldung wird in einem Textfenster von rechts nach links über den Bildschirm gerollt. Dieser Effekt wird durch wiederholte Aufrufe der Funktion *_outtext( )* mit desaktiviertem Zeilenumschlag realisiert. Die Startposition des Textes liegt bei Spaltenpositionen, die bei jeder erneuten Darstellung erniedrigt werden, bis der String schließlich am linken Rand des Textfensters erscheint.

Die Funktion *Message( )* übernimmt den Parameter *wait*, der entweder M_WAIT (der Benutzer muß eine Taste drücken) oder M_NOWAIT (das Stringargument wird sofort geschrieben) sein muß.

In diesem Kapitel wurden die wichtigsten Bausteine der Quick C-Graphikbibliothek vorgestellt. Die interne Graphikunterstützung erleichtert die Graphikprogrammierung erheblich, indem allgemein einsetzbare Graphikoperationen zur Verfügung gestellt werden.

Anhang A

C-Schlüsselwörter

In der aktuellen Definition der Programmiersprache C haben 32 Wörter, die *Schlüsselwörter*, für den Compiler eine besondere Bedeutung und sind reserviert. Dies bedeutet, daß die Schlüsselwörter nur für den vordefinierten Verwendungszweck verwendet werden dürfen. Schlüsselwörter sollten ebenfalls nicht in einer anderen Groß-/Kleinschreibung mit neuer Bedeutung (zum Beispiel in der Form INT) eingesetzt werden, da dies zu Verwechselungen führen kann.

Standardschlüsselwörter

Der sich immer noch entwickelnde C-Standard definiert die folgenden 32 Schlüsselwörter:

auto	double	int	struct
break	else	long	switch
case	enum	register	typedef
char	extern	return	union
const	float	short	unsigned
continue	for	signed	void
default	goto	sizeof	volatile[1]
do	if	static	while

Microsoft-Erweiterungen

Microsoft unterstützt zusätzlich die folgenden Compiler-spezifischen Schlüsselwörter:

cdecl	fortran	near
far	huge	pascal

---

1 Die Syntax des Schlüsselwortes volatile ist bislang noch nicht implementiert.

Anhang B

Operatoren in C

Die folgende Zusammenfassung der Operatoren der Programmiersprache
C, ihres Vorrangs und der Abarbeitungsreihenfolge basiert auf der Implementierung von Quick C und ist vollständig kompatibel zur Version 5.0
des Microsoft C-Compilers.

Komplementäre und unitäre Plus-Operatoren

Operator	Beschreibung
-	Unitäres Minus
~	Bitweises Komplement
!	Logische Verneinung
+	Unitäres Plus[1]

Zeigerumleitung und "Adresse von"

Operator	Beschreibung
*	Zeigerumleitung
&	Adresse von

Der Operator sizeof

Der Operator *sizeof* liefert die Speicheranforderungen eines Bezeichners
oder Datentyps in Bytes.

Multiplikatoroperatoren

Operator	Beschreibung
*	Multiplikation
/	Division
%	Modulo

Verschiebeoperatoren

Operator	Beschreibung
<<	Verschiebung nach links
>>	Verschiebung nach rechts

---

1   Die Syntax dieses Operators ist noch nicht implementiert.

Relationale Operatoren

Operator	Beschreibung
<	Kleiner als
>	Größer als
<=	Kleiner als oder gleich
>=	Größer als oder gleich
==	Gleich (als Vergleich)
!=	Ungleich

Bitweise Operatoren

Operator	Beschreibung
&	Bitweises UND
|	Bitweises Inklusiv-ODER
^	Bitweises Exklusiv-ODER

Logische Operatoren

Operator	Beschreibung
&&	Logisches UND
||	Logisches ODER

Operator für sequenzielle Auswertung

Der Operator für die sequenzielle Auswertung (der *Kommaoperator*) legt
fest, daß die Auswertung der Operanden garantiert von links nach rechts
[*Operand1*, *Operand2*] erfolgt.

Bedingter Operator

Der *bedingte Operator* (*Operand1 ? Operand2 : Operand3*) ist der einzige
tertiäre Operator in C. Er wertet *Operand1* aus. In Abhängigkeit vom Ergebnis der Auswertung wird *Operand2* ausgewertet (*Operand1* ist logisch
wahr); ansonsten kommt *Operand3* zur Auswertung (*Operand1* ist logisch
falsch).

Unitäre Inkrementierung und Dekrementierung

Operator	Beschreibung
++	Unitäre Inkrementierung
--	Unitäre Dekrementierung

Zuweisungsoperatoren

Operator	Beschreibung
=	Einfache Zuweisung
*=	Multiplikationszuweisung
/=	Divisionszuweisung
%=	Restzuweisung
+=	Additionszuweisung
-=	Subtraktionszuweisung
<<=	Linksverschiebung mit Zuweisung
>>=	Rechtsverschiebung mit Zuweisung
&=	Bitweise UND-Zuweisung
|=	Bitweise Inklusiv-ODER-Zuweisung
^=	Bitweise Exklusiv-ODER-Zuweisung

Operatorvorrang und Abarbeitung

Operator	Abarbeitung
() [] -> .	Von links nach rechts
- ++ -- ! ~	Von rechts nach links
* & sizeof(typ)	Von rechts nach links
* / %	Von links nach rechts
+ -	Von links nach rechts
<< >>	Von links nach rechts
< <= > >=	Von links nach rechts
== !=	Von links nach rechts
&	Von links nach rechts
^	Von links nach rechts
|	Von links nach rechts
&&	Von links nach rechts
||	Von links nach rechts
?:	Von rechts nach links
= *= /= %= +=	Von rechts nach links
-= &= ^= |= <<= >>=	Von rechts nach links
,	Von links nach rechts

Anhang C

Präprozessordirektiven

Eine Präprozessordirektive ist eine Anweisung an den C-Präprozessor. Der Präprozessorlauf ist traditonell der erste Schritt in der Kompilierung eines C-Quellprogramms.

Präprozessordirektiven

Der C-Präprozessor erkennt die folgenden Direktiven:

#define	#if	#line
#elif	#ifdef	#undef
#else	#ifndef	
#endif	#include	

Präprozessoroperatoren

Zwei Präprozessoroperatoren werden bei der Verarbeitung von Makroparametern eingesetzt, ein dritter bei zusammengesetzten bedingten Ausdrücken.

Operator	Beschreibung
#	Behandlung des aktuellen Parameters eines Makros als literaler String.
##	Verkettung von Token im aktuellen Makroparameter.
defined	Wird in Verbindung mit bedingten Direktiven eingesetzt, um die Entwicklung zusammengesetzter Ausdrücke zu vereinfachen.

Symbolische Konstanten und Makros

Die Direktiven *#define* und *#undef* werden verwendet, um Bezeichner zu definieren bzw. ihre Definition zu löschen. Sie erstellen bzw. löschen dadurch die Verknüpfungen zwischen Bezeichnern (Makronamen und symbolischen Konstanten) und dem zugehörigen Definitionstext.

#define	Bezeichner mit einem Definitionstext verknüpfen.
#undef	Definition eines Bezeichners löschen.

Include-Dateien

Durch die *#include*-Direktive bindet der Präprozessor die im Parameter *pfad* bezeichnete Headerdatei so in die Quelldatei ein, als würde der Dateiinhalt anstelle der *#include*-Direktive dort erscheinen.

#include <pfad>   Suche nach *pfad* in Standardverzeichnissen.

#include "pfad"   Suche nach *pfad* im aktuellen oder spezifizierten Verzeichnis (literale Pfadangabe).

Bedingte Kompilierung

Die Direktiven für die bedingte Kompilierung steuern den Kompilierungsprozeß durch Ausgliedern von Teilen einer Quelldatei aufgrund der Werte von konstanten Ausdrücken. Solche Ausdrücke dürfen den *sizeof*-Operator, Typenumwandlungen oder *enum*-Konstanten nicht enthalten; Bezeichner dürfen hingegen vorkommen.

```
#if konstantenausdruck
        [zu kompilierender Code]
#elif konstantenausdruck
        [zu kompilierender Code]
.
.
.
#else
        [zu kompilierender Code]
#endif
```

Zeilensteuerung

Die Direktive *#line* dient der Änderung der internen Zeilennummer des Präprozessors (__LINE__) und - optional - des internen Dateinamens (__FILE__). Die Direktive wird häufig von Programmgeneratoren zur Synchronisierung von Fehlermeldungen verwendet.

```
#line constant ["dateiname"]
```

Pragma

Die Anweisung *#pragma* ist implementationsabhängig. Damit können dem Compiler Anweisungen gegeben werden (durch die anzugebende Zeichenfolge). So können zum Beispiel Leistungsmerkmale des Compilers unterdrückt werden.

```
#pragma zeichenfolge
```

Anhang D

Quick C-Standardbibliothek

Quick C enthält eine Reihe von internen Standardfunktionen. Die unterstützten Funktionen bieten die vollständige Unterstützung des C-Standards, wie er von Brian W. Kernighan und Dennis M. Richie in dem Grundlagenwerk *The C Programming Language* definiert wurde. Dieses Buch wird noch heute als Basis für die Beantwortung von Fragen zur Programmiersprache C angesehen. Im folgenden sind die Funktionen nach Kategorie zusammengefaßt.

Von Quick C unterstützte Funktionen

Name der Funktion	Beschreibung
Puffermanipulation	
memchr	Ein Zeichen in einem Puffer suchen
memcmp	Bytes in zwei Puffern vergleichen
memcpy	Bytes von einem Puffer in einen anderen kopieren
memmove	Wie memcpy (hierbei wird aber gewährleistet, daß sich überlappende Bereiche korrekt bearbeitet werden)
memset	Bytes in einem Puffer setzen
Zeichenklassifikation und Umwandlung	
isalnum	Auf alphanumerisches Zeichen prüfen
isalpha	Auf Buchstabe prüfen
iscntrl	Auf Steuerzeichen prüfen
isdigit	Auf Ziffer prüfen
isgraph	Auf darstellbares Zeichen (außer Leerzeichen) prüfen
islower	Auf Kleinschreibung prüfen
isprint	Auf darstellbares Zeichen prüfen
ispunct	Auf Punktuationszeichen prüfen
isspace	Auf leeren Raum prüfen
isupper	Auf Großschreibung prüfen
isxdigit	Auf Hexadezimalzeichen prüfen
tolower	Buchstabe in Kleinbuchstabe umwandeln
toupper	Buchstabe in Großbuchstabe umwandeln

Datenumwandlung

atof	String in den Datentyp double umwandeln
atoi	String in einen Integerwert umwandeln
atol	String in den Datentyp long umwandeln
itoa	Integerwert in einen String umwandeln
strtod	String in den Datentyp double umwandeln
strtol	String in den Datentyp long umwandeln
strtoul	String in den Datentyp unsigned long umwandeln

Dateihandhabung

remove	Datei löschen
rename	Datei oder Verzeichnis neu benennen
stat	Informationen über eine Datei oder ein Verzeichnis bestimmen
unlink	Datei löschen

Graphik

_displaycursor	Cursoranzeigestatus steuern
_getbkcolor	Aktuellen Hintergrundfarbwert bestimmen
_getcolor	Aktuellen Farbwert bestimmen
_getcurrentposition	Logische Graphikkoordinate bestimmen
_getimage	Darstellung in einen Puffer sichern
_getlinestyle	Aktuellen Linienmusterwert bestimmen
_getlogcoord	Physikalische Koordinate in eine logische Koordinate umwandeln
_getphyscoord	Logische Koordinate in eine physikalische Koordinate umwandeln
_getpixel	Bildpunktwert an einer Stelle bestimmen
_gettextcolor	Aktuelle Textfarbe bestimmen
_gettextposition	Aktuelle Textposition bestimmen
_lineto	Linie bis zu einem logischen Punkt zeichnen
_moveto	Aktuelle Position auf eine logische Koordinate setzen
_outtext	Textstring ausgeben
_putimage	Gespeichertes Bild auf Bildschirm kopieren
_setbkcolor	Neuen Farbwert für Hintergrund setzen
_setcliprgn	Clipping-Rechteck setzen
_setcolor	Neuen Farbwert für Vordergrund setzen
_setlinestyle	Neue Linienmusternummer setzen
_setlogorg	Logischen Ursprung auf physikalische Koordinate setzen
_setpixel	Bildpunkt auf die aktuelle Farbe setzen
_settextcolor	Neuen Textfarbwert setzen

_settextposition	Neue Textposition setzen
_settextwindow	Fenster für die Textausgabe setzen
-setvideomode	Bildschirmmodus setzen
_setviewport	Clipping-Rechteck und logischen Ursprung setzen
_wrapon	Textumschlagstatus steuern

Datenstromorientierte Ein-/Ausgabe

clearerr	Fehler- und EOF-Indikatoren des Datenstroms zurücksetzen
fclose	Offenen Datenstrom schließen
feof	Ende-der-Datei-Status eines Datenstroms prüfen
ferror	E/A-Fehlerstatus eines Datenstroms prüfen
fflush	Datenstrompuffer leeren oder löschen
fgetc	Zeichen aus einem Datenstrom lesen
fgetpos	Dateipositionswert eines Datenstroms bestimmen
fgets	String aus einem Datenstrom lesen
fopen	Datei öffnen
fprintf	Formatieren von Zeichen und Werten und Ausgabe in einen Datenstrom
fputc	Zeichen in einen Datenstrom schreiben
fputs	String in einen Datenstrom schreiben
fread	Block von Bytes aus einem Datenstrom lesen
freopen	Aktuelle, mit einem Datenstrom verknüpfte Datei schließen und dem gleichen Datenstrom eine andere Datei zuweisen
fscanf	Daten aus einem Datenstrom in Puffer einlesen
fseek	Dateizeiger eines Datenstroms verschieben
fsetpos	Dateipositionszeiger eines Datenstroms setzen
ftell	Aktuelle Dateizeigerposition eines Datenstroms bestimmen
fwrite	Block von Bytes in einen Datenstrom schreiben
getc	Zeichen aus einem Datenstrom lesen
getchar	Zeichen aus der Standardeingabe lesen
gets	String aus einem Datenstrom lesen
printf	Formatieren von Zeichen und Werten mit Ausgabe an die Standardausgabe
putc	Zeichen in einen Datenstrom schreiben
putchar	Zeichen in die Standardausgabe schreiben
puts	String in die Standardausgabe schreiben

rewind	Dateizeiger eines Datenstroms auf Offset 0 setzen
scanf	Daten aus der Standardeingabe lesen und Daten im Puffer formatieren
setbuf	Puffertyp für Datenstrom setzen
setvbuf	Puffertyp und Puffergröße für Datenstrom setzen
sprintf	Zeichen und Werte in einem Puffer formatieren und speichern
sscanf	Daten aus dem Puffer lesen
tmpfile	Temporäre Datei erzeugen
tmpnam	Temporären Dateinamen erzeugen
ungetc	Letztes aus einem Datenstrom gelesenes Zeichen zurückschreiben
vfprintf	Zeichen und Werte formatieren und in einen Datenstrom ausgeben
vprintf	Zeichen und Werte formatieren und an die Standardausgabe übergeben
vsprintf	Zeichen und Werte formatieren und in einen Puffer ausgeben

Ein-/Ausgabe der unteren Ebene

close	Datei schließen
lseek	Dateizeiger bewegen
open	Datei öffnen
read	Block von Bytes aus einer Datei lesen
write	Block von Bytes in eine Datei schreiben

Konsole und Terminalein-/-ausgabe

getch	Zeichen von der Tastatur lesen
ungetch	Letztes von der Tastatur gelesenes Zeichen zurückschreiben

Mathematische Funktionen

acos	Arcuscosinus
asin	Arcussinus
atan	Arcustangens
atan2	Arcustangens (zwei Parameter)
ceil	aufgerundeter Ganzzahlwert
cos	Cosinus
cosh	Hyperbel-Cosinus
exp	Exponentialfunktion
fabs	Absolutwert eines Fließkommawertes
floor	abgerundeter Ganzzahlwert
fmod	Fließkomma-Modulo-Operation (Rest)

frexp	Fließkommawert in Mantisse und Exponent unterteilen
ldexp	Fließkommawert mit Exponent, der ein ganzzahliges Vielfaches von 2 ist
log	Natürlicher Logarithmus
log10	Logarithmus auf der Basis 10
modf	Fließkommawert in Ganzzahl- und Nachkommateil unterteilen
pow	allgemeine Exponentiation
sin	Sinus
sinh	Hyperbel-Sinus
sqrt	Quadratwurzel
tan	Tangens
tanh	Hyperbel-Tangens

Speicherverwaltung

calloc	Speicherblock belegen und initialisieren
free	Speicherblock freigeben
malloc	Speicherblock belegen
realloc	Größe des belegten Speicherblocks ändern
sbrk	Reset des "Break-Wertes"

Prozeßsteuerung

abort	Programm mit Meldung beenden
atexit	Funktion zur Exit-Liste hinzufügen
exit	Programm nach Schließen der Dateien beenden
raise	Signal an den aktuellen Prozeß schicken
signal	Interruptbearbeitung definieren
system	String an Befehlsinterpreter übergeben

Suchen und Sortieren

| bsearch | Binäre Suche in sortiertem Feld |
| qsort | Feld nach Quicksort-Verfahren sortieren |

Stringmanipulation

strcat	Strings verketten
strchr	In einem String nach einem Zeichen suchen
strcmp	Strings vergleichen
strcpy	String kopieren
strcspn	Ersten Teilstring in einem String finden, der aus Zeichen besteht, die in einem anderen String nicht enthalten sind
strerror	Meldungsstring eine Fehlernummer zuweisen
strlen	Stringlänge bestimmen

strncat	Spezifizierte Anzahl von Zeichen eines Strings an einen anderen String anhängen
strncmp	Anfang zweier Strings vergleichen
strncpy	Anfang eines Strings kopieren
strpbrk	Zeichen in einem String finden, das in einem anderen String vorkommt
strrchr	Nach dem letzten Vorkommen eines Zeichens in einem String suchen
strspn	Offset des ersten gefundenen Zeichens in einem String liefern, das in einem anderen String nicht enthalten ist
strstr	Zeiger auf das erste Auftreten eines Strings innerhalb eines anderen Strings liefern
strtok	Zeichen aus einem String extrahieren

Zeit

asctime	Zeitangabe in Zeichenkette umwandeln
clock	Verwendete Prozessorzeit
ctime	time_t-Wert in Zeichenkette umwandeln
difftime	Zeitunterschied berechnen
gmtime	time_t-Wert in Greenwich-Zeitangabe umwandeln
localtime	time_t-Wert in lokale Zeitangabe umwandeln
mktime	Lokale Zeitangabe in Kalenderwert (time_t) umwandeln

Argumentlisten variabler Länge

va_arg	Argumentliste zurücksetzen (nur unter Unix)
va_end	Argumentzeiger zurücksetzen
va_list	Auf Argumentliste zeigen
va_start	Argumentliste zurücksetzen (nur mit ANSI)

Verschiedenes

abs	Absolutwert eines Integerwertes
assert	Diagnosemeldung ausgeben und Abbruchfunktion aufrufen
div	Integerwerte dividieren, das Ergebnis besteht aus einem ganzzahligen Quotienten und einem Rest
getenv	Wert der Umgebungsvariablen bestimmen
labs	Absoluten Wert eines long-Wertes bestimmen
ldiv	long-Werte dividieren, das Ergebnis besteht aus einem ganzzahligen Quotienten und einem Rest
longjump	Rückkehr von einem nicht-lokalen Sprung
perror	Fehlermeldung ausgeben
rand	Zufallszahl erzeugen

setjmp   Vorbereitung auf nicht-lokalen Sprung
srand   Erzeugung einer Ausgangszufallszahl

Anhang E

Zeichen und Attribute

Ein *Zeichencode* ist ein numerischer Wert, der im Bildschirmspeicher ein Zeichen darstellt. Peripherieeinheiten wie die Konsole (Bildschirm), Terminals und Drucker werden über Zeichencodes angesteuert. Im IBM PC-Bereich wird im allgemeinen der *ASCII-Zeichensatz* - der Standard für die meisten kommerziellen Terminal- und Peripherielösungen - und der *erweiterte ASCII-Zeichensatz* von IBM eingesetzt.

Numerische Codes werden auch bei Terminals und Bildschirmen verwendet, um das Erscheinungsbild eines angezeigten Zeichens (Bildschirmattribut) zu steuern, um zu verhindern, daß bestimmte Bildschirmbereiche aktualisiert werden und um Bildschirmbereiche für den Benutzer unsichtbar zu machen. IBM PCs unterstützen geschützte Bereiche nicht direkt, ein solches Leistungsmerkmal kann aber durch die Software simuliert werden. Auf einem PC können zum Beispiel die Vorder- und Hintergrundfarbe auf den gleichen Wert gesetzt werden, um die Anzeige von eingegebenen Zeichen zu unterbinden (dieses Vorgehen wird häufig bei der Eingabe von Passwörtern eingesetzt).

In diesem Anhang finden Sie eine detaillierte Zusammenfassung der auf dem IBM PC verfügbaren Zeichen und Attribute.

ASCII-Zeichencodes

Das ASCII-Zeichensatz (ASCII für *American National Standard Code for Information Interchange*) ist eine Tabelle aus 7-bit-Codes, die Steuer- und darstellbare Zeichen repräsentieren. In der für den IBM PC typischen 8-bit-Umgebung werden die sieben niederwertigen Bits (von 0 bis 6) zur Beschreibung des ASCII-Zeichens verwendet. Das höchstwertige Bit (Bit 7) wird zur Verwendung eines erweiterten Zeichensatzes herangezogen, der hier ebenfalls beschrieben wird.

In Bild E.1 sehen Sie die Verbindung zwischen verschiedenen Zeichencodes und den Datenbytes, die sie beinhalten.

ASCII-Steuerzeichentabelle

Die ASCII-Codes 0 bis 31 und 127 (dezimal) werden *Steuerzeichen* genannt, da sie nicht darstellbar sind, sondern zur Steuerung des Systems eingesetzt werden. Einige Steuerzeichen haben mit dem Kontext variierende Bedeutungen; die meisten lassen sich aber in eine oder mehreren der folgenden Kategorien zusammenfassen:

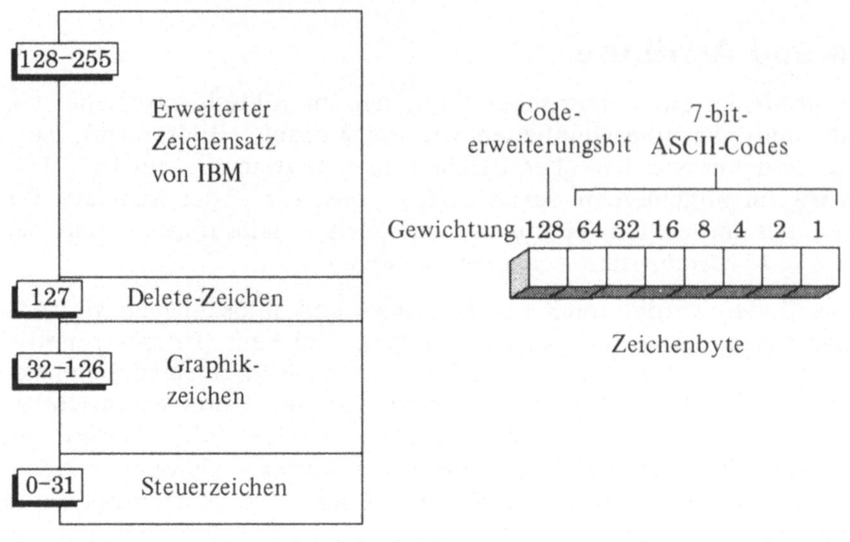

Bild E.1   Zeichencodes und Speicherung

- Formateffektor – steuert das gedruckte oder angezeigte Layout der Graphikdaten.

- Kommunikationskontrolle – steuert die Operationen von Kommunikationseinheiten und Netzwerke.

- Informationsseparator – steuert die logische Unterteilung der Daten.

Bei der Entwicklung des PC hat IBM den meisten ASCII-Steuercodes eine darstellbare Bedeutung zugewiesen, so daß sie bei der direkten Übertragung in den Bildschirmspeicher als Zeichen auf dem Bildschirm erscheinen. So kann der Wagenrücklauf CR (13 dezimal) zusätzlich zu seiner Bedeutung als Steuerzeichen auch in Datenströmen verwendet werden, um auf dem Bildschirm das Notensymbol anzuzeigen. Jeder Steuercode – außer NUL (0) – besitzt ein Symbol, das auf dem IBM PC angezeigt werden kann.

Hex-Code	Taste	IBM Graphik-zeichen	Name	Beschreibung
00	^@		NUL	Null (null)
01	^A	☺	SOH	Beginn des Vorspanns (start of heading)
02	^B	☻	STX	Beginn des Textes (start of text)
03	^C	♥	ETX	Ende des Textes (end of text)
04	^D	♦	EOT	Ende der Übertragung (end of transmission)
05	^E	♣	ENQ	Anfrage (enquiry)
06	^F	♠	ACK	Bestätigung (acknowledge)
07	^G	•	BEL	Glocke (bell)
08	^H	◘	BS	Rückschritt (backspace)
09	^I	○	HT	Horizontaler Tabulator (horizontal tabulation)
0A	^J	◙	LF	Zeilenvorschub (line feed)
0B	^K	♂	VT	Vertikaler Tabulator (vertical tabulation)
0C	^L	♀	FF	Seitenvorschub (form feed)
0D	^M	♪	CR	Wagenrücklauf (carriage return)
0E	^N	♫	SO	Dauerumschaltung (shift-out)
0F	^O	☼	SI	Rückschaltung (shift-in)
10	^P	►	DLE	Datenübertragungsumschaltung (data link escape)
11	^Q	◄	DC1	Einheitensteuerung 1 (device control 1)
12	^R	↕	DC2	Einheitensteuerung 2 (device control 2)
13	^S	‼	DC3	Einheitensteuerung 3 (device control 3)
14	^T	¶	DC4	Einheitensteuerung 4 (device control 4)
15	^U	§	NAK	Negativbestätigung (negative acknowledge)
16	^V	▬	SYN	Synchronisationszeichen (synchronous idle)
17	^W	↨	ETB	Ende des Übertragungsblockes (end of transmission block)
18	^X	↑	CAN	Abbruch (cancel)
19	^Y	↓	EM	Ende des Mediums (end of medium)
1A	^Z	→	SUB	Substitutionszeichen (substitute)
1B	Esc	←	ESC	Escape (escape)
1C		∟	FS	Dateibegrenzung (file separator)
1D		↔	GS	Gruppenbegrenzung (group separator)
1E		▲	RS	Datensatzbegrenzung (record separator)
1F		▼	US	Einheitenbegrenzung (unit separator)
7F	Del	⌂	DEL	Delete (CC oder FE)

Tabelle darstellbarer Zeichen

Die ASCII-Codes im Bereich von 32 bis 126 (dezimal) werden *darstellbare Zeichen* genannt, da sie auf einem Bildschirm erscheinen. Hierin ist auch der Code 32, das Leerzeichen, enthalten, der als freie Stelle auf dem Bildschirm dargestellt wird. Den Zeichen sind bestimmte standardisierte Symbole zugeordnet; so steht der Code 65 (dezimal) zum Beispiel für den Großbuchstaben *A*. In welcher Schriftart die Symbole erscheinen, ist dem Hersteller des verwendeten Computers überlassen. Hierbei wird im allgemeinen den Vorgaben der Anbieter von Bildschirmsteuerbausteinen gefolgt. In der folgenden Tabelle sehen Sie die Standarddefinitionen des ASCII-Zeichensatzes.

Dez-Code	Hex-Code	Taste oder Symbol	Dez-Code	Hex-Code	Taste oder Symbol	Dez-Code	Hex-Code	Taste oder Symbol
32	20	(Leerzeichen)	64	40	@	96	60	`
33	21	!	65	41	A	97	61	a
34	22	"	66	42	B	98	62	b
35	23	#	67	43	C	99	63	c
36	24	$	68	44	D	100	64	d
37	25	%	69	45	E	101	65	e
38	26	&	70	46	F	102	66	f
39	27	'	71	47	G	103	67	g
40	28	(	72	48	H	104	68	h
41	29	)	73	49	I	105	69	i
42	2A	*	74	4A	J	106	6A	j
43	2B	+	75	4B	K	107	6B	k
44	2C	,	76	4C	L	108	6C	l
45	2D	–	77	4D	M	109	6D	m
46	2E	.	78	4E	N	110	6E	n
47	2F	/	79	4F	O	111	6F	o
48	30	0	80	50	P	112	70	p
49	31	1	81	51	Q	113	71	q
50	32	2	82	52	R	114	72	r
51	33	3	83	53	S	115	73	s
52	34	4	84	54	T	116	74	t
53	35	5	85	55	U	117	75	u
54	36	6	86	56	V	118	76	v
55	37	7	87	57	W	119	77	w
56	38	8	88	58	X	120	78	x
57	39	9	89	59	Y	121	79	y
58	3A	:	90	5A	Z	122	7A	z
59	3B	;	91	5B	[	123	7B	{
60	3C	<	92	5C	\	124	7C	¦
61	3D	=	93	5D	]	125	7D	}
62	3E	>	94	5E	^	126	7E	~
63	3F	?	95	5F	_			

Erweiterte ASCII-Codes

Da der ASCII-Zeichensatz auf einem 7-bit-Code beruht, ist das höchstwertige Bit jedes Bytes des IBM PC für andere Zwecke verfügbar. Wird dieses Bit auf 1 gesetzt, können zusätzliche Zeichencodes im Bereich von 128 bis 255 (dezimal) verwendet werden. IBM setzt diese 128 Codes zur Anzeige von Sonderzeichen (internationale Symbole, Linienzeichen, mathematische Symbole usw.) ein.

Eine vollständige Tabelle der oberen Hälfte des erweiterten ASCII-Zeichensatzes sehen Sie nachstehend:

Erweiterungszeichensatz der IBM

Dez-Code	Hex-Code	Taste oder Symbol	Dez-Code	Hex-Code	Taste oder Symbol	Dez-Code	Hex-Code	Taste oder Symbol
128	80	Ç	171	AB	½	214	D6	╓
129	81	ü	172	AC	¼	215	D7	╫
130	82	é	173	AD	¡	216	D8	╪
131	83	â	174	AE	«	217	D9	┘
132	84	ä	175	AF	»	218	DA	┌
133	85	à	176	B0	░	219	DB	█
134	86	å	177	B1	▒	220	DC	▄
135	87	ç	178	B2	▓	221	DD	▌
136	88	ê	179	B3	│	222	DE	▐
137	89	ë	180	B4	┤	223	DF	▀
138	8A	è	181	B5	╡	224	E0	α
139	8B	ï	182	B6	╢	225	E1	β
140	8C	î	183	B7	╖	226	E2	Γ
141	8D	ì	184	B8	╕	227	E3	π
142	8E	Ä	185	B9	╣	228	E4	Σ
143	8F	Å	186	BA	║	229	E5	σ
144	90	É	187	BB	╗	230	E6	µ
145	91	æ	188	BC	╝	231	E7	τ
146	92	Æ	189	BD	╜	232	E8	Φ
147	93	ô	190	BE	╛	233	E9	Θ
148	94	ö	191	BF	┐	234	EA	Ω
149	95	ò	192	C0	└	235	EB	δ
150	96	û	193	C1	┴	236	EC	∞
151	97	ù	194	C2	┬	237	ED	φ
152	98	ÿ	195	C3	├	238	EE	ε
153	99	Ö	196	C4	─	239	EF	∩
154	9A	Ü	197	C5	┼	240	F0	≡
155	9B	¢	198	C6	╞	241	F1	±
156	9C	£	199	C7	╟	242	F2	≥
157	9D	¥	200	C8	╚	243	F3	≤
158	9E	₧	201	C9	╔	244	F4	⌠
159	9F	ƒ	202	CA	╩	245	F5	⌡
160	A0	á	203	CB	╦	246	F6	÷
161	A1	í	204	CC	╠	247	F7	≈
162	A2	ó	205	CD	═	248	F8	°
163	A3	ú	206	CE	╬	249	F9	∙
164	A4	ñ	207	CF	╧	250	FA	·
165	A5	Ñ	208	D0	╨	251	FB	√
166	A6	ª	209	D1	╤	252	FC	η
167	A7	º	210	D2	╥	253	FD	²
168	A8	¿	211	D3	╙	254	FE	■
169	A9	⌐	212	D4	╘	255	FF	
170	AA	¬	213	D5	╒			

Linienzeichen

Unter den erweiterten ASCII-Zeichen von IBM gibt es Linienzeichen, die die Darstellung von Kasten und Rahmen ermöglichen. Es gibt Zeichen für verschiedene Linienmuster (einfache und doppelte sowie gemischte Linien). In Bild E.2 wird eine Zusammenstellung der Linienzeichen und der zugehörigen dezimalen ASCII-Codes gezeigt.

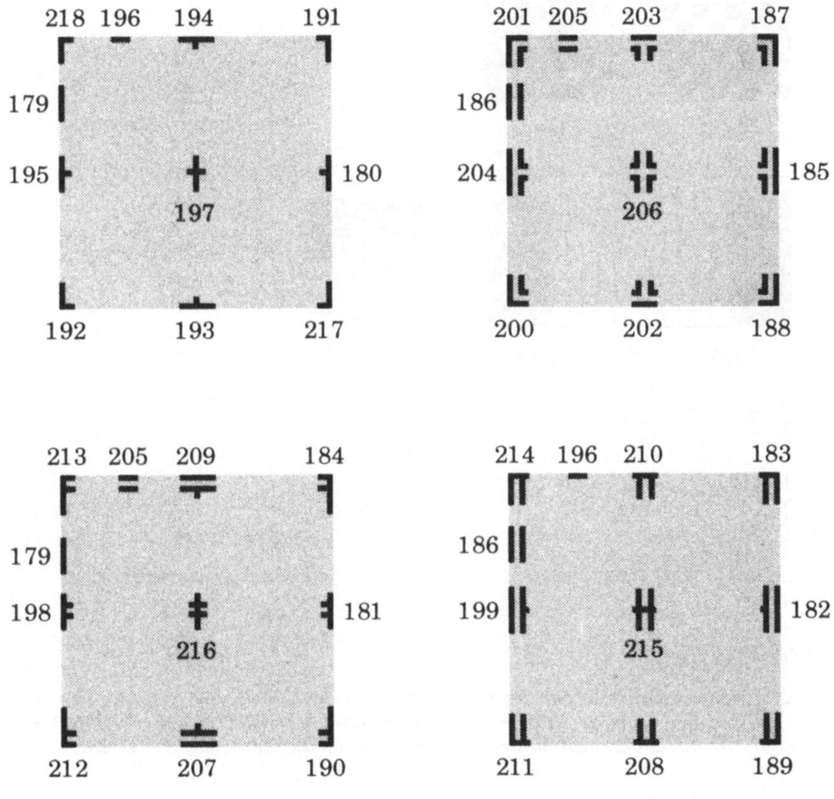

Bild E.2   Linienzeichen

Blockzeichen

Die Sonderzeichen im erweiterten ASCII-Zeichensatz der IBM enthalten
auch acht Blockzeichen, die in Bild E.3 dargestellt werden.

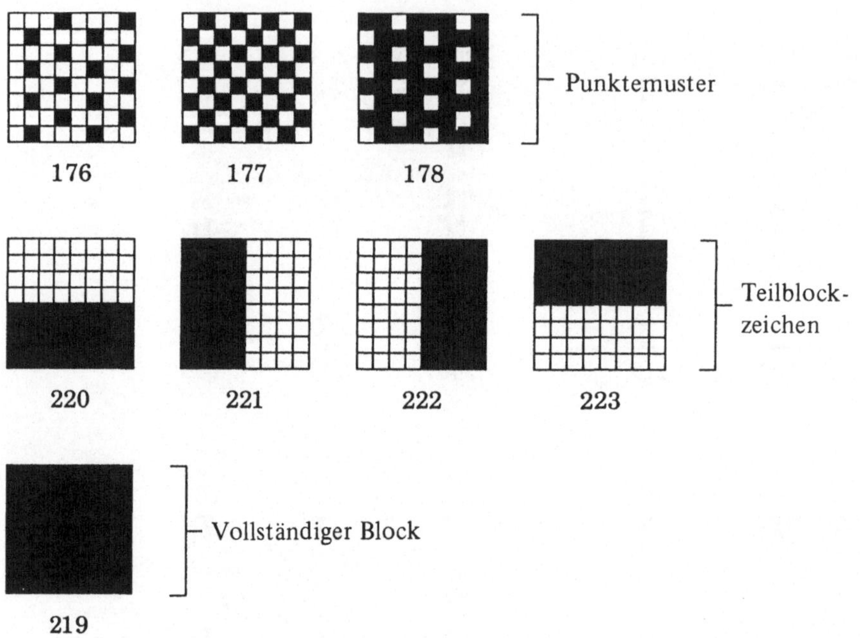

Bild E.3   Blockzeichen

Hinweis: Diese Blockzeichen nehmen einen Raum von 8 x 8 Bildpunkten ein und sind für eine
CGA-kompatible Darstellung typisch. Andere Bildschirmsysteme verwenden eine andere Anzahl von Bildpunkten; das Erscheinungsbild der Blockzeichen bleibt dabei aber erhalten.

Bildschirmattribute

Sowohl auf Monochrom- als auch auf Farbbildschirmsystemen ist eine
weitgehende Steuerung des Erscheinungsbildes von Zeichen auf dem Bildschirm gegeben. Jedem Zeichenbyte im Bildschirmspeicher ist ein Attributbyte zugeordnet, das die Charakteristika des Zeichens beschreibt.

In Bild E.4 wird die Interpretation des Attributbytes gezeigt.

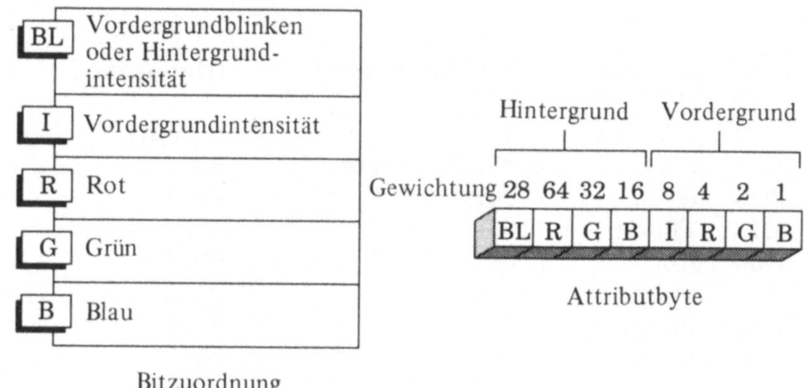

Bild E.4   Interpretation des Bildschirmattributbytes

In der folgenden Tabelle sind die Textmodusattribute sowohl für Monochrom- als auch für Farbgraphiksysteme zusammengefaßt. Die Codes zwischen 0 und 7 setzen das Vorder- (niederwertige vier Bits) oder Hintergrundattribut (höherwertige vier Bits). Die Verwendung des Codes \x02 in einem Attributbyte führt zur Anzeige eines grünen Vordergrunds vor schwarzem Hintergrund.

Das höherwertige Bit in jeder 4-bit-Komponente des Attributs bestimmt die Intensität. In der Vordergrundkomponente bedeutet das Setzen von Bit 3 eine erhöhte Intensität für den Vordergrund; durch das Setzen von Bit 7 eines Attributbits wird entweder das Blinken des Vordergrundes oder die Intensität des Hintergrundes gewählt.

Attributwerte können durch Bitsverschiebe- und Bitweise-ODER-Operationen kombiniert werden, so daß verschiedene zusammengesetzte Attribute resultieren. Durch die folgende Attributangabe wird ein helles weißes Zeichen auf einem blauen Hintergrund ausgegeben:

```
(0x01 << 4) | \x07 | \x08
```

Primäre Attribute

Dez.-Code	Hex.-Code	Bin.-Code	Attribut CGA	Vordergrund	Hintergrund
0	00	0000	Schwarz	Schwarz	Schwarz
1	01	0001	Blau	Weiß unterstr.	Weiß
2	02	0010	Grün	Weiß	Weiß
3	03	0011	Türkis	Weiß	Weiß
4	04	0100	Rot	Weiß	Weiß
5	05	0101	Magenta	Weiß	Weiß
6	06	0110	Braun	Weiß	Weiß
7	07	0111	Weiß	Weiß	Weiß

Intensitätsmodifikatoren

Dez	Hex	Bin	Beschreibung
8	10	1000	Hohe Intensität
128	100	1000000	Blinkender Vordergrund (oder Hintergrund mit hoher Intensität)

Der letzte Eintrag ist (\x08 << 4) und wird - in Abhängigkeit davon, ob das Blinken ermöglicht (Standard) ist - als Blink- oder Hintergrundintensitätsbit bezeichnet.

Anhang F

Programmierfallen und Tips

Zu vermeidende Fehler

Die folgenden Fehler sind den meisten C-Programmierern schon einmal unterlaufen, und jeder Anfänger in der C-Programmierung wird diese Fehlerquellen kennenlernen. Die Fehler sind logischer Art und werden daher vom Compiler nicht als Fehler erkannt.

Zuweisung versus Gleichheitstest

Häufig wird der Zuweisungsoperator = in einem bedingten Ausdruck verwendet, in dem eigentlich ein Gleichheitstest mit dem Operator == erfolgen sollte. Im folgenden Beispiel wird das Programm - unabhängig von dem durch die Funktion *getch( )* übernommenen Wert - immer abgebrochen.

```
key = getch();
if (key = 'Q') {
        Clean();
        exit (0);
}
```

Setzen unnötiger Semikola

Semikola werden hinter Makrodefinitionen, bedingten Ausdrücken in *if-*, *while-* und *do*-Anweisungen sowie hinter der schließenden Klammer eines Blocks nicht benötigt. In C ist das Semikolon das Zeichen zur Beendigung einer Anweisung (im Gegensatz zu Pascal, wo es als Begrenzer auftritt), und zusätzliche Semikola können - abhängig von ihrer Position - überraschende Auswirkungen auf den Programmablauf haben.

Mißachtung des Operatorvorrangs

C-Programmierer verwenden im allgemeinen eingebettete Zuweisungen in bedingten Ausdrücken. Da die Zuweisung einen geringeren Vorrang als eine logische Abfrage hat, müssen die Klammern um die Zuweisung gesetzt werden, um eine ordnungsgemäße Abarbeitung sicherzustellen.

```
if ((ch = getchar()) != EOF)
        putchar(ch);
```

Ohne die benötigten Klammern sieht die Anweisung so aus:

```
if (ch = getchar() != EOF)
        putchar(ch);
```

Die Variable *ch* erhält das logische (wahr/falsch) Ergebnis des Vergleichs des *getchar( )*-Aufrufes mit EOF. Der Variable *ch* wird der Wert 1 zugewiesen, wenn *getchar( )* ein Zeichen lesen kann. Falls das Ende der Datei erreicht ist, wird der Wert 0 zugewiesen. Der nachfolgende Aufruf von *putchar( )* gibt dann einen aus ^A-Codes bestehenden String aus (dieses Steuerzeichen ist mit dem darstellbaren Symbol eines "Smileys" verknüpft).

break-Anweisung zur Trennung von case-Fällen

In einem *switch*-Konstrukt werden alle Fälle ab dem ersten Fall, dessen Bedingung erfüllt ist, bearbeitet, wenn keine *break*-Anweisung (oder *continue*, *return* oder *exit*) die Abarbeitung eines *case*-Falls beendet.

```
switch (key = GetKey()) {
case K_UP:
        CursorUp();
case K_DOWN:
        CursorDown();
        break;
default:
        break;
}
```

Im Beispiel wird der Cursor bei der Betätigung der Taste K_UP zwar wunschgemäß um eine Zeile nach oben verschoben, dieser Effekt wird aber sofort wieder umgekehrt, da der Fall K_DOWN ebenfalls abgearbeitet wird. Es fehlt die *break*-Anweisung in der Zeile vor der Marke K_DOWN.

Deklarieren eines zu kleinen Puffers

Um einen String von 20 Zeichen zu lesen, muß ein Puffer von 21 Bytes Länge zur Verfügung stehen, damit genügend Raum für das beendende NUL-Byte vorhanden ist. Zur Vermeidung dieses Problems sollten Felder ausdrücklich um den Wert 1 größer als die Länge von Zeichenketten deklariert werden:

```
#define MAXSTR 20
.

.

.
char buffer[MAXSTR + 1];
```

Vergessen des Stringendes

Ein Zeichenstring muß ein beendendes NUL-Byte aufweisen. Ist dies nicht der Fall und der String wird in einer Ausgabefunktion eingesetzt, resultiert eine inkorrekte Ausgabe auf dem Bildschirm oder Drucker. Die Ausgabefunktion arbeitet bis zum Auftreten eines NUL-Bytes weiter.

Verwechselung von Feldgröße und -index

Anfänger in der C-Programmierung verwechseln häufig die Größe eines Feldes mit dem maximalen Index des Feldes. Falls Sie mit dem Feld *line* mit einer Größe von zehn Elementen arbeiten, reichen die Indexwerte von 0 bis 9. Das erste Element ist *line[0]*, und das letzte Element ist *line[9]*. Beim Versuch, auf das Element *line[10]* zuzugreifen, wird auf Daten zugegriffen, die außerhalb des Feldes liegen.

Zeiger als Integerwerte behandeln

Ein Zeiger und ein *int*-Wert können auf einem bestimmten Computer die gleiche Größe haben, sind aber grundsätzlich verschiedene Datentypen. Die beiden Objektarten sind nicht austauschbar und dürfen nicht wechselseitig verwendet werden.

Variableninitialisierung vor dem Gebrauch

Die Verwendung einer Variablen, die deklariert, aber nicht initialisiert wurde, führt zu Problemen. Der Microsoft C-Compiler warnt bei dieser Konstellation, dieses Verhalten kann aber nicht bei jedem C-Compiler vorausgesetzt werden. Im folgenden Beispiel ist der Wert von *index* beim Einsprung in die Schleife unbestimmt:

```
int index;
while (index < 100) {
        DoSomething();
        ++index;
}
```

Die nicht initialisierte Variable *index* besitzt den Wert, der vor der Deklaration zufällig an der dafür belegten Speicherstelle stand. Es kann nicht vorausgesetzt werden, daß dies der Wert 0 ist. Der Speicherbereich von *automatic*-Variablen muß explizit initialisiert werden.

Tips für die C-Programmierung

Quick C und alle anderen C-Compiler von Microsoft bieten bei der Kompilierung verschiedene Ebenen der Programmprüfung. Die primären Compilermerkmale zu diesem Zweck sind das Funktionsprototyping und die Syntaxprüfung während des Kompilierungsprozesses.

Während Unix-/Xenix-Umgebungen ein eigenes Programm namens *lint* unterstützen, das Programmcode auf Syntaxfehler und fragwürdige Programmierpraktiken hin überprüft, bieten die PC-basierten C-Compiler von Microsoft diese Fehlerprüfung als internes Merkmal. Zusätzlich bieten Microsoft C-Compiler bei der Ausführung des Programms fakultativ eine Prüfung des Stapels und der Zeiger.

Funktionsprototyping

Funktionen und deren Aufruf wurden bis vor kurzem von C-Compilern nicht überprüft. Die Anzahl und Typen der Funktionsparameter und die Rückgabewerte von Funktionen sowie deren korrekte Verwendung konnten bei der Kompilierung nicht überwacht werden.

Da bei der Kompilierung keine Warnungen oder Fehlermeldungen aufgrund solcher Fehler angezeigt wurden, schien die Kompilierung erfolgreich zu verlaufen. Erst beim Binden des Programms wurden die Fehler offensichtlich, was die spätere Fehlersuche verkomplizierte.

C-Compiler, die mit dem ANSI-Standard konform gehen, bieten jetzt das Funktionsprototyping. Hierdurch wird bereits bei der Kompilierung jeder Funktionsaufruf auf die korrekte Anzahl von Parametern und auch deren Datentypen überprüft. Der Datentyp des Funktionswertes sowie dessen Verwendung im Programmkontext unterliegen nun ebenfalls einer erweiterten Kontrolle.

Die Headerdateien der verwendeten Standardbibliotheksfunktionen sollten in das Programm eingebunden und das Merkmal der Funktionsprüfung aktiviert werden.

Warnebene

In der Quick C-Umgebung kann in der Kompilierungs-Dialogbox eine Warnebene von 0 (keine Warnungen) bis 3 (ausführlichste Warnungen) gewählt werden. Diese Einstellung sollte auf 2 gesetzt werden, lediglich in sehr frühen Phasen der Programmentwicklung kann die Ebene 3 eingesetzt werden, sofern das Programm in Übereinstimmung mit dem ANSI-Standard entwickelt werden soll.

Zeigerprüfung

Inkorrekte Zeiger sind der Grund für viele Laufzeitfehler in C-Programmen. Ein inkorrekter Zeiger ist auf Daten außerhalb des Adreßraumes des Programms gerichtet und kann Programmanweisungen oder sogar das Betriebssystem zerstören.

Um die Zeigerprüfung für das gesamte Programm zu ermöglichen, wird in der Kompilierungs-Dialogbox die entsprechende Option aktiviert. Dies läßt das Programm langsamer werden, so daß die Zeigerprüfung gewöhnlich nur während der Entwicklungsphase eines Projekts aktiviert werden sollte.

Sie können eine Zeigerprüfung auch nur bei der Ausführung ausgewählter Programmanweisungen durchführen. Hierzu umschließen Sie Programmblöcke mit *#pragma*-Anweisungen, die von Microsoft-Compilern verstanden werden. Die Prüfung erfolgt nur während der Ausführung des so gekennzeichneten Blockes.

```
#pragma check_pointer(on)
        /* zu prüfender Code */
        .

        .

        .
#pragma check_pointer(off)
```

Stapelprüfung

Ein Stapelüberlauf kann ein Programm zum Absturz bringen. Hierbei besteht die Gefahr, daß im Heap abgelegte Daten überschrieben werden. Insbesondere ein nicht entdeckter Stapelüberlauf birgt Gefahren in sich, da Daten unbemerkt verändert werden können.

Die Stapelprüfung sollte während der Programmentwicklung aktiviert sein. Hierzu kann in der Kompilierungs-Dialogbox eine Einstellung getätigt werden, oder Sie verwenden die *#pragma*-Anweisung mit dem Argument *check_stack* in der Quelldatei. Die Verwendung der *#pragma*-Direktive entspricht der Zeigerprüfung. Die Stapelprüfung sollte erst desaktiviert werden, nachdem das Programm ausgetestet und die Stapelgröße gegebenenfalls angepaßt wurde.

Glossar

Die Definitionen in diesem Glossar sind primär für die Verwendung mit diesem Buch vorgesehen. Weder die Definitionen noch die Liste der Ausdrücke ist umfassend.

8087, 80287 oder 80387	Hardware-Produkte von Intel, die eine schnelle und genaue Verarbeitung von Fließkommazahlen ermöglichen.
aktive Seite	Der Speicherbereich, in den die Graphikausgabe geschrieben wird.
aktuelle Position	Eine Koordinatenposition, die durch ein logisches (x,y)-Koordinatenpaar gegeben ist. Die aktuelle Position definiert den Bildpunkt, an dem die nächste Graphikoperation stattfindet.
aktuelle Textposition	Eine Koordinatenposition, die durch ein (Zeile, Spalte)-Koordinatenpaar gegeben ist. Hierdurch wird festgelegt, in welcher Zeile und Spalte die nächste Textoperation stattfindet.
Animation	Der Prozeß der Erzeugung von Graphikbildern, die sich über den Bildschirm bewegen.
ANSI	*American National Standards Institute*. Das Institut, das für die Definition von Programmiersprachenstandards verantwortlich ist; dadurch wird die Portabilität dieser Sprachen zwischen verschiedenen Computersystemen gefördert.
Argument	Ein Wert, der an eine Funktion übergeben wird.
Argumenttypenliste	In einem Funktionsprototyp eine durch Kommata getrennte Liste von Datentypen, die die Typen der echten Argumente im Funktionsaufruf spezifiziert. Dadurch wird gewährleistet, daß die echten Argumente im Funktionsaufruf mit den formalen Parametern der Funktionsdefinition übereinstimmen.
Arithmetische Typen	Verschiedene C-Datentypen, die sich mit Zahlen befassen.

ASCII

American Standard Code for Information Interchange. Eine Menge von 256 Codes, die mit Buchstaben, Ziffern, Sonderzeichen und anderen Symbolen verknüpft sind. Nur die ersten 128 dieser Codes sind standardisiert; die übrigen 128 werden vom Computerhersteller definiert.

Ausdruck

Eine Kombination von Operanden und Operatoren, deren Auswertung einen Wert ergibt.

Basisname

Der Teil des Dateinamens vor der Dateinamenerweiterung. *sample* ist der Basisname der Datei *sample.c.*

Bibliothek

Eine Datei, die Objektcodemodule enthält.

Bildelement

Siehe Bildpunkt.

Bildpunkt

Ein einzelner Punkt auf dem Bildschirm. Ein Bildpunkt ist die kleinste ansteuerbare Einheit der Bildschirmanzeige, die Sie mit der Quick C-Graphikbibliothek manipulieren können. Bildpunkte stellen gleichzeitig die Basiseinheit der Graphikkoordinatensysteme dar.

Bildpunktwert

Die 1-, 2- oder 4-bit-Beschreibung eines Bildschirmpunktes. Bildpunktwerte sind meist Indizes auf eine Palette verfügbarer Farben.

Bildschirmmodus

Der Bildschirmmodus beschreibt das Format, in dem Daten auf den Bildschirm geschrieben werden; er definiert die Anzeigecharakteristika.

Bildschirmseite

Eine Bildschirmdarstellung, die im Speicher abgelegt ist.

Binärer Ausdruck

Ein Ausdruck, der aus zwei Operanden besteht, die durch einen binären Operator verbunden sind.

Binärer Operator

Ein Operator, der zwei Operanden benötigt. Binäre Operatoren in der Sprache C sind die Multiplikationsoperatoren (*, /), Additions- operatoren (+, -), Verschiebeoperatoren (<<, >>), relationale Operatoren (<, >, <=, >=, ==, !=), bitweise Operatoren (&, |, ^), logische Operatoren (&&, ||) und der Kommaoperator (,).

Block

Eine Reihe von Deklarationen, Definitionen und Anweisungen in geschweiften Klam- mern {}.

Clippen

Die Begrenzung der Graphikanzeige auf ei- nen Bildschirmbereich, der als Clipping- Rechteck bekannt ist.

Clipping-Rechteck

Die Rechteckfläche, die zum Clippen von Graphiken verwendet wird.

compact-Speichermodell

Ein Speichermodell, das die Verwendung mehrerer Datensegmente und nur eines Co- desegmentes ermöglicht.

Dateigruppenzeichen

Ein MS-DOS-Metazeichen (? oder *), das im Dateinamenverweis zu einem oder mehreren beliebige Zeichen erweitert werden kann.

Dateinummer

Ein Wert, der von den Bibliotheksfunktionen zurückgegeben wird, die Dateien öffnen oder anlegen. Die Dateinummer wird ver- wendet, um in späteren Operationen auf die- se Datei zuzugreifen.

Dateizeiger

Ein Zeiger, der die aktuelle Position in ei- nem Ein-/Ausgabedatenstrom anzeigt. Er wird bei jeder Lese- oder Schreiboperation aktualisiert.

datenstromorientierte Funktion

Eine Menge von Funktionen, die Dateien als Ströme von Daten behandelt.

Datentyp

Siehe Typ.

Datentypdeklaration

Siehe Typdeklaration.

Datentypumwandlung

Siehe Typenumwandlung.

Definition

Ein Konstrukt, das Speicherplatz für eine Variable initialisiert und belegt oder das den Namen, die formalen Parameter und den Rückgabewert einer Funktion spezifiziert.

Deklaration	Ein Konstrukt, das den Namen und die Attribute einer Variablen, einer Funktion oder eines Typs festlegt.
Direktive	Eine Anweisung an den C-Präprozessor, durch die vor der eigentlichen Kompilierung das Quellprogramm modifiziert wird.
DOS-Schnittstellenfunktion	Laufzeitbibliotheksroutinen, die den Zugriff auf MS-DOS-Interrupts und Systemaufrufe bieten.
Ein-/Ausgabe der unteren Ebene	Bibliotheksroutinen, die ungepufferte und unformatierte Ein-/Ausgabeoperationen durchführen.
enum-Typ	Ein benutzerdefinierter Datentyp, der eine Menge gültiger konstanter Werte spezifiziert.
enum-Werte	Eine Menge von Werten, die in einer Aufzählung verwendet werden.
Escape-Sequenz	Eine Zeichenkombination, bestehend aus einem umgekehrten Schrägstrich \ gefolgt von einem Buchstaben oder einer Kombination von Ziffern, die Leerraum oder nichtdarstellbare Zeichen in Strings und Zeichenkonstanten darstellen.
Farbpalette	Siehe Palette.
Farbwert	Ein einzigartiger Wert, der für eine verfügbare Farbe steht.
Fehlercode	Siehe Rückgabecode.
Feld	Mehrere Elemente vom gleichen Datentyp.
Formale Parameter	Variablennamen, die bei der Funktionsdefinition oder -deklaration als Platzhalter für die in Aufrufen zu übergebenden Werte dienen.
freier Raum	Zeichen, die Daten in einem C-Quellprogramm begrenzen. Dies sind das Leerzeichen, der Tabulator, Zeilenvorschub, Wagenrücklauf, Seitenvorschub, der vertikale Tabulator und das Neue-Zeile-Zeichen.
Funktion	Eine Sammlung von Deklarationen und Anweisungen, die einen Wert zurückgeben, der benannt werden kann.

Funktionsaufruf	Ein Ausdruck, der die Kontrolle und die echten Argumente (falls vorhanden) an eine Funktion übergibt.
Funktionsdefinition	Eine Definition, die den Namen einer Funktion, ihre formalen Parameter, die darin enthaltenen Deklarationen und Anweisungen sowie - fakultativ - den Rückgabetyp und die Speicherklasse spezifiziert.
Funktionsdeklaration	Eine Deklaration, die den Namen, den Rückgabetyp und die Speicherklasse einer Funktion festlegt, die ausführlich an anderer Stelle im Programm definiert wird.
Funktionsprototyp	Eine Funktionsdeklaration, die eine Liste der Namen und Typen formaler Parameter in Klammern hinter dem Funktionsnamen einschließt.
Füllen	Der Prozeß des Anwendens einer Füllmaske auf einen Bereich.
Füllmaske	Ein Datenfeld aus 8 x 8 Bits, in dem jedes Bit einen Bildpunkt beschreibt; das Datenfeld definiert das Muster, das zum Füllen von Bereichen verwendet wird. Ist ein Bit im Datenfeld 1, wird der entsprechende Bildpunkt auf die aktuelle Farbe gesetzt. Ist ein Bit 0, wird der dazugehörige Bildpunkt nicht geändert. Die Standardfüllmaske ist NUL, was einen Bereich unverändert läßt.
Gültigkeitsbereich	Die Teile eines Programms, in denen auf eine Variable/Konstante zugegriffen werden kann. Der Gültigkeitsbereich kann auf die Datei, die Funktion oder den Block beschränkt sein, in dem das Objekt erscheint.
Headerdatei	Eine Quelltextdatei, die durch die Verwendung der #include-Präprozessordirektive in eine andere Quelltextdatei integriert wird.
Hintergrundfarbe	Die Farbe des Hintergrunds, vor der Zeichen und Graphiken dargestellt werden.
Indexausdruck	Ein Ausdruck, der auf Feldelemente verweist, und eine Adresse besitzt, die als Offset zu einer Basisadresse angegeben werden kann.

Konstantenausdruck   Ein Ausdruck, der in einer Konstante resul-
                            tiert; er kann Integerkonstanten, Zeichen-
                            konstanten, Fließkommakonstanten, Aufzäh-
                            lungskonstanten und andere Konstantenaus-
                            drücke umfassen.

Koordinatensystem   Ein System, das verwendet wird, um eine
                            Bildschirmlage relativ zu einer Horizontal-
                            und Vertikalachse fetzulegen. Text wird auf
                            dem Bildschirm in einem auf Zeilen und
                            Spalten basierenden Koordinatensystem posi-
                            tioniert. Im Gegensatz dazu werden Gra-
                            phikbilder in einem Koordinatensystem an-
                            gezeigt, dessen Einheit der Bildpunkt ist.

large-Speichermodell   Ein Speichermodell, das die Verwendung
                            mehrerer Code- und Datensegmente erlaubt,
                            wobei sich einzelne Daten aber nicht über
                            Segmentgrenzen erstrecken dürfen.

Laufzeit   Die Zeit, zu der ein zuvor kompiliertes und
                            gelinktes Programm ausgeführt wird.

Linienmuster   Ein 16-bit-Wert, der die Maske definiert,
                            die für die Darstellung von Linien eingesetzt
                            wird. Ist ein Bit im Datenfeld 1, wird der
                            entsprechende Bildpunkt der Linie auf die
                            aktuelle Farbe gesetzt. Bei einem auf Null
                            gesetzten Bit bleibt der Bildpunkt unverän-
                            dert. Das Standardlinienmuster ist \xFFFF
                            (durchgezogene Linie).

logische Koordinaten   Das vom Programmierer definierte Koordi-
                            natensystem. Der Ursprung für das logische
                            Koordinatensystem kann auf eine beliebige
                            Position des physikalischen Koordinatensy-
                            stems gesetzt werden. Das logische Standard-
                            koordinatensystem ist mit dem physikali-
                            schen Koordinatensystem identisch, dessen
                            Ursprungskoordinaten (0,0) bei der oberen
                            linken Bildschirmecke liegen.

logischer Ursprung   Der Ursprung, der durch das logische Koor-
                            dinatenpaar (0,0) gegeben ist. Die nachfol-
                            gende Graphikausgabe ist relativ zum logi-
                            schen Ursprung.

lvalue	Ein Ausdruck (wie ein Variablenname), der sich auf die Lage des Objektes in einer Programmzeile bezieht. Ein *lvalue* ist der Wert, der links vom Zuweisungsoperator erscheint oder der einzige Operand eines unitären Operators.
Makro	Ein Bezeichner, der in einer *#define*-Präprozessordirektive definiert ist, und im Programm stellvertretend für mehrere Zeichen verwendet wird.
medium-Speichermodell	Ein Speichermodell, das die Verwendung mehrerer Codesegmente und nur eines Datensegmentes erlaubt.
Mehrdimensionales Feld	Ein Feld, das sich wiederum aus Feldern zusammensetzt (ein Feld wird als Reihe von Elementen angesehen).
Member	Ein Element einer Struktur oder Union.
Member	Siehe Struktur-Member.
Nebenwirkungen	Änderungen von Objekten, die als Ergebnis der Auswertung eines Ausdrucks auftreten können.
Neue-Zeile-Zeichen	Das Neue-Zeile-Zeichen wird verwendet, um das Ende einer Zeile in einer Textdatei zu markieren. Im Textmodus in C wird die Zeichenfolge Wagenrücklauf/Zeilenvorschub (CR/LF) beim Laden der Datei in ein Neue-Zeile-Zeichen (Zeilenvorschubzeichen, LF) übersetzt, und Neue-Zeile-Zeichen werden beim Schreiben der Datei wieder in die Zeichenfolge Wagenrücklauf/Zeilenvorschub umgewandelt.
Nicht aufgelöster Verweis	Ein Verweis auf eine globale oder externe Variable oder Funktion, die nicht gefunden wurde. Dieser Fehler ist häufig das Ergebnis eines Tippfehlers bei einem Variablen- oder Funktionsnamen in der Quelldatei.
NUL-Zeichen	Das ASCII-Zeichen, das den Wert 0 besitzt und als Escape-Sequenz (\0) in einer Quelldatei erscheint.
NULL-Zeiger	Ein Zeiger auf "nichts", der durch den Integerwert 0 ausgedrückt wird.

Objekt	Ein Speicherplatz, der untersucht werden kann. Ein modifizierbares Objekt hat im allgemeinen einen Wert, der im zugehörigen Speicherplatz abgelegt ist (das heißt, er kann geändert oder abgefragt werden).
Operand	Ein konstanter oder variabler Wert, der in einem Ausdruck bearbeitet wird.
Operator	Ein oder mehrere Symbole, die spezifizieren, wie die Operanden eines Ausdrucks bearbeitet werden.
Palette	Eine Palette ist eine Liste der verfügbaren Farbwerte für einen Bildschirmmodus; in den CGA-Modi sind vordefinierte Paletten verfügbar. In den EGA- und VGA-Farbmodi (unter anderen) können eigene Farbpaletten definiert werden.
physikalische Koordinaten	Das Koordinatensystem, das durch die Hardware vorgegeben ist. Das physikalische Koordinatensystem hat den Urspung (0,0) in der oberen linken Bildschirmecke. Der Wert von x wächst von links nach rechts; der y-Wert wächst von oben nach unten. Das logische Standardkoordinatensystem ist mit dem physikalischen Koordinatensystem identisch.
Pixel	Siehe Bildpunkt.
Präprozessor	Ein erster Compilerlauf, der den Inhalt einer C-Quelldatei vor der eigentlichen Kompilierung verändert.
Präprozessordirektive	Siehe Direktive.
Prototyp	Siehe Funktionsprototyp.
Quelldatei	Eine Textdatei, die Programmcode in einer Programmiersprache (zum Beispiel C) enthält.
Rückgabecode	Ein von einem Programm an MS-DOS zurückgegebener Code, der anzeigt, ob das Programm erfolgreich ausgeführt wurde.
Schlüsselwort	Ein Wort mit einer speziellen, vordefinierten Bedeutung für einen Compiler.
sichtbare Seite	Ein Bereich im Speicher, der die derzeit angezeigte Graphikausgabe enthält.

sizeof-Operator	Ein C-Operator, der verwendet wird, um die Menge des Speicherplatzes zu bestimmen, der von einem Bezeichner oder Datentyp belegt wird.
small-Speichermodell	Ein Speichermodell, das die Verwendung nur eines Codesegmentes und nur eines Datensegmentes erlaubt.
Speichermodell	Eines der Modelle, das angibt, wieviel Speicherplatz für den Programmcode und die Daten zur Verfügung stehen. Siehe small-Speichermodell, medium-Speichermodell, compact-Speichermodell und large-Speichermodell.
Stapel	Ein dynamisch sich ausdehnender oder verkleinernder Speicherbereich, in dem Daten aufeinanderfolgend gespeichert sind und nach dem Prinzip des LIFO *(last in, first out)* wieder entnommen werden.
static	Eine Speicherklasse, in der Variablen ihre Werte auch behalten, nachdem die Programmausführung des Blockes, in dem die Variable deklariert wird, beendet ist.
String	Ein Zeichenfeld, das durch ein NUL-Zeichen (\0) beendet wird.
Stringliteral	Ein String mit Escape-Sequenzen, der durch Anführungszeichen begrenzt ist. Jedes Stringliteral ist ein Zeichenfeld.
Struktur-Member	Ein Element einer Struktur.
Struktur	Eine Menge von Elementen, die verschiedene Datentypen annehmen können, werden unter einem Namen zusammengefaßt.
Symbolische Konstante	Ein Bezeichner, der in einer *#define*-Präprozessordirektive als konstanter Wert definiert ist.
Tertiärer Ausdruck	Ein Ausdruck, der drei Operanden umfaßt. C kennt einen tertiären Operator (?:). Der logische Wert des ersten Operanden bestimmt, welcher der beiden anderen Operanden ausgewertet wird.

Textfarbe	Der Farbwert, der in allen Graphik-basierten Textoperationen verwendet wird.
Textfenster	Ein in Zeilen- und Spaltenkoordinaten definiertes Fenster, in dem die Textausgabe auf dem Bildschirm angezeigt wird.
Textmodus	Der Dateiverarbeitungsmodus, in dem die Zeichenfolge Wagenrücklauf/Zeilenvorschub beim Lesen aus der Datei in Neue-Zeile-Zeichen umgewandelt werden. Beim Speichern erfolgt die Umwandlung in umgekehrter Richtung.
Tiling	Der Prozeß der Anwendung einer Füllmaske auf einen Bildschirmbereich.
Typ	Eine Beschreibung eines Wertes, dessen Wertebereich und Art definiert ist; zum Beispiel kann eine Variable vom Typ *int* Integerwerte im *int*-Wertebereich aufnehmen. Der Wertebereich ist vom verwendeten Computersystem abhängig.
Typdeklaration	Eine Deklaration, die den Namen und die Member einer Struktur/Union definiert, oder eine, die den Namen und die Konstantenwerte eines *enum*-Typs definiert.
typedef-Deklaration	Eine Deklaration, die einen kürzeren oder bedeutungsvolleren Namen für einen bereits existierenden oder benutzerdefinierten Datentyp definiert.
Typenumwandlung	Eine Operation, in der ein Operand eines Typs in einen Operanden eines anderen Typs umgewandelt wird.
Typname	Bezeichnung eines Datentyps, der in Variablendeklarationen, formalen Parameterlisten der Funktionsprototypen, Typumwandlungen und *sizeof*-Operationen erscheint.
Typprüfung	Eine Operation, in der der Compiler erkennt, daß die Operanden einer Operation gültig sind oder daß die echten Argumente in einem Funktionsaufruf von der gleichen Art sind wie die entsprechenden formalen Parameter in der Funktionsdefinition und im Funktionsprototyp.

Umgebungsvariable	Eine Variable, die in der Umgebungstabelle gespeichert ist, die das Betriebssystem MS-DOS mit Informationen versorgt (Lage der ausführbaren Dateien und Bibliotheksdateien, Position, an der temporäre Dateien gespeichert werden usw.).
Union	Eine Menge von Werten, die verschiedene Datentypen besitzen und zu verschiedenen Zeiten den gleichen Speicherplatz belegen.
unitärer Ausdruck	Ein Ausdruck, der aus einem Operanden und einem Operator besteht.
unitärer Operator	Ein Operator, der nur einen Operanden bearbeitet. Unitäre Operatoren in der Sprache C sind die Komplementoperatoren (-, ~, !), der Umleitungsoperator (*), die Inkrementierung (++) und Dekrementierung (--), der Adreßoperator (&) und der Operator *sizeof*.
verkettete Liste	Eine Datenstruktur, die aus einer Liste von Einträgen besteht, von denen jeder einen Zeiger auf den nächsten Eintrag enthält.
Viewport	Ein Rechteckbereich, wobei der logische Ursprung mit der oberen linken Ecke des Bereiches zusammenfällt.
Vorabdeklaration	Eine Funktionsdeklaration, die die Attribute einer Funktion festlegt, so daß die Funktion vor der Definition aufgerufen werden kann. Dabei ist auch der Aufruf aus einer Quelldatei heraus möglich, in der die Funktion nicht definiert ist.
Vordergrundfarbe	Die Farbe, die zur Darstellung von Text und Graphiken verwendet wird.
Vorrang	Die relative Position eines Operators in der Hierarchie, die die Auswertungsreihenfolge von Ausdrücken bestimmt.
Zeichen	Die Basiseinheit eines C-Quellprogramms, das für den Compiler eine Bedeutung hat.
Zeiger	Eine Variable, die die Adresse einer anderen Variablen enthält.
zusammengesetzter Datentyp	Hierunter fallen Felder, Strukturen und Unions.

Antworten auf ausgewählte Fragen und Übungen

Die hier gegebenen Antworten sind nicht vollständig und zeigen häufig nur die kritischen Bereiche einer Fragestellung auf.

Kapitel 3

1. Numerische Entsprechungen:

Dezimal	Binär	Hexadezimal
5	101	\x5
20	10100	\x14
64	1000000	\x40
334	101001110	\x14E
1024	10000000000	\x400
31025	111100100110001	\x7931

2. Ungültige C-Bezeichner:

1_von_vielen	Beginnt mit einer Ziffer
was_war?	Enthält ein ungültiges Zeichen: ?
int	Typspezifikator (reserviertes Schlüsselwort)
pink.floyd	Enthält ein ungültiges Zeichen: .

Gültig, jedoch fraglich:

FLOAT	Gleiche Schreibweise wie der Typspezifikator *float*

4. Ungültige Konstanten:

0966	Die führende 0 zeigt an, daß dies eine Oktalzahl ist, und die Ziffer 9 ist keine oktale Ziffer (0-7)
0xGA	'G' ist keine gültige Hex-Ziffer

5. Formatspezifikationen:

3000	%d
23,67	%.2f
"Ah-was ist los, Doc?"	%s
'Z'	%c
-205	%d

Kapitel 4

4. Deklarations- und Zuweisungsanweisungen:

```
int n;
n = 8000;

char ch;
ch = 'Z'

float ave;
ave = (3 + 11 + 21 + 66) / 4;

int n1, n2, diff;
diff = n1 - n2;
```

5. Berechnung der Fläche eines rechtwinkligen Dreiecks (vollständiges Programm):

```
/* rt_tri.c */

#include <stdio.h>

int main()
{
        float height, base;
        double area;

        height = 8.1;
        base = 4.0;
        area = 0.5 * (double) height * base;
        printf("Fläche = %g\n", area);

        return(0);
}
```

6. Auswertung von Ausdrücken:

Ausdruck	Ergebnis
a < b	1 (Wahr)
a != c	1 (Wahr)
b >= c	0 (Falsch)
a < b && c < b	0 (Falsch)
a <= c || b > c	1 (Wahr)
(a += 3) < c	0 (Falsch)

8. Umkehrung der Bits einer Zahl (Programmteil)

```c
unsigned short int number;

printf("Zahl eingeben (0 - 65535): ");
scanf("%hu", &number);
printf("Das bitweise Komplement von %hu ist %hu.\n", number, ~number);
```

Kapitel 5

2. Darstellung von Kleinbuchstaben

```c
int ch;

ch = getchar();
if (ch >= 'a' && ch <= 'z')
        putchar(ch);
```

3. Ungerad- oder geradzahlige Ziffern

```c
int digit;

printf("Ziffer eingeben (0 - 9): ");
scanf("%d", &digit);
if (digit >= 0 && digit <= 9)
        if (digit % 2 == 0)
                printf("Die Ziffer %d ist geradzahlig.\n",digit);
        else
                printf("Die Ziffer %d ist ungeradzahlig.\n",digit);
```

5. Test auf ungerade/gerade Zahlen durch den bedingten Operator

```c
printf("Die Ziffer %d ist %s\n",
                digit, (digit % 2 == 0) ? "geradzahlig." : "ungeradzahlig.");
```

9. Umkehren der Ziffern einer Zahl

```c
unsigned int number, digit;

printf("Eingabe einer positiven Ganzzahl (0 - 65535): ");
scanf("%u", &number);
do {
        digit = number % 10; /* rechte Stelle ausgeben */
        printf("%u",digit);
        number /= 10;          /* rechte Stelle abschneiden */
} while (number > 0);
```

11. Eliminieren von goto-Anweisungen

Direkte Übertragung der Schleife:

```
while (1) {
        ch = getchar();
        if (ch == 'q')
                break;
        putchar(ch);
}
```

Alternative mit eingebetteter Zuweisung:

```
while ((ch = getchar()) != 'q')
        putchar(ch);
```

Kapitel 6

3.   Beschreibende Namen

```
TAGE_PRO_JAHR
GROSSNUM
DELTA
MAXZEIL
MAX(x,y)
```

4.   Einsatz des Makros DATA zur Erzeugung einer Tabelle

a.   Ausgabe einer Wertetabelle:

```
int x;
printf("x\ty=DATA(x)\n");
for (x = 0; x <=9; ++x)
        printf("%d\t%d\n", x, DATA(x));
```

b.   Einsatz von Klammern um alle Variablen:

```
#define DATA(x)  2 * (x) + 3
```

6.   Bestimmung des Minimums dreier Werte

```
#define MIN(a, b)      (((a) < (b)) ? (a) : (b))
#define MIN3(x, y, z)  ((MIN((x), (y))) < (z) ? \
                       (MIN((x), (y)) ) : (z))
```

Kapitel 7

3.   *Berechnung des Kugelvolumens*

```c
#include <stdio.h>
#include <math.h>
#include <float.h>

#define PI              3.141592
#define MAX_RADIUS      4.0

int main(void)
{
        double radius, volume, SphereColume(double);

        puts("TABELLE DER KUGELVOLUMINA");
        puts("Radius\tVolumen");
        radius = 0.0;
        while (radius <= (double)MAX_RADIUS) {
                printf("%6.2lf\t%6.3lf\n", radius, SphereVolume(radius));
                radius += 0.2;
        }
        return(0);
}
```

5.   *Löschen des Bildschirms durch Neue-Zeile-Zeichen*

```c
void ClearScreen(int n)
{
        while (n-- > 0)
                putchar('\n');
}
```

Kapitel 8

2.   *Korrekturen zu inkorrekten Aussagen*

b.   Felder in C beginnen mit dem Element 0.

c.   Vollständig initialisierte Felder benötigen keine Größenangabe.

4.   *Der Steuerausdruck der Schleife ist eine Zuweisung statt einer logischen oder arithmetischen Abfrage.*

6.   *Summieren der Elemente eines Integerfeldes und Mittelwertbildung*

```
int i, n, sum;
float average;
static int array[] = {12, 34, 56, 78};

n = sizeof array / sizeof (int);
for (i = 0, sum = 0; i < n; ++i)
        sum += array[i];
average = (float)sum / n;
```

7.   *Wahr*

9.   *Funktion zur Berechnung der Stringlänge*

```
int StringLength(char [])
{
        int length;

        length = 0;
        while (string[length] != '\0')
                ++length;
        return length;
}
```

Kapitel 9

**3.   *Das Makro putchar( ) zeigt den letzten Wert, der der Variablen ch zu-
gewiesen wurde ('Z'), an, unabhängig davon, wie die Zuweisung erfolgte zugewiesen (direkt oder über einen Zeiger).***

4.   *Falsch. Ein Zeiger ist kein Integerwert.*

6.   *Einsatz eines Zeigers zum Zugriff auf Elemente eines Feldes*

```
#include <stdio.h>
int main(void)
{
        int i, elements:
        static int number[] = {
                        0, 1, 2, 3, 4, 5, 6, 7, 8, 9
                        };
        elements = sizeof number / sizeof (int);
        for (i = 0, i < elements; ++ i)
                printf("number[%d] = %d\n", i number[i]);

        return(0);
}
```

7. *Die Anweisung besitzt keine Datentypspezifikation (sollte char sein).
    Auch würde das Schlüsselwort static benötigt, wenn die Anweisung in-
    nerhalb einer Funktion zu stehen kommt.*

Kapitel 10

2. *Um die ASCII-Codes anstatt der graphischen Zeichenentsprechungen
    auszugeben, wird die Formatspezifikation %d in einer printf( )-Anwei-
    sung eingesetzt:*

```
char *cp, line[MAXSTR];

.

.

.

/* Eingabestring übernehmen */

.

.

.

for (cp = line; *cp != '\0'; ++cp)
        printf("%d ", *cp);
putchar('\n');
```

Das Leerzeichen hinter *%d* im Formatstring trennt die Codes in der
Ausgabe voneinander ab.

3. *Der Zeiger cp wird nicht initialisiert, so daß er auf eine beliebige
    Stelle gerichtet ist.*

5. *Programm zum Zählen von Ziffern, Buchstaben und anderen Zeichen*

```
#include <stdio.h>
#include <ctype.h>

#define MAXSTR 80

int main(void)
{
        char line[MAXSTR], *cp;
        int digits, letters, other;

        printf("String eingeben (max. %d Zeichen): ", MAXSTR);
        gets(line);
        digits = letters = other = 0;
        cp = line;
        while = (*cp != '\0') {
                if (isdigit(*cp))
                        ++digits;
```

```
              else if (isalpha(*cp))
                      ++letters;
              else
                      ++other;
              ++cp;
      }
      return(0);
}
```

Kapitel 11

3.   *Datenstrukturdeklaration und -zugriff*

```
struct date_st {
        int year;    /* 4-stelliges Jahr */
        int month;   /* 1 - 12 */
        int day;     /* 1 - 31 */
};


struct date_st datum;
datum.year = 1988;
datum.month = 1;
datum.day = 31;
```

4.   *Erweiterung von Übung 3*

```
struct date_st {
        int year;    /* 4-stelliges Jahr */
        int month;   /* 1 - 12 */
        int day;     /* 1 - 31 */
        char monthname[4];     /* Abkürzung für Monatsname + NUL */
};


struct date_st datum;
datum.year = 1988;
datum.month = 1;
datum.day = 31;
datum.monthname = MonthString(datum.month);
   .
   .
   .
```

```
/* Erstellen eines 3-Zeichen-Strings für einen gegebenen Monat */
char *MonthString(int month)
{
        /* Tabelle des Monatsnamenabkürzungen */
        static char nametab[] = {
                "FEHLER",
                "Jan", "Feb", "Mae", "Apr", "Mai", "Jun",
                "Jul", "Aug", "Sep", "Okt", "Nov", "Dez"
        };

        if (month > 0 && month <= 12)
                return nametab[month];
        else
                return nametab[0];      /* Monatsangabe inkorrekt */
}
```

7. *Ampelsimulation*

```
/* Typendeklaration */
typedef union {
        unsigned r1 : 1;      /* Rot Nr. 1 */
        unsigned y1 : 1;      /* Gelb Nr. 1 */
        unsigned g1 : 1;      /* Grün Nr. 1 */
        unsigned a1 : 1;      /* Pfeil Nr. 1 */
        unsigned r2 : 1;      /* Rot Nr. 2 */
        unsigned y2 : 1;      /* Gelb Nr. 2 */
        unsigned g2 : 1;      /* Grün Nr. 2 */
        unsigned a2 : 1;      /* Pfeil Nr. 2 */
        unsigned r3 : 1;      /* Rot Nr. 3 */
        unsigned y3 : 1;      /* Gelb Nr. 3 */
        unsigned g3 : 1;      /* Grün Nr. 3 */
        unsigned a3 : 1;      /* Pfeil Nr. 3 */
        unsigned r4 : 1;      /* Rot Nr. 4 */
        unsigned y4 : 1;      /* Gelb Nr. 4 */
        unsigned g4 : 1;      /* Grün Nr. 4 */
        unsigned a4 : 1;      /* Pfeil Nr. 4 */
} SIGNAL;


/* Variablendeklaration */
SIGNAL four_way;
```

Hinweis: Jedes Licht einer Ampel wird durch ein eigenes Bit gesteuert, um die größtmögliche Flexibilität bei der Programmierung von Ampelsituationen zu erreichen. Alternativ könnten die roten, gelben und grünen Lichter einer Richtung in einem 2-bit-Feld beschrieben werden, wenn immer nur ein Licht einer Ampel aufleuchtet. Das gezeigte Design erlaubt aber beispielsweise das gleichzeitige Aufleuchten eines grünen oder roten Lichtes und eines Pfeiles. Es ermöglicht auch die Simulation einer Testphase, in der alle Lichter gleichzeitig aktiviert sind.

Kapitel 12

5. *Text an eine Datei anhängen*

Verändern Sie das "w" (für Schreiben) in ein "a" für (Anhängen), um den Dateizugriffsmodus zu modifizieren.

6. *Eingabe von Leerzeile durch Ändern des Eingabeendebefehls*

Ändern Sie den Test nach einem Neue-Zeile-Zeichen in eine Abfrage nach einem Punkt . als erstem Zeichen einer Zeile ab. Ein Punkt als erstes Zeichen bedeutet nun das Beenden der Eingabe.

Sachwortverzeichnis